プラズモンナノ材料開発の最前線と応用

Frontiers in Applications of Plasmonic Nanomaterials

《普及版／Popular Edition》

監修 山田 淳

シーエムシー出版

巻頭言

　金ナノ粒子の研究を開始してはや 15 年になる。当初は金ナノ粒子に光を積極的に作用させるという，光（反応）化学の観点からいくつかの学会で発表していたが，あまり芳しい反響は得られなかった。しかし，ナノテクブームの到来がプラズモン関連研究に拍車をかけたことは確実であろう。筆者も，日本化学会年会で特別企画を 2002 年（金ナノ粒子）と 2005 年（プラズモニクス）に主催させていただいたのをはじめ，プラズモニクス研究会（2003 年発足），特定領域研究（光—分子強結合反応場 :2007-2010 年）への立ち上に参画させていただくなど，プラズモニクスの発展にいささかながら貢献できたと考えている。このような背景の最中，シーエムシー出版社からプラズモン関連専門書の監修依頼を受け，『プラズモンナノ材料の設計と応用技術』（2006 年），『プラズモンナノ材料の最新技術』（2009 年）の発行に至った。

　私自身化学が専門であり，表面プラズモン共鳴の理論的理解に悩みつつ研究を進めていた。そういう背景もあり，前書（2006，2009 年）ではあえて表面プラズモン共鳴の基礎的・理論的理解のための章を設けることにした。表面プラズモン共鳴の現象そのものに興味を持たれている方が多いと判断したからでもある。しかし最近，プラズモニクスの専門書が発行されるようになり，多くの方が理解を深めていただける状況になってきた。そこで本書では，プラズモンナノ材料の作製と応用に関する最近の発展に重点を置き，産業化を指向した内容でまとめることにした。いずれにせよ，プラズモニクスは，私の想像をはるかに超えた魅力と無限の可能性を秘めた分野であると確信している。

　この度もまたプラズモン関連分野の第一線でご活躍されておられる先生方には，ご多用中にもかかわらず素晴らしい内容をご執筆いただいたことに深謝する次第である。本書を通じてプラズモン関連の研究，技術が豊かな社会作りに貢献できればと願っている。

　2013 年 2 月

山田　淳

普及版の刊行にあたって

　本書は2013年に『プラズモンナノ材料開発の最前線と応用』として刊行されました。普及版の刊行にあたり，内容は当時のままであり加筆・訂正などの手は加えておりませんので，ご了承ください。

2019年10月

シーエムシー出版　編集部

執筆者一覧 (執筆順)

山 田　　淳　九州大学　大学院工学研究院　教授；研究院長

溝 口 大 剛　大日本塗料㈱　スペシャリティ事業部門　新事業創出室
　　　　　　チームリーダー

新 留 康 郎　九州大学　大学院工学研究院　応用化学部門　准教授

柏 木 行 康　(地独)大阪市立工業研究所　有機材料研究部　研究員

山 本 真 理　(地独)大阪市立工業研究所　有機材料研究部　研究員

中 許 昌 美　(地独)大阪市立工業研究所　理事長

寺 西 利 治　京都大学　化学研究所　教授

林　　真 至　神戸大学　大学院工学研究科　教授

松 田 直 樹　㈱産業技術総合研究所　生産計測技術研究センター　主任研究員

中 島 達 朗　㈱産業技術総合研究所　生産計測技術研究センター
　　　　　　テクニカルスタッフ

近 藤 敏 彰　㈶神奈川科学技術アカデミー　光機能材料グループ　常勤研究員

益 田 秀 樹　首都大学東京　都市環境学部　教授；㈶神奈川科学技術アカデミー
　　　　　　光機能材料グループ　グループリーダー

須 川 晃 資　日本大学　理工学部　物質応用化学科　助教

山 田 逸 成　滋賀県立大学　工学部　ガラス工学研究センター　助教

西 井 準 治　北海道大学　電子科学研究所　教授

上 野 貢 生　北海道大学　電子科学研究所　准教授；㈱科学技術振興機構
　　　　　　(さきがけ)

三 澤 弘 明　北海道大学　電子科学研究所　教授；所長

藤 川 茂 紀　九州大学　カーボンニュートラル・エネルギー国際研究所　准教授

長 岡　　勉　大阪府立大学　工学研究科　物質・化学系専攻　応用化学分野　教授

椎 木　　弘　大阪府立大学　工学研究科　物質・化学系専攻　応用化学分野　准教授

杉 村 博 之　京都大学　大学院工学研究科　材料工学専攻　教授

玉 田　　薫　九州大学　先導物質化学研究所　教授

橋　本　修　一	徳島大学　大学院ソシオテクノサイエンス研究部　教授	
長谷川　　　健	京都大学　化学研究所　分子環境解析化学研究領域　教授	
斉　藤　真　人	大阪大学　大学院工学研究科　助教	
民　谷　栄　一	大阪大学　大学院工学研究科　教授	
梶　川　浩太郎	東京工業大学　大学院総合理工学研究科　教授	
田　和　圭　子	㈳産業技術総合研究所　健康工学研究部門　バイオインターフェース研究グループ　主任研究員	
新　留　琢　郎	熊本大学　大学院自然科学研究科　産業創造工学専攻　教授	
京　　　基　樹	東洋紡㈱　診断システム事業部　部員	
鈴　木　利　明	関西学院大学　理工学研究科	
尾　崎　幸　洋	関西学院大学　理工学部　化学科　教授	
岡　本　隆　之	㈳理化学研究所　石橋極微デバイス工学研究室　先任研究員	
秋　山　　　毅	滋賀県立大学　工学部　材料科学科　准教授	
池　田　勝　佳	北海道大学　大学院理学研究院　化学部門　准教授	
魚　崎　浩　平	㈳物質・材料研究機構　国際ナノアーキテクトニクス拠点　主任研究者	
髙　橋　幸　奈	九州大学　大学院工学研究院　応用化学部門　助教	
馬　場　　　暁	新潟大学　研究推進機構超域学術院　准教授	
新　保　一　成	新潟大学　工学部　電気電子工学科　教授	
加　藤　景　三	新潟大学　自然科学研究科　電気情報工学専攻　教授	
金　子　双　男	新潟大学　工学部　電気電子工学科　教授	
立　間　　　徹	東京大学　生産技術研究所　教授	
藤　方　潤　一	日本電気㈱　グリーンプラットフォーム研究所　主任研究員	
岡　本　晃　一	九州大学　先導物質化学研究所　准教授	
高　原　淳　一	大阪大学　フォトニクス先端融合研究センター；大学院工学研究科教授	

執筆者の所属表記は，2013年当時のものを使用しております。

目　　次

序章　プラズモンナノ材料関連の最近の発展　山田　淳

1　金・銀ナノ構造の作製アプローチ ………2　│　2　プラズモニクス関連の動向 ……………5

【第Ⅰ編　プラズモニックナノ粒子の最新動向】

第1章　ナノ粒子合成

1　金ロッドと銀プリズム …… 溝口大剛…10
　1.1　金属ナノ粒子について ………… 10
　1.2　金ナノロッドの特徴と合成方法 … 11
　　1.2.1　金ナノロッドの特徴 ……… 11
　　1.2.2　合成方法 …………………… 11
　　1.2.3　形状制御 …………………… 12
　　1.2.4　金ナノロッドの各種合成法 … 12
　1.3　銀プリズムの特徴と合成方法 …… 14
　　1.3.1　銀プリズムの特徴 ………… 14
　　1.3.2　合成方法 …………………… 14
　　1.3.3　形状制御 …………………… 15
　　1.3.4　銀プリズムの合成法 ……… 15
2　金銀コアシェルナノ粒子の調製と物性
　………………………… 新留康郎…19
　2.1　創世記 ………………………… 20
　2.2　異方性金銀コアシェル粒子：銀シェ
　　　ル金ナノロッド ……………… 21
　2.3　金銀コアシェル粒子の応用 ……… 24
3　熱分解法による金属ナノ粒子の大量合
　　成とペースト化
　…… 柏木行康，山本真理，中許昌美…30
　3.1　熱分解法による金属ナノ粒子の
　　　合成 …………………………… 30
　　3.1.1　銀ナノ粒子の合成 ………… 31

　　3.1.2　合金ナノ粒子の合成 ………… 32
　　3.1.3　酸化物ナノ粒子の合成 ……… 33
　3.2　金属ナノ粒子のペースト化 ……… 34
4　ITO ナノ粒子とプラズモン特性
　………………………… 寺西利治…37
　4.1　ITO ナノ粒子の液相合成 ……… 38
　4.2　ITO ナノ粒子のプラズモン特性 … 39
　4.3　ITO ナノ粒子の近赤外 LSPR による
　　　電場増強度評価 ……………… 40
5　GaP 微粒子の近接場増強機能
　………………………… 林　真至…43
　5.1　Mie 散乱の理論による電場増強効果
　　　の予測 ………………………… 43
　　5.1.1　近接場効率 Q_{NF} …………… 43
　　5.1.2　銀微粒子と GaP 微粒子の Q_{NF}
　　　………………………………… 44
　5.2　GaP 微粒子の近接場増強効果の観測
　　　………………………………… 47
　　5.2.1　ラマン散乱の増強 ………… 47
　　5.2.2　クエンチ無しの蛍光増強 …… 48
6　ソリューションプラズマ法による新規
　　な貴金属ナノ粒子分散水溶液調製
　………………… 松田直樹，中島達朗…52
　6.1　実験 …………………………… 52

I

6.2　結果 …………………… 53 ｜ 6.3　まとめと今後の検討課題 ………… 57

第2章　周期構造形成

1　鋳型合成 ……… **近藤敏彰, 益田秀樹**…59
　1.1　鋳型材としての陽極酸化ポーラス
　　　アルミナ …………………… 59
　1.2　金属ナノドットの2次元規則配列… 60
　1.3　金属ナノドットの3次元規則配列… 62
　1.4　金属ナノ―マイクロ階層構造 …… 64
2　コロイドリソグラフィーによる金属ナノ
　構造の構築と応用 ………… **須川晃資**…68
　2.1　コロイドリソグラフィー法とは？… 68
　2.2　コロイドリソグラフィー法による
　　　ナノ構造体の構築 ………… 69
　　2.2.1　トライアングルアレイ ……… 69
　　2.2.2　ハーフシェルアレイ ………… 70
　　2.2.3　キャビティアレイ ………… 73
　　2.2.4　ナノリング ………… 74
　　2.2.5　ナノクレセント ………… 75
3　干渉露光法 …… **山田逸成, 西井準治**…78
　3.1　二光束干渉の理論 ……………… 78
　3.2　干渉露光法 ………… 79
　　3.2.1　レーザーの選択 ………… 79
　　3.2.2　Lloyd ミラー干渉露光法 …… 80
　　3.2.3　二光束干渉露光法 ………… 81
　3.3　フォトレジストへの露光 ……… 81
　　3.3.1　反射光により生じる定在波の
　　　　　影響 ………… 81
　　3.3.2　反射防止膜 ………… 82
　3.4　周期構造の表面プラズモン回折へ
　　　の応用 ………… 83

4　電子ビームリソグラフィー
　　……………… **上野貢生, 三澤弘明**…87
　4.1　電子ビームリソグラフィーによる
　　　金属ナノ構造体の作製 ………… 87
　4.2　ナノギャップを有する金ナノ構造
　　　体の作製 ………… 88
　4.3　作製した金ナノ構造体の光学特性
　　　　………… 90
　4.4　電子ビームリソグラフィー／リフ
　　　トオフにより作製した金ナノ構造
　　　の分解能評価 ………… 92
5　ナノコーティングリソグラフィー：周
　期的高アスペクト比ナノ構造の形成と
　その光学応答 ……………… **藤川茂紀**…94
　5.1　ナノコーティングリソグラフィー… 94
　5.2　高アスペクト比をもつ金ナノフィ
　　　ンの大面積周期的構造の作製とそ
　　　の光学特性 ………… 96
　5.3　ナノコーティングリソグラフィー
　　　を使った金属ナノギャップ構造の
　　　大面積作製 ………… 99
6　エレクトロニクスを志向した金属ナノ
　粒子／有機薄膜の作製
　　……………… **長岡　勉, 椎木　弘**…103
　6.1　金属ナノ粒子による2次元配列膜
　　　の生成原理 ………… 103
　6.2　電子材料としての応用 ………… 105
　6.3　化学センサ電極としての応用 …… 109

第3章　加工・組織化技術とプラズモニック機能

1　金ナノ粒子配列構造の作製と微細パター
　　ン化：自己集積化単分子膜による界面相
　　互作用の制御 ……………… 杉村博之…112

　1.1　酸−塩基相互作用による金ナノ粒
　　　　子の吸着 ……………………………… 113

　1.2　アミノシラン SAM のパターニング
　　　　と 2D 金ナノ粒子アレイの構築 … 114

　1.3　ナノプローブ加工による一次元粒
　　　　子配列の作製 ………………………… 118

　1.4　金ナノ粒子アレイの再構造化 …… 119

2　多元組織化と光機能 ……… 玉田　薫…124

　2.1　銀ナノ微粒子による二次元結晶膜
　　　　の作製 ………………………………… 124

　2.2　銀ナノ微粒子による三次元積層膜
　　　　の作製 ………………………………… 129

3　無機固体の光加工・改質 … 橋本修一…133

　3.1　シリコン基板の表面加工 ………… 134

　3.2　ガラス基板表面加工 ……………… 136

【第Ⅱ編　計測・センシング応用技術】

第4章　MAIRS スペクトル測定による
金属微粒子薄膜の光学異方性解析　長谷川　健

1　吸収分光法と双極子配向解析 ………… 143

2　表面選択律 ………………………………… 144

3　透過・RA 組み合わせ法から MAIRS
　　法へ ……………………………………… 146

4　MAIRS 法の構築 ………………………… 147

5　可視 MAIRS 法と局在プラズモン吸収
　　の解析 …………………………………… 148

第5章　ナノインプリント技術による LSPR センサの開発
斉藤真人，民谷栄一

1　LSPR バイオセンシング ……………… 153

第6章　光ファイバを利用した表面プラズモンによるバイオセンシング
梶川浩太郎

1　表面プラズモンバイオセンシング …… 158

2　光ファイバ型表面プラズモンバイオ
　　センサ …………………………………… 160

　2.1　光ファイバ ………………………… 160

　2.2　伝搬型表面プラズモン光ファイバ
　　　　バイオセンサ …………………… 161

　2.3　局在型表面プラズモン光ファイバ
　　　　バイオセンサ …………………… 162

第7章　格子結合型表面プラズモン励起増強蛍光（GC-SPF）法を用いた生体分子検出　田和圭子

1　プラズモニックチップの作製 ………… 167
2　プラズモニックチップ上の増強蛍光を
　　利用したイムノセンサー …………… 168
　2.1　モデル化合物を用いたセンシング
　　……………………………………… 168
　2.2　イムノアッセイ ………………… 170
3　蛍光顕微鏡下での高感度蛍光イメージング
　　……………………………………… 171

第8章　生体計測・生体応用　新留琢郎

1　近赤外域に表面プラズモンバンドをもつ
　　金ナノ粒子 ………………………… 174
2　金ナノ粒子の生体適合化 ………… 175
3　イメージング ……………………… 175
　3.1　細胞イメージング ……………… 175
　3.2　*In vivo* イメージング…………… 176
4　フォトサーマル効果による温熱治療 … 177
5　金ナノ粒子のフォトサーマル効果を利用
　　した薬物リリースシステム ………… 178
6　フォトサーマル効果により促進される
　　経皮ワクチンシステム …………… 179

第9章　SPRイメージング：生体分子解析への応用　京　基樹

1　SPRイメージングとは ……………… 181
2　SPRイメージング装置の概要 ……… 182
3　SPRイメージングのためのアレイ作製
　　技術 ………………………………… 183
4　生体分子解析への応用
　　（転写因子の解析） ………………… 186
5　真の生体分子解析への課題 ……… 188

第10章　チップ増強ラマン散乱－原理と応用　鈴木利明, 尾崎幸洋

1　TERS装置とチップの特性 ………… 191
　1.1　装置の光学配置とその特性 …… 191
　　1.1.1　倒立型TERS装置 ………… 191
　　1.1.2　正立型TERS装置 ………… 192
　　1.1.3　斜め照射型TERS装置 ……… 192
　1.2　チップの制御法 ………………… 193
　1.3　チップの作製法 ………………… 193
2　TERSの応用例 …………………… 194

【第Ⅲ編　フォトニクスへの応用】

第11章　無機半導体太陽電池への応用　　岡本隆之

1　金属ストリップアレー（1次元回折格子） …………………………………… 201

2　金属ナノ粒子 …………………………… 201

3　背面反射器：1次元回折格子 ………… 203

4　背面反射器：2次元回折格子 ………… 203

第12章　シリコン系太陽電池への応用　　秋山　毅

1　ナノ粒子を修飾した光導波路構造をもつ
シリコン光電変換素子 ………………… 206

2　pn接合構造の直近にナノ粒子を配置し

たシリコン太陽電池 …………………… 209

3　ナノ粒子を用いる反射防止効果に基づく
シリコン太陽電池の効率向上 ………… 213

第13章　有機系太陽電池への応用

1　単分子膜糸光電変換
………… 池田勝佳・魚崎浩平…216

 1.1　プラズモン共鳴と光捕集アンテナ
………………………………… 216

 1.2　平滑な電極表面における伝搬型プ
ラズモンの利用 ………………… 217

 1.3　ナノ構造化電極表面における局在
プラズモン共鳴の利用 ………… 219

 1.4　平滑な電極表面における局在プラ
ズモン共鳴の利用 ……………… 220

2　金属ナノ粒子の導入
………… 髙橋幸奈，山田　淳…224

 2.1　プラズモンの効果／プラズモン
以外の効果 ……………………… 224

 2.2　シミュレーションの活用 ……… 225

 2.3　粒子密度依存性 ………………… 227

 2.4　色素量依存性 …………………… 229

 2.5　色素—粒子間の距離依存性 …… 230

3　有機薄膜太陽電池 ………………… 馬場　暁，
………… 新保一成，加藤景三，金子双男…232

 3.1　グレーティングカップリング表面
プラズモン共鳴法 ……………… 232

 3.2　金属格子上有機太陽電池の表面プ
ラズモン共鳴特性 ……………… 234

 3.3　金属格子上に作製した有機薄膜太
陽電池の短絡光電流特性 ……… 235

4　プラズモン誘起電荷分離による光電変換
とその応用 ………………… 立間　徹…240

 4.1　プラズモン誘起電荷分離 ……… 240

 4.2　光電変換への応用 ……………… 241

 4.3　光触媒への応用 ………………… 242

 4.4　その他の応用 …………………… 243

【第Ⅳ編　デバイス応用技術】

第14章　表面プラズモンアンテナを利用した
フォトダイオードの高感度化　藤方潤一

1　表面プラズモンアンテナに関して ……247
　1.1　一次元金属スリットアレイ構造に
　　　よる表面プラズモン共鳴効果 ……247
　1.2　表面プラズモンアンテナによる金
　　　属微小開口からの異常透過現象 …248

2　フォトダイオードの高感度化 …………249
　2.1　面入射型フォトダイオード ………249
　2.2　導波路結合型フォトダイオード …251
　2.3　オンチップ光配線への応用 ………253

第15章　プラズモニクスの発光素子への応用　岡本晃一

1　プラズモニクスによる赤外発光の高効
　率化 …………………………………………258
2　プラズモニクスによる可視発光の高効

　率化 …………………………………………260
3　さらなる波長域，材料系への応用 ……263
4　デバイス応用の現状と将来展望 ………265

第16章　プラズモニック導波路　高原淳一

1　金属薄膜導波路 …………………………270
2　金属スラブ導波路 ………………………273

3　金属スラブ導波路における選択的励起
　……………………………………………274

序章　プラズモンナノ材料関連の最近の発展

山田　淳[*]

はじめに

　前書[1,2]でも述べたように，プラズモンナノ材料とは局在表面プラズモン共鳴（LSPR：Localized Surface Plasmon Resonance）を示すナノ材料の総称と位置づけられる。LSPR の周波数（波長）は物質の種類，材料の形状や組織化（集積，配列など）状態に依存して変化する。なかでも貴金属である金，銀，銅のナノ粒子やナノ構造体は，紫外〜近赤外域の波長の光電場とカップリングして LSPR を起こすところから，エレクトロニクス，フォトニクス，バイオ技術をはじめとする光関連産業への応用展開が進められている。

　LSPR 現象がもたらす特長は以下の通りである。すなわち，①光の回折限界を突破できるナノメートル領域への光エネルギーの閉じ込めが可能となり，ナノスケールの光回路素子が原理的に実現できる，②ナノ粒子・ナノ構造の表面近傍では光の群速度低下と著しく増強された局所電場が発生し，これに基づく分子励起の高効率化が可能になる，③LSPR 条件が周囲媒体の屈折率（誘電率）に敏感に感応するので，高感度なセンシングに活用できる，などのユニークな機能を発揮し得る。

　LSPR 現象については，アンテナで発生する電磁場モデルに基づく FDTD（Finite Difference Time Domain）計算が広く用いられている。図1は，直径 50nm の単一金，銀ナノ粒子ならびに二連球（粒子間距離 3nm）の場合について，それぞれ波長 420nm，530nm の直線偏光が下側から入射された場合に発生する局在増強電場分布である。波長すなわち LSPR 共鳴周波数が異なるので正確な比較はできないが，単一球での増強電場はともに一桁程度であるが，銀ナノ粒子の方が強い電場を発生する。二連球の場合には，金ナノ粒子では二桁であるのに対し，銀ナノ粒子では五桁にもおよぶ増強電場が発生するという計算になる。この例のように，入射光電場に対して著しく強く増強された局所電場の発生が，上記のユニークな光機能の発現をもたらしているのである。近年では，球形以外のナノ粒子（ナノ構造）についても理論計算が行われるようになっており，様々な形状の金・銀ナノ粒子（ナノ構造）の合成と応用に関する研究が報告されてきている。本章では，近年報告された非球形ナノ粒子（ナノ構造）の作製例について概説するとともに，プラズモン関連用語の引用件数に基づいて，この分野の最近の動向について眺めてみることにする。

---

　[*]　Sunao Yamada　九州大学　大学院工学研究院　教授；研究院長

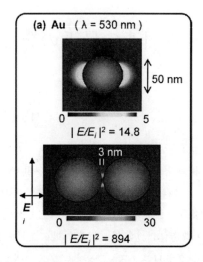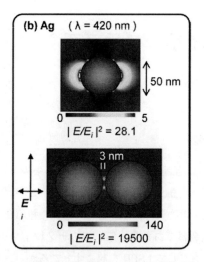

図1 FDTD (Finite Difference Time Domain) 計算による局在プラズモンの強度分布 (a)金ナノ粒子（粒径 50nm），(b)銀ナノ粒子（粒径 50nm）。計算は田原弘宣博士（現 長崎大学助教）による

1 金・銀ナノ構造の作製アプローチ

金や銀のナノ粒子やナノ構造体の作製については2006年[1]，2009年[2]の書籍に述べられている。基本的にはトップダウンアプローチとボトムアップアプローチがあるが，両者を厳密に区別しにくい系もある。詳細は1章以降に譲ることにし，ここでは化学合成すなわちボトムアップアプローチによるナノ粒子（ナノ構造）のいくつかを紹介する。

前書[2]において，非球形ナノ粒子，具体的にはマルチポッド型金ナノ粒子[3]，星状金ナノ粒子[3]，金ナノボックス[4]，金ナノチューブ[5]，銀ナノボックス[5]，銀ナノワイヤー[5]，銀ナノキューブ[6]，銀ナノバー[7]について紹介した。ここでは，それ以降の類似した非球形ナノ粒子（ナノ構造）のいくつかについて紹介する。

五角柱型銀ナノロッド[8]について紹介する。合成法を図2に示す。まず，前駆体としての十面体型銀ナノ粒子を調製する。クエン酸，L-アラギニン，ポリビニルピロリドン（PVP）の存在下，硝酸銀を水素化ホウ素ナトリウムで還元し，さらに青色光を照射することにより，前駆体としての十面体型銀ナノ粒子を調製する。次に，クエン酸をPVPの混合溶液を95℃に加熱し，前駆体水溶液を硝酸銀水溶液に添加することにより，前駆体ナノ粒子が五角柱型ナノロッドへと成長する。長さは添加量や反応条件で制御できる。得られた五角柱型銀ナノロッドの一例について，SEM像を図3(a)に，長さの異なるナノロッドコロイド溶液の消滅スペクトルを図3(b)に示す。長軸方向のプラズモンバンドはアスペクト比に強く依存し，可視～近赤外域にわたって大きくシフトするところは金ナノロッドや銀ナノプレート（第1章第1節）と共通する点である。また成長過程については，{100}面，{111}面，および両面の縁がクエン酸やPVPでどの程度保護

序章　プラズモンナノ材料関連の最近の発展

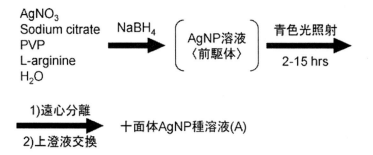

図2　五角柱型銀ナノロッドの合成スキーム
PVP：ポリビニルピロリドン

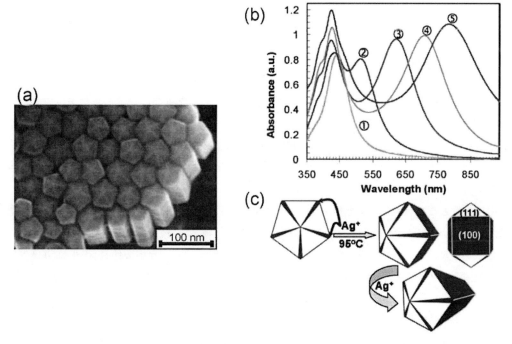

図3　五角柱型銀ナノロッドの走査型電子顕微鏡写真(a)，コロイド溶液の消滅スペクトル(b)，(c)五角柱ロッドへの成長過程
(a)幅40±5nm，長さ138±8nmの銀ロッド，(b)長さの異なる銀ナノロッドのコロイド溶液の色と消失スペクトル，ロッドの幅：49.5±2.5nm，長さ：① 62±3，② 75±3，③ 108±5，④ 142±7，⑤ 158±8nm

プラズモンナノ材料開発の最前線と応用

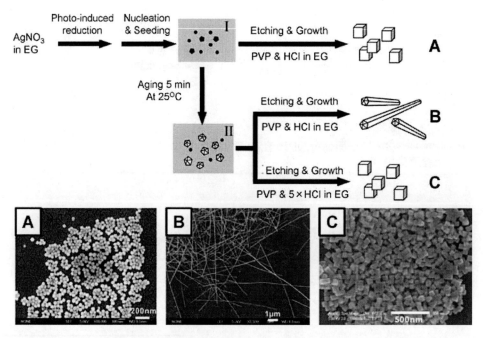

図4 反応条件の制御による銀ナノキューブと銀ナノワイヤーの選択合成法
PVP：ポリビニルピロリドン，EG：エチレングリコール

されるかがポイントであると推察される（図3c）。

　銀ナノ粒子の形状制御に関するもう一つの例[9]を紹介する（図4）。一連の条件で生成する粒子の電子顕微鏡写真も示している。基本的な条件はポリオール法による銀ナノキューブの合成法とほぼ同じである。すなわち，PVPの存在下，硝酸銀をエチレングリコールで還元するという方法であるが，この反応の初期に生成する種粒子がポイントになる。ナノキューブが形成される場合（図4A）には，種粒子（単結晶型と双晶型）に存在する双晶型ナノ粒子の割合が低い（～30％）。ところが種粒子の溶液をさらに5分間熟成すると，双晶型種粒子の割合が～60％まで上昇し，銀ナノワイヤーが優先的に形成される（図4B）。一方，添加する塩酸の量を増やすと，再び銀ナノキューブが優先的に形成される（図4C）。このように，反応条件の違いにより優先的に形成するナノ粒子の形状が異なる点は興味深い。大量合成への展開が可能となれば利用範囲が広がるものと期待される。

　フレーム構造をした中空型ナノ構造体の作製例[10]を紹介する。まず，ポリオール法により銀ナノキューブを合成し（図5a），グラファイト基板上に乗せておく。さらに銀ナノキューブの表面をオクタンチオール単分子膜で被覆する。この試料を動作極として，シアン化金イオン溶液中で定電位電解すると，ナノキューブの稜線付近に金が優先的に析出する（図5b）。その後，エッチングにより銀を溶出して取り除くことにより，フレーム構造をした中空型金ナノ構造体（図5c）を得ることができる。類似した中空構造体の作製例がいくつか報告されており[11~14]，組織化や

4

序章　プラズモンナノ材料関連の最近の発展

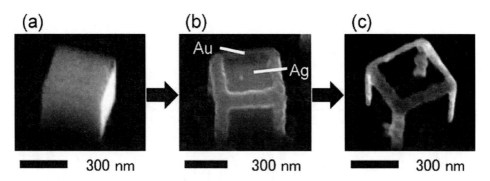

図5　金ナノフレーム構造体の形成とその過程における電子顕微鏡写真
(a)銀ナノキューブ，(b)金を析出したもの，(c)エッチングで銀を取り除いたもの

分光計測への応用[15]が検討されている。

2　プラズモニクス関連の動向

　プラズモン関連研究の趨勢について客観的なデータをもとに議論することが必要である。そこで，プラズモン関連のキーワードについて，前書（2009年）[2]と同様の方法でWeb of Scienceを利用して1999年〜2011年の13年間について検索してみた。結果のいくつかを図6，7に示す。まず，金ナノ粒子（gold nanoparticle$）の報告例（図6a）は金ナノロッド（gold nanorod$）（図6b）のおおよそ10倍で，両者ともに増加している。金ナノロッドの高効率合成のブレイクスルーは1997年に報告された電解法[16,17]であるが，シード法[18,19]や化学還元と光反応を組み合わせた方法[20]など，再現性の高い方法が開発されことが応用例の増加を誘引していると思われる。金ナノロッドは，その形状異方性に基づく特異なLSPR現象を発現する。すなわち，短軸方向のLSPRが緑色の波長域に，長軸方向のLSPRが近赤外域に現れる。しかも長軸方向のプラズモンバンドは非常に強く，周囲媒体の誘電率に敏感に感応する，とういう特性を持つ。そのためバイオセンシングをはじめ偏光素子への可能性など，応用面で期待は大きい。合成の詳細は第1章に譲る。銀ナノ粒子（silver nanoparticle$）と表面増強ラマン散乱（surface-enhanced Raman scattering：SERS）はおおよそ3：1の件数で類似した増加傾向を示している（図6c, d）。SERS担体としてはやはり銀ナノ粒子（銀ナノ構造）が金ナノ粒子（金ナノ構造）に比べて圧倒的に多い。産業化へのハードルは，やはり再現性の高いSERS強度を示す担体の開発である。優れたSERS担体の登場が待たれる。

　プラズモン（plasmon）というキーワードも増加し続けている（図6e）。もっとも興味深いキーワードはプラズモニクス（plasmonics）であり，2004年から指数関数的な増加傾向を示している（図6f）絶対件数はまだ低いが，プラズモニクスの分野が世界中で急速に広がってきていることが読み取れる。

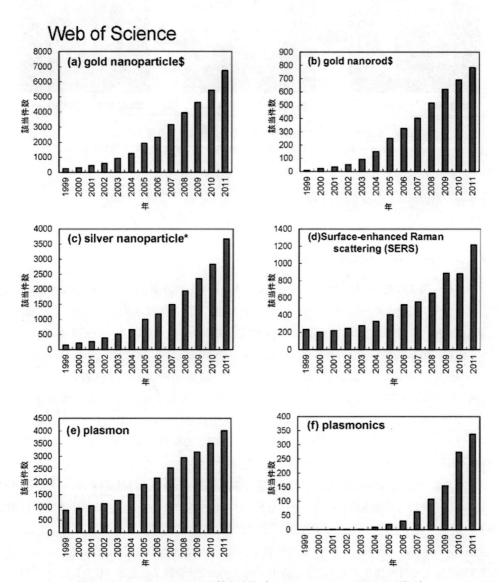

図6 Web of Science による検索結果（Conference Proceedings は除く）
(a)金ナノ粒子（gold nanoparticle$），(b)金ナノロッド（gold nanorod$），(c)銀ナノ粒子（silver nanoparticle$），(d)表面増強ラマン散乱（surface-enhanced Raman scattering：SERS），(e)プラズモン（plasmon），(f)プラズモニクス（plasmonics）

日本化学会

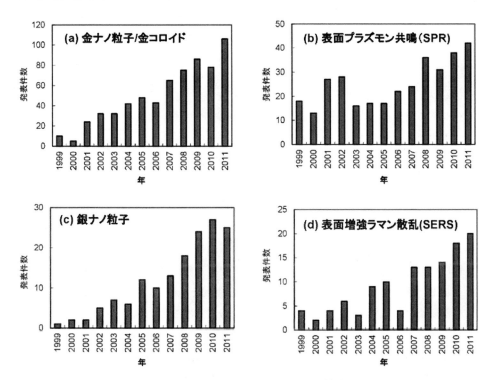

図7　JDreamⅡのJST分類コードによる検索結果
(a)金ナノ粒子／金コロイド，(b)表面プラズモン共鳴（SPR），(c)銀ナノ粒子，
(d)表面増強ラマン散乱（surface-enhanced Raman scattering：SERS）

一方，日本化学会を例にとり国内の動向を概観してみる。国内については科学技術振興機構の JDreamⅡを用いて調査した。結果の一例を図7に示す。金ナノ粒子／金コロイド（図7a）の増加傾向は表面プラズモン共鳴（SPR）より著しい。SPR センサは金薄膜を用いる場合が多く，すでに実用化されている。金ナノ粒子（金ナノ構造）を用いる場合は局在表面プラズモン共鳴（LSPR）と呼ばれる場合が多いが，件数が極めて少ないことから，この場合にも SPR という用語が使われているものと推察される。また SPR の伸び率が緩やかであることから，金ナノ粒子／金コロイドの高い伸び率は，金薄膜を用いる SPR 以外のバイオセンシング（妊娠検査などの各種検査キット）への応用が広がっていることを示すものと思料される。

金ナノ粒子／金コロイドにくらべて銀ナノ粒子（silver nanoparticle$）の件数は 1/3 程度である（図7c）。また銀ナノ粒子と表面増強ラマン散乱（surface-enhanced Raman scattering：SERS）（図7d）の件数はおおむね対応することから，銀ナノ粒子は主に SERS 研究に用いられていることが示唆される。世界の動向（図6c, d）と比較すると，日本では銀ナノ粒子の件数が比較的低い。SERS の件数はさらに低く（図7d），図6d の一割強に過ぎない。このことは，銀

ナノ粒子の応用研究がSERS以外の方面で広がっている可能性を示唆するものであり，銀ナノ粒子の今後の発展が期待される。

おわりに

　代表的なプラズモンナノ材料である金や銀のナノ粒子を中心に，特に非球状粒子について最近の主な作製例を紹介した。また後半では，いくつかのプラズモン関連キーワードの被検索数を調査することにより，プラズモン分野の動向について考察した。昨今，"ナノテクノロジー"という用語が定着してきたようであり，あまり世の中で躍らなくなってきた。化学の分野では，化学＝ナノテクという安易な使われ方をしている場合が多かったが，冷静さを取り戻しつつあるように思われる。ナノテクは本来，超微細（加工・制御）技術であり，バイオ，IT，エネルギー・環境をはじめとするあらゆる分野の基幹技術となる。その点では，プラズモンナノ粒子（ナノ構造）は光を表面プラズモンに変換するナノサイズの構造体であり，ナノテクに資する材料であることは明白である。材料の微細加工技術（トップダウン）や化学的合成技術（ボトムアップ）が一段と発展し，素子やデバイスの微細化は継続的な進展を続けている。nm～数十nmを操る材料や技術が産業化という観点からますます重要になってくることは明白であり，プラズモンナノ材料への期待も一段と高まっている。最近，相次いでプラズモン関連の著書[21,22]や総説・解説[23~25]記事が見受けられることからも，プラズモニクスの今後の飛躍が期待される。尚，後半部のデータ収集・解析を行って下さった井手奈都子さんに深く感謝します。

文　　献

1)　"プラズモンナノ材料の設計と応用技術"山田　淳監修，シーエムシー出版（2006）
2)　"プラズモンナノ材料の最新技術"山田　淳監修，シーエムシー出版（2009）
3)　S. Chen, Z. L. Wang, J. Ballato, S. H. Foulger, D. L. Carroll, *J. Am. Chem. Soc.*, **125**, 16186 (2003)
4)　Y. Sun, B. Mayers, H. Herricks, Y. Xia, *Nano. Lett.*, **3**, 955 (2003)
5)　Y. Sun, Y. Xia, *Science*, **298**, 2176 (2002)
6)　B. J. Willey, Y. Chen, J. M. McLellan, Y. Xiong, Z.-Y. Li, D. Ginger, Y. Xia, *Nano Lett.*, **7**, 1032 (2007)
7)　J. M. McLellan, Z.-Y. Li, A. R. Siekkinen, Y. Xia, *Nano Lett.*, **7**, 1013 (2007)
8)　B. Pietrobon, M. McEachran, V. Kitaev, *ACS Nano*, **3**, 21 (2009)
9)　S. Chang, K. Chen, Q. Hua, Y. Ma, W. Huang, *J. Phys. Chem. C*, **115**, 7979 (2011)
10)　K. Okazaki, J. Yasui and T. Torimoto, *Chem Commun*, 2917 (2009)

序章　プラズモンナノ材料関連の最近の発展

11)　X. Lu, L. Au, J. McLellan, Z. -Y. Li, M. Marquez, Y. Xia, *Nano Lett.*, **7**, 1764 (2007)

12)　S. E Skrabalak, L. Au, X. Li, Y. Xia, *NATURE PROTOCOLS*, **2**, 2182 (2007)

13)　L. Au, Y. Chen, F. Zhou, P. H. C. Camargo, B. Lim, Z. -Y. Li, D. S. Ginger, Y. Xia, *Nano Res.*, **1**, 441 (2008)

14)　K. Okazaki, J. Sakuma, J. Yasui, S. Kuwabata, K. Hirahara, N. Tanaka, T. Torimoto, *Chem. Lett.*, **40**, 8486 (2011)

15)　M. A. Mahmoud, M. A. El-Sayed, *J. Phys. Chem. C*, **112**, 14618 (2008)

16)　Y.-Y. Yu, S.-S. Chang, C.-L. Lee, C. R. C. Wang, *J. Phys. Chem. B*, **101**, 6661 (1997)

17)　S.-S. Chang, C.-W. Shih, C.-D. Chen, W.-C. Lai, C. R. C. Wang, *Langmuir*, **15**, 701 (1999)

18)　N. R. Jana, L. Gearheart, C. J. Murphy, *Langmuir*, **17**, 6782 (2001)

19)　N. R. Jana, L. Gearheart, C. J. Murphy, *J. Phys. Chem. B*, **105**, 4065 (2001)

20)　Y. Niidome, K. Nishioka, H. Kawasaki, S. Yamada, *Chem. Commun.*, 2376 (2003)

21)　"プラズモニクス―光・電子デバイス最前線―" エヌティーエス (2011)

22)　"プラズモニクス―基礎と応用―" 岡本隆之，梶川浩太郎　共著，講談社 (2011)

23)　応用物理，No. 9：基礎科学から実用へと広がるプラズモニクス (2011)

24)　化学工業，No. 5：世界をリードするプラズモニクス研究と応用 (2011)

25)　光技術コンタクト，No. 3：ナノ粒子と光の相互作用 (2011)

【第Ⅰ編　プラズモニックナノ粒子の最新動向】

第1章　ナノ粒子合成

1　金ロッドと銀プリズム

溝口大剛*

1.1　金属ナノ粒子について

　金属ナノ粒子は，ナノメートル（10億分の1メートル）スケールでサイズや形状が制御された金属の構造体であり，バルクの状態とは異なる物性や化学的性質を示す場合が多い。

　自由電子を持つ貴金属，特に金や銀の金属ナノ粒子は，局在表面プラズモン共鳴（LSPR：Localized Surface Plasmon Resonance）という光学的特性を示す[1~3]。LSPRの周波数（波長）は，貴金属の種類，形状，組織化（集積，配列など）状態に依存するが，紫外～近赤外域の特定の光と相互作用するところが大きな特徴である。このLSPRを利用して，光電変換素子やバイオセンシングなど幅広い分野への応用展開が進んでいる。

　LSPRに基づく吸収バンドはプラズモンバンドと呼ばれる。球状ナノ粒子の場合は，粒子大きさの変化によりプラズモンバンドはさほどシフトしないが，球状以外の形状を有する金属ナノ粒子（異方性金属ナノ粒子という）では，形状を制御することでプラズモンバンドを大きくシフトさせることが可能である。異方性金属ナノ粒子の例として，ロッド[4~8]，プリズム[9~11]などの形状を有するナノ粒子（図1）が報告されており，合成方法やその物性が研究されている。特に，

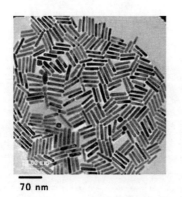

図1　異方性金属ナノ粒子の例
（左：金ロッド，右：銀プリズム）

---

*　Daigou Mizoguchi　大日本塗料㈱　スペシャリティ事業部門　新事業創出室
　　チームリーダー

第1章　ナノ粒子合成

金や銀の異方性金属ナノ粒子は，可視域から近赤外域までプラズモンバンドを持ち，多くの研究が報告されるようになった[12~15]。

異方性金属ナノ粒子の特性を利用した応用研究が進むにつれて，LSPR周波数（波長）の正確な制御を目的としたナノ粒子の形状制御技術や，実用化に向けた大量製造技術に対する要求が高まっている。大日本塗料株式会社は，九州大学，三菱マテリアルと共同で，金ロッド（金ナノロッドという）と銀プリズムの大量製造可能な合成方法に関する研究を実施した。本稿では，開発した異方性金属ナノ粒子の合成法について紹介する。

1.2　金ナノロッドの特徴と合成方法
1.2.1　金ナノロッドの特徴

球状の金ナノ粒子は530 nm付近の光とLSPRを起こして赤紫色を呈しており，例えばステンドガラスの着色材として知られている。形状がロッド状（金ナノロッド）の場合には，短軸方向のLSPRに起因する530 nm付近のプラズモンバンドと，長軸方向のLSPRに起因するプラズモンバンドが可視域から近赤外域に発現することが知られている[16]。特に，長軸方向のLSPR周波数（波長）はアスペクト比（長軸長／短軸長）に大きく依存する。すなわち，アスペクト比が大きくなるとプラズモンバンドは長波長側にシフトし，可視域から近赤外域までシフトする（図2）。

1.2.2　合成方法

金ナノロッドの合成方法については多くの方法が報告されている。大別すると，四級アンモニウム塩であるセチルトリメチルアンモニウムブロミド（Cetyltrimethylammonium bromide：CTAB）（式1）を高濃度に溶解した水溶液中で金イオンを還元して合成する方法（ソフトテンプレート法）[4~7]と，アルミニウムを陽極酸化したアルミナ膜の細孔中で金イオンを還元して合成する方法（ハードテンプレート法）[8]がある。また，基材表面上に金ナノロッドを直接形成する方

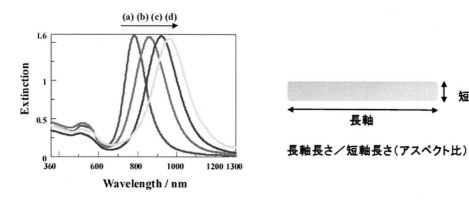

図2　金ナノロッドの消失スペクトルの例
（アスペクト比：(a) 3.5, (b) 4.5, (c) 5.0, (d) 6.0）

法も研究されている[17]。

$$CH_3(CH_2)_{15}N^+(CH_3)_3Br^-$$ (式1)

ソフトテンプレート法による金ナノロッドの合成では，CTABと銀イオンの添加が重要な役割を果たす。

CTABは金ナノロッド合成のキー材料であり，粒子の形状制御と安定分散に寄与する。水溶液中で金イオンはCTABと錯形成し，金イオンが急速に還元されて球状金ナノ粒子へ成長するのを抑制する。CTABの高濃度水溶液は棒状ミセルが形成されることが知られているが，このミセルを鋳型にして金ナノロッドが形成されるのではなく，CTABが金ナノ粒子表面の特定の結晶面[18]に吸着することでロッド形状の金ナノ粒子が形成すると考えられている。CTABは金ナノロッドの表面に二層構造で吸着することが報告されており[19]，金ナノロッドが水中で安定に分散するための保護剤としても機能する。

銀イオンは金ナノロッドの収率を高める目的で添加される。銀イオンを添加しない場合には，球状や無定形の金ナノ粒子が生成し，ロッド状のナノ粒子はほとんど得られない。その詳細なメカニズムは解明されていないが，ハロゲン化銀として吸着する[20]，特定の結晶面へ銀が析出する[21]といったことが報告されている。

1.2.3 形状制御

金ナノロッドの粒子サイズやアスペクト比を制御する合成条件は複雑であるが，合成条件が決定されれば再現よく形状制御することが可能である。

金イオン，CTAB，そして銀イオンの添加量は，金ナノロッドの粒子径とアスペクト比を制御し，副生成物の球状金コロイド生成量を低減する上で密接な相関関係がある。金イオンの還元力も，粒子径制御，特にアスペクト比の制御に大きな影響をおよぼす。還元方法としては，還元試薬，電気，そして光などが用いられる。金イオンとCTABが錯体を形成した条件下でも，過剰の還元力が与えられると，ロッド形状へ成長せず，球状や無定形の金ナノ粒子，またはそれらの凝集体が沈降物として確認される。すなわち，金ナノロッドを合成するには，金イオンに過剰の還元力を与えないようにゆるやかに還元を行うことが望ましい。ゆるやかな還元方法として，還元力の弱い還元試薬を用いる，あるいは，還元力の強い還元試薬を分割添加するといった手法がある。また，紫外光による還元もゆるやかな還元に適している。金イオンの還元を完結する還元力を確保した上で還元力の強弱を付与することで，さまざまな粒子径・アスペクト比の金ナノロッドを得ることが可能である。

1.2.4 金ナノロッドの各種合成法

金イオンの還元方法と合成溶液の組成を詳細に検討し，次の3つの金イオン還元工程を特徴とする金ナノロッドの合成方法を提案している[22~24]。

(1) 化学還元と光還元を組み合わせた合成方法

新留らは，「優れた合成再現性」と「高速合成」を可能とする新しい金ナノロッドの合成方法

第1章　ナノ粒子合成

を発見した[6]。この合成方法の特徴は，①アスコルビン酸といった還元試薬で金（Ⅲ）イオンから金（Ⅰ）イオンへ瞬間的に還元する化学的還元と，②紫外光照射により金（Ⅰ）イオンを0価まで還元して核粒子を形成しロッド状粒子まで成長させる光還元，と還元方法を明確に分割したことである。また，光還元の工程については紫外線を照射し続ける必要はなく，光還元の数分間の紫外線照射で種粒子を発生させた後，紫外線照射停止後に暗反応で金イオンの還元を進行させてロッド状のナノ粒子へ成長させることが可能である[22]（図3）。すなわち，光照射面積の制限なく，再現性良く大量の金ナノロッドを合成することが可能である。課題は，高速で還元が完結するため長軸方向への成長が限定され，アスペクト比の大きな金ナノロッドを合成することが困難な点である。

(2) アミン類で還元する合成方法

アミン類には，窒素の孤立電子で金イオンを還元可能なアミンがあり，特にトリエチルアミンはCTAB水溶液に溶解するため金ナノロッド合成の還元剤として適用可能である[23]。アミンの構造により還元力は大きく異なるが，トリエチルアミンで還元すると長軸長さが約20 nm以下，短軸長さが約5 nm程度の微細な金ナノロッドを合成できる。トリエチルアミンは，3本のアルキル鎖による立体障害で求核性が低下するため還元力が弱く，金ナノ粒子の急激な成長が抑制された結果，微細な金ナノロッドが得られたと推測される。

(3) 二段階で還元する合成方法

上記2つの合成方法を応用することで，幅広いアスペクト比の大きい金ナノロッドを合成でき

図3　合成溶液の変化
（上段は容器上方より観察，下段は容器正面から観察，(a) 紫外線照射前，(b) 紫外線照射完了直後，(c) 紫外線照射完了から3分経過後，(d) 紫外線照射完了から10分経過後）

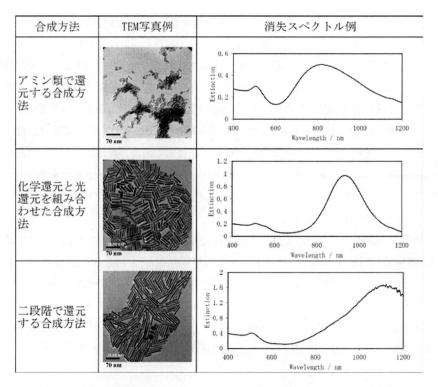

図4 各合成方法で得られた金ナノロッドのTEM写真例と消失スペクトル例

る。この方法は，①還元試薬で金（Ⅲ）イオンから金（Ⅰ）イオンまで還元する第一還元工程と，②アミン類を添加し，0価までの還元とロッド状粒子の形成までをゆるやかに進行させる第二還元工程，と二段階にて金イオンを還元する方法である[24]。アスペクト比は，アミン類の添加量で調整可能であり，添加量を多くするとアスペクト比は小さくなり，添加量を少なくするとアスペクト比が大きくなる。

上記の3つの合成方法で得られた金ナノロッドのTEM写真と消光スペクトルを図4に示す。

1.3 銀プリズムの特徴と合成方法

1.3.1 銀プリズムの特徴

金属プリズムは，三角形，六角形，またはこれらの頂点が欠けた多角形といったプリズム状の金属ナノ粒子である[12]。球状銀ナノ粒子の場合は，400 nm付近にLSPRのプラズモンバンドが現れる。銀プリズムの場合には，アスペクト比（辺の長さ／厚さ）が大きくなると，LSPRの吸収は一般的に長波長側へシフトし可視域から近赤外域にLSPRの吸収が確認される[3]（図5）。

1.3.2 合成方法

プリズム状ナノ粒子の合成もロッド状ナノ粒子と同様に，保護剤と還元速度の設定が重要なポイントとなる。報告されている銀プリズムの還元方法は，光で還元する方法[9, 25~28]，熱で還元す

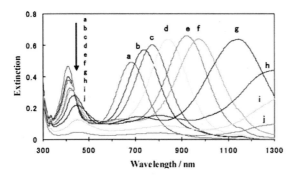

図5 銀プリズムの消失スペクトルの例

る方法[10,30~32]，還元剤で還元する方法[11,33~37]に分類される。光で還元する方法は，クエン酸を保護剤とする銀ナノ粒子を種粒子として調製し，その溶液に光照射して種粒子を銀プリズムに成長させる。この方法は，照射する波長を選択することで粒子形状が制御可能である。分散剤として BSPP（Bis（p-sulfonatophenyl）phenylphosphine dihydrate dipotassium）[9] や PVP（Poly（vinylpyrolidone））[26,27]，クエン酸[28]が使用されている。熱で還元する方法では，PVPを溶解した溶媒中で銀イオンを加熱還元している。還元剤で還元する方法は，保護剤を溶解した溶媒中で，還元剤に水素化ホウ素ナトリウム[33,36,37]，アスコルビン酸[33,37]，ヒドラジン[11,34,35]，アニリン[35]などを用いて銀（Ⅰ）イオンを還元している。

1.3.3 形状制御

Xiaら[12]の研究によると，銀（Ⅰ）イオンを急激に還元した場合は熱力学的に有利な構造である単結晶や多重双晶の種粒子が主として生成して球状や棒状のナノ粒子へと成長する。逆に還元反応が遅くなると，積層欠陥を有する平面状の種粒子が形成し，熱力学的に成長が有利でない三角形や六角形のプリズムが得られることを報告している。

銀プリズム合成の還元方法で共通しているのは，銀（Ⅰ）イオンをゆっくりと還元している点である。光で還元する方法では，光強度を弱めて長時間照射することで銀（Ⅰ）イオンをゆっくりと還元している。熱による還元では，比較的低い温度で銀（Ⅰ）イオンを還元している。また，還元剤を使用する方法では，還元剤の添加量を最適化したり，急激な還元反応の進行を防止する目的で CTAB[33]，PVP[35]などの保護剤を添加する方法が報告されている。

さらに，還元速度を調整する有効な方法として，異種金属イオンを共存する方法が報告されている[38~40]。例えば，パラジウムプリズムの合成[38]ではPVPと鉄（Ⅲ）イオンの共存下でパラジウムイオンを熱還元している。この場合，鉄（Ⅲ）イオンがエッチング剤として機能し，生成した金属ナノ粒子を酸化して溶解するため，還元速度が低下すると推測している。

1.3.4 銀プリズムの合成法

銀イオンの還元方法を詳細に検討し，幅広いアスペクト比の銀プリズムを合成可能な方法を開発した。この方法では，クエン酸を溶解した水溶液中で反応を行い，異種金属として銅（Ⅱ）イ

プラズモンナノ材料開発の最前線と応用

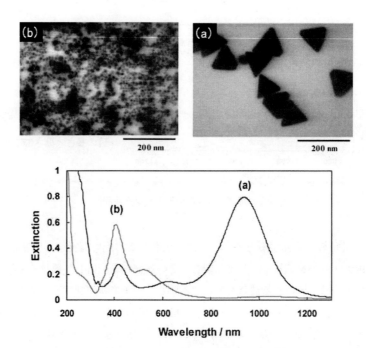

図6　銀プリズム合成における銅イオンの効果
（上：(a) 銅イオン添加，(b) 銅イオン添加なし，下：消失スペクトル）

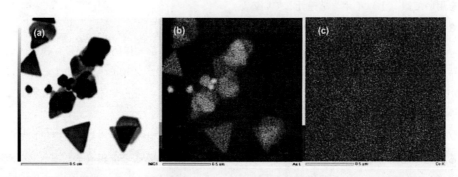

図7　銀プリズムのTEM写真 (a) とEDSの元素分析結果 (b) Ag, (c) Cu

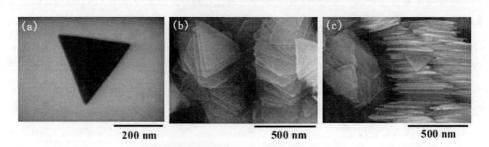

図8　銀プリズムのSEM写真
((a) 透過モード，(b) (c) 反射モード)

16

第1章　ナノ粒子合成

オンを系中に共存させ，銀（Ⅰ）イオンをヒドラジンで化学還元することで銀プリズムを生成させる。銅（Ⅱ）イオンが共存しない系では，球状の銀ナノ粒子のみが生成し，銀プリズムの生成は確認されない（図6）。クエン酸は生成した銀プリズムの保護剤として機能するばかりではなく，銅（Ⅱ）イオンと錯体を形成する。クエン酸と錯体を形成した銅（Ⅱ）イオンは実質的に還元されず，還元剤と相互作用することで還元速度を調整する役割がある。生成した銀プリズムの表面には銅イオンは確認されない（図7）。すなわち，銅（Ⅱ）イオンとクエン酸の錯体は，銀ナノ粒子の表面に吸着することなく、純粋に還元力を調整する機能であることを支持している。銀プリズムのアスペクト比は還元剤の添加量で調整が可能であり、還元力を弱めた条件で粒子径が数百ナノメートルの銀プリズムが合成可能である（図8）。

おわりに

　金や銀といった貴金属の異方性金属ナノ粒子に関する合成方法の研究は，2000年を過ぎた頃より数多く報告されるようになった。それにつれて，フォトニクス，エレクトロニクス，バイオ，計測分野など，異方性金属ナノ粒子を用いた応用研究も大きな広がりをみせている。球状の金属ナノ粒子の歴史と比較すると，異方性の金属ナノ粒子の研究はまだ黎明期にあるともいえるが，その特性やユニークな形状は大きな将来的可能性を感じさせる。

　今回ご紹介した異方性金属ナノ粒子の合成方法については，副生成物（球状ナノ粒子など）の発生やナノ粒子の濃度が薄い点など，まだ課題が残されている。さらに，粒子径・アスペクト比といった形状制御の技術に対する要求も高まっている。今後も更に精度の高い異方性金属ナノ粒子の合成方法を確立していく必要がある。

文　　献

1)　福井萬壽夫，大津元一，光ナノテクノロジーの基礎，オーム社（2003）
2)　斎木敏治，戸田泰則，ナノスケールの光物性，オーム社（2004）
3)　K. L. Kelly, E. Coronado, L. L. Zhao, G. C. Schatz, *J. Phys. Chem. B,* **107**, 668 (2003)
4)　Y-Y. Yu, S-S. Chang, C-L. Lee, C. R. C. Wang, *J. Phys. Chem. B,* **101**, 6661 (1997)
5)　N. R. Jana, L. Gearheart, C. J. Murphy, *J. Phys. Chem. B,* **105**, 4065 (2001)
6)　F. Kim, J. H. Song, P. Yang, *J. Am. Chem. Soc.,* **124**, 14316 (2002)
7)　Y. Niidome, K. Nishioka, H. Kawasaki, S. Yamada, *Chem. Commun.,* 2376 (2003)
8)　C. A. Foss, Jr., G. L. Hornyak, J. A. Stockert, C. R. Martin, *J. Phys. Chem.,* **98**, 2963 (1994)
9)　R. Jin, Y. Cao, C. A. Mirkin, K. L. Kelly, G. C. Schatz, J. G. Zheng, *SCIENCE,* **294**, 1901 (2001)
10)　I. Pastoriza-Santos, L. Liz-Marzan, *Nano Lett.,* **2**, 903 (2002)
11)　M. Maikkard, S. Giorgio, M. -P. Pileni, *Adv. Mater.,* **14**, 1084 (2002)

12) Y. Xia, Y. Xiong, B. Lim, S. E. Skrabalak, *Angew. Chem. Int. Ed.*, **48**, 60 (2009)

13) J. Z. Zhang, *Optical properties and spectroscopy of nanomaterials,* World Scientific Publishing (2009)

14) M. A. El-Sayed, *ACC. Chem. Res.*, **34**, 257 (2001)

15) Y. Xia, P. Yang, Y. Sun, Y. Wu, B. Mayers, B. Gates, Y. Yin, F. Kim, H. Yan, *Adv. Mater.*, **15**, 353 (2003)

16) S. Link, M. A. EL-Sayed, *J. Phys. Chem. B*, **103**, 8410 (1999)

17) K. Ueno, S. Juodkazis, V. Mizeikis, K. Sasaki, K. Misawa, J. AM. CHEM. SOC., **128**, 14226 (2006)

18) Z. L. Wang, M. B. Mohamed, S. Link, M. A. El-Sayed, *Surface Science*, **440**, 809 (1999)

19) B. Nikoobakht, M. A. EL-Sayed, *Langmuir*, **17**, 6368 (2001)

20) Y. Niidome, Y. Nakamura, K. Honda, Y. Akiyama, K. Nishioka, H. Kawasaki, N. Nakashima, *Chem. Commun.*, 1754 (2009)

21) M. Liu, P. Guyot-Sionnest, *J. Phys. Chem. B*, **109**, 22192 (2005)

22) 特開 2005-097718 号公報

23) 特開 2006-118036 号公報

24) 特開 2006-169544 号公報

25) C. Xue, G. S. Metraux, J. E. Millstone, C. A. Mirkin, *J. Am. Chem. So*c., **130**, 8337 (2008)

26) Y. Sun, Y. Xia, *Adv. Mater.*, **15**, 695 (2003)

27) A. Callegari, D. Tonti, M. Chergui, *Nano Lett.*, **3**, 1565 (2003)

28) M. Maillard, P. Huang, L. Brus, *Nano Lett.*, **3**, 1611 (2003)

29) I. Washio, Y. Xiong, Y. Yin, Y. Xia, *Adv. Mater.*, **18**, 1745 (2006)

30) Y. Xiong, I. Washio, J. Hen, H. Cai, Z.-Y. Li, Y. Xia, *Langmuir*, **22**, 8563 (2006)

31) Y. Xiong, I. Washio, J. Chen, M. Sadilek, Y. Xia, *Angew. Chem. Int. Ed.*, **46**, 4917 (2007)

32) Y. Sun, B. Mayers, Y. Xia, *Nano Lett.*, **3**, 675 (2003)

33) S. Chen, Z. Fan, D. L. Carroll, *J. Phys. Chem. B*, **106**, 10777 (2002)

34) J. Song, Y. Chu, Y. Liu, L. Li, W. Sun, *Chem. Commun.*, 1223 (2008)

35) V. Germain, J. Li, D. Ingert, Z L. Wang, M. P. Pileni, *J. Phys. Chem. B*, **107**, 8717 (2003)

36) G. S. Metraux, C. A. Mirkin, *Adv. Mater.*, **17**, 412 (2005)

37) D. Aherne, D. M. Ledwith, M. Gara, J. M. Kelly, *Adv. Funct. Mater.*, **18**, 2005 (2008)

38) Y. Xiong, J. M. McLellan, J. Chen, Y. Yin, Z.-Y. Li, Y. Xia, *J. AM. CHEM. SOC.*, **127**, 17118 (2005)

39) Y. Leng, Y. Wang, X. Li, T. Liu, S. Takahasshi, *Nanotechnology*, **17**, 4834 (2006)

40) J. Xie, J. Y. Lee, D. I.C. Wang, *J. Phys. Chem. C*, **111**, 10226 (2007)

2　金銀コアシェルナノ粒子の調製と物性

新留康郎*

はじめに

　シェルの厚みが数 nm 以上ある場合はコアシェル金属ナノ粒子の表面プラズモンバンドは外層金属のプラズモン特性に概ね支配される。したがって，分光特性という点ではコアシェルナノ粒子とシェル金属の単一成分金属ナノ粒子との差異はあまりない。それでも数多くのコアシェル構造粒子が研究されてきたのは，構造そのものの面白さに加えて，単一成分ナノ粒子では実現できない多様な形状や，コアシェル構造に由来する光・熱反応が興味深い研究対象であるからである[1,2]。コアシェル化によって，多様な形状のナノ粒子を均一に作製できれば，光と金属ナノ構造との相互作用を制御する新しいナノ材料の開発につながると期待されている。

　実用という点で最も研究されてきたコアシェルナノ粒子は，銀シェル金ナノ粒子であろう。これはイムノクロマトグラフやブロッティングの標識粒子：マーカーとして用いられる。金単独のナノ粒子の場合は，抗体を固定した金ナノ粒子が免疫検出の標識粒子として広く用いられている。一方，銀ナノ粒子は金ナノ粒子よりも大きな光吸収・散乱効率を有しており，視認性という点では金よりも優れた材料である。しかし，金に比較すると化学的安定性に劣り，空気酸化によって分光特性が損なわれること，表面の酸化皮膜のために銀-チオール結合を介した抗体の固定が難しいことなどが障害になり，銀ナノ粒子が標識粒子として直接用いられることは少ない。そのかわり，「銀増感」という手法（図1）で金ナノ粒子の表面に銀のシェルを付与することが一般的に行われる。これは金ナノ粒子表面を触媒として用いる一種の無電解メッキであり，金ナノ粒子は金属銀の成長核として機能する。銀シェル金ナノ粒子は銀ナノ粒子としての分光特性を有し，大きな吸光・光散乱係数を示すので，金ナノ粒子マーカーの視認性を改善することができる。また，組織切片の電子顕微鏡観察でも像のコントラストを改善する常法として用いられてきた。80年代以前の金ナノ粒子マーカーや銀増感に関わる成果はHayatの本[3]にまとめられている。現在では「銀増感キット」も数種類市販されており，クロマトグラフやブロッティングに用いた金ナノ粒子マーカーに銀シェルを付与することが一般的に行えるようになっている。

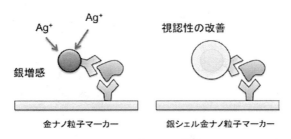

図1　銀増感の模式図

　＊　Yasuro Niidome　九州大学　大学院工学研究院　応用化学部門　准教授

プラズモンナノ材料開発の最前線と応用

銀増感として一般的に行われている銀シェル形成ではあるが，金ナノ粒子表面への選択的な銀析出を理想的に実現することは実は大変困難である。コロイド分散金ナノ粒子表面には保護剤が吸着しているために金ナノ粒子表面の触媒活性はあまり高くなく，金ナノ粒子と無関係に銀ナノ粒子が生成することが多い。コロイド分散している金ナノ粒子に形状・サイズを精密に制御した銀シェルを付与する技術は現在もその進展が強く望まれている。本章ではこの金銀コアシェルコロイド粒子に絞って，コアシェル構造の作製法を概説し，その分光特性や光反応特性について紹介する。

2.1 創世記

MorrissとCollinsは，リン還元で作製した金ナノ粒子に対して，酸化銀をヒドロキシルアミンで還元する事で銀シェルを付与できる事を報告している（図2）[4]。ヒドロキシルアミンは核生成しにくい還元剤であり，金ナノ粒子に金を追加析出させて粒径の制御を行う際にも用いられる[3]ことから異種金属シェルの生成に適している。Morrissらは実験的に得られたスペクトルとAdenらのモデル[5]で予測した消失スペクトルを比較している。実験的に得られたスペクトルは理論計算と良く一致しており，この研究は金属コアシェル粒子に関わる先駆的な研究と言えるであろう。その後，Hengleinらはガンマ線照射によってコアシェル構造ナノ粒子を調製できる事を報告した[6,7]。さらに，Treguerらは，金イオン／銀イオン混合溶液にガンマ線を照射する1ステップの反応によって，銀シェル金ナノ粒子を調製できる事を報告した[8]。これは一つの反応容器（1 pot）でコアシェル的構造を有するナノ粒子を作成する方法である。その後，Chenらは金イオンと銀イオンを同時に含むAerosol OT逆ミセル中でヒドラジンによる化学還元を行うと，金が先に還元され銀が粒子表面に偏在するコアシェル的な構造が形成される事を報告している[9]。Freemanらはクエン酸還元の金ナノ粒子[10]をコアに用いて，銀イオンのクエン酸還元によって銀シェル金ナノ粒子を作製した[11]。Freemanらの報告は表面増強ラマン散乱（SERS）を効率良く起こす事を目的としており，コアシェル構造粒子（論文中では"Ag-Clad

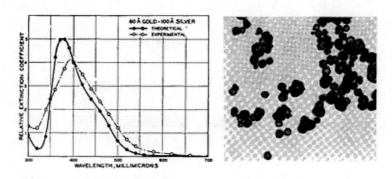

図2　金銀コアシェルナノ粒子の分光特性（左，金コア：6 nm，銀シェル：10 nm，理論計算：実線，実測：破線）および金―銀―金3相構造コアシェル粒子のTEM像（右）[4]

第1章　ナノ粒子合成

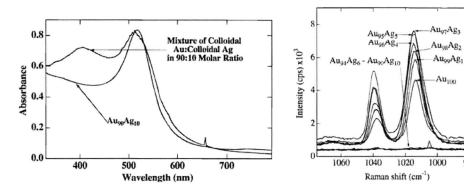

図3　金銀コアシェル粒子（金銀比：9：1）と金と銀粒子の混合溶液の消失スペクトル（左）とピリジンのSERSスペクトルの銀依存性（右）[11]

Au Nanoparticles"）とその凝集体のSERS特性が議論されている（図3）。一方で，同時期に金銀のbimetallic粒子（明確なコアシェル構造を有しないナノ粒子）がいくつか報告されており，金と銀がナノ粒子中に同時に存在する場合のプラズモン特性がコアシェル構造と比較するなどして定量的に議論されている[9,12~16]。

コアシェル粒子の分光特性を正しく議論するには形状が均一なコアシェルコロイド分散粒子（凝集体を形成せず，孤立分散したもの）の調製が必要不可欠である[17~20]。Rivasらはクエン酸還元によって形状均一性に優れた金銀コアシェル／銀金コアシェル粒子を調製し，その分光特性を評価している[18]。Luらはクエン酸還元法で作製した金ナノ粒子上にアスコルビン酸還元によって銀シェルを付与し，コロイド分散金銀コアシェルナノ粒子を作製した[20]。

一連の研究によってコアシェルナノ粒子の調製法や分光特性に関わる知識が広く知られるようになり，その後の研究の進展につながった。異種金属のコアシェル構造が特異な触媒活性を示すこともあるために，この10年のコアシェル構造ナノ粒子に関わる研究成果は極めて多様である。その網羅的な紹介は本章の域を超えるので総説等を参考にされたい[2,21~24]。

2.2　異方性金銀コアシェル粒子：銀シェル金ナノロッド

表面プラズモンバンドの分光特性はナノ粒子のサイズや形状に強く依存する。球状の粒子の表面プラズモンは，Mieのモデル[25]で説明される通り，一つの共鳴波長を有し，そのピーク波長位置はサイズに依存する。一方，異方的な形状を有するナノ粒子の場合はその形状に依存して複数のモードが観察される場合がある。棒状の金ナノ粒子である金ナノロッド[26]は，形状均一な異方性ナノ粒子の代表例であり，異方的な形状に由来する明確な2つの表面プラズモンバンドを示す。一方，銀のナノロッドも報告はされているが，球状粒子が多く混ざる上に，長さや太さが一定せず，表面プラズモンバンドのモード分離もはっきりしないものであった[21,22,27~30]。ごく最近，比較的均一性に優れた銀ナノロッドも報告されているが[31]，その分光特性は金ナノロッドほど明

21

瞭なバンド分離が見られない。すなわち，現在でも，銀ナノロッドを形状均一に調製することは困難であると言えよう。

そこで，形状均一な金ナノロッドに銀シェルを付与して，銀ナノロッドの分光特性を有する銀シェル金ナノロッドを作製することが試みられてきた。Ahらはhexadecyltrimethylammonium bromide (CTAB) を含む界面活性剤溶液中でヒドロキシルアミンを利用して銀を金ナノロッド表面に析出させた[32]。Ahらの銀シェルは均一な銀シェル(a)や末端が少し太くなるダンベル型(b)の形状が混在しており，その消失スペクトルはブロードな二つの表面プラズモンバンドを示すことが特徴的である[32]。Huangらはアスコルビン酸還元によって銀を金ナノロッド表面に析出させ，コアシェル粒子を作製している[33]。Huangらのコアシェル粒子は両末端が菱形に近い形をしたダンベル型ナノロッドであり，短軸と長軸方向の表面プラズモン振動に由来するバンドを明確に示す（図4）。この論文では形状を精密に解析するとともに，その分光特性を検討している。その後，銀イオンの還元条件を工夫することで，ボート型と呼ばれる片側に厚いシェルなど色々な形状の銀シェルを作製できることが報告されている[34〜39]。Yangら[35]の210℃まで加熱した時の銀シェルの変化，Xiang[36]の高解像度TEMを利用した銀の結晶構造の解析は，いずれも特筆すべき研究成果であろう。また，Xiangらの銀シェル金ナノロッドの消失スペクトルには複数のショルダーピークが見られることも興味深い。短軸・長軸方向のプラズモン振動では説明できないモードが銀シェルの形状に依存して見えている可能性が高い。Duanら[39]はダンベル状・Dogbone状・金ナノロッドを均一に覆うシェルなどのコアシェル粒子の分光特性を理論的

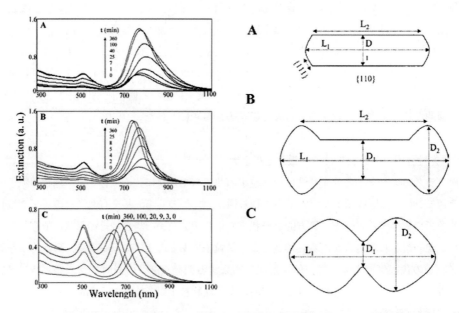

図4　銀シェルの生成に伴う金ナノロッドの分光特性変化（左，A-Cは反応溶液のpHが異なる）および理論計算に用いた銀シェル金ナノロッドのモデル（右）[33]

第1章 ナノ粒子合成

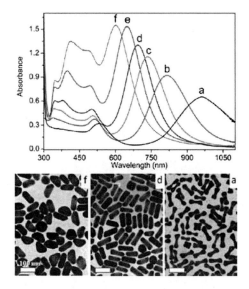

図5 銀シェル金ナノロッドの生成に伴う分光特性変化と形状変化（TEM像）[37]
a：金ナノロッド，b-f：銀シェル金ナノロッド（銀／金原子比：b：0.3，c：0.7，d：1，e：1.7，f：2.3）

に予測した。これは銀シェルの形状がコアシェル粒子の分光特性にどのような影響を与えるかを知る上で重要な成果であるが，色々な形状の銀シェルが混ざった状態のコロイド溶液ではそれぞれの形状に由来する表面プラズモンバンドが重複してブロードなバンドを形成することを意味している。これとは対照的に，明確に4つの消失ピークが観察されたCardinalらの粒子[37]は，多様なプラズモンバンドの存在が強く示唆されており，他の報告よりも形状の均一性に優れていた可能性が高い（図5）。

これらの銀シェルはすべてCTAB中で銀を還元して作製されたものである。この溶液中には濃厚なBr^-イオン（50-200 mM）が存在し，硝酸銀として添加した銀イオンは$AgBr_2^-$の化学形をとってミセル溶液中に溶解する[40]。筆者らはBr^-イオンの代わりにCl^-イオン共存下で銀シェルの生成反応を行うと銀シェルの生成反応が極めて迅速に起こることを報告した[41]。$AgCl_2^-$は$AgBr_2^-$よりも酸化還元電位が正側にあり[42]，アスコルビン酸による銀の還元反応が速やかに進行することがその原因である。さらに銀イオン源として硝酸銀の代わりに塩化銀の懸濁粒子を用いることで，還元反応初期の反応速度が抑制され，均一な銀シェルが生成することを見いだした[43]（図6）。CortieらはDiscrete Dipole Approximation：DDA計算によって，この4つのバンドがそれぞれ銀ナノ四角柱の表面プラズモンバンドに帰属できることを明らかにした[44]。Jiangらは同様の銀ナノ四角柱についてfinite-difference time-domain：FDTD計算を行って4つのピークの帰属を行った[45]。この二つのモデルは良く一致する結果を示している。また，基板上に立って固定される場合があることも見いだされており[46]，今後もナノサイズの四角柱という特異な形状に由来する様々な研究進展が期待される。

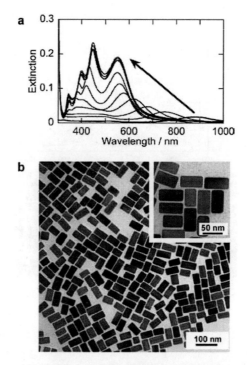

図6 銀シェル金ナノロッドの生成に伴う4つのプラズモンバンドの生成と四角柱状の構造を示すナノロッドのTEM像[43]

2.3 金銀コアシェル粒子の応用

　金銀コアシェル粒子の最も代表的な応用例は表面増強ラマン散乱（SERS）用の基材であろう。銀ナノ粒子を適切に凝集させると，そのプラズモンとの共鳴によって非常に大きなラマン散乱効率を示す。しかし，銀ナノ粒子を形状均一に作る事はかなり困難であり，再現性の良いSERS基材を作りにくいという問題があった。金銀コアシェル粒子はナノ粒子の形状制御性・均一性を劇的に改善できる可能性があり，以前から熱心に研究されてきた。例えば，Freemanらは金銀コアシェル粒子（論文中では"Ag-Clad Au Nanoparticles"）のSERS特性を議論した[11]。凝集体形成に伴うプラズモンバンドやラマン散乱効率の変化が報告されている。Freemanらの報告では，金ナノ粒子もコアシェル粒子もその凝集体はブロードな表面プラズモンバンドを示しており，また高解像度TEM像が無い為に，銀シェルの形状やその均一性ははっきりしない。その後に報告されたRivasら[18]やLiuら[20]の研究も高いSERS特性を有するコアシェル粒子の作製が目標である。これらに限らず高効率SERS基板の作製については極めて多様な報告が存在する。近年は，ローダミンなどモデル化合物のラマンシグナルを評価するばかりではなく，具体的に計測のニーズがある化合物の微量分析が試みられている。例えば，Zhengらは，環境に存在するアレルゲンの一種である"Thiram"の検出を金銀コアシェルナノ粒子による表面増強Raman分光によって行った[47]。また，Shenらは3層構造を有する金銀コアシェル粒子をラマンプローブ粒

第1章　ナノ粒子合成

子として用い，タバコの葉の中に分布したナノ粒子を顕微ラマン分光法で求めた（図7）[48]。今後は「価値ある分析対象」を念頭においた実用的なラマン分光分析の提案は数多く行われるであろう。

　一方で，金銀コアシェルナノ粒子の特異な分光特性を利用した分光分析法も各種報告されている。Fuら[49]とSteinbrückら[50]の報告は金銀コアシェル粒子の表面プラズモンバンドが周囲の屈折率にどのように応答するかを系統的に明らかにしたものであり，金銀コアシェル粒子の局在表面プラズモン（LSP）センサーとしての高いポテンシャルが明らかになったと言えよう。広く用いられている2次元の表面プラズモン共鳴を用いたセンサー（SPRセンサー）に比較して，LSPセンサーは屈折率変化に伴うスペクトル変化が少ないことが問題である。Steinbrückらは銀シェ

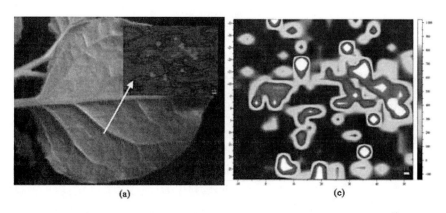

図7　タバコの葉に注射した金銀コアシェルナノ粒子のラマンマッピング[47]

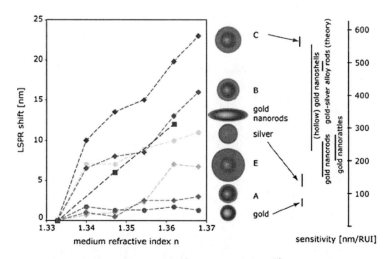

図8　ナノ粒子のLSPRの屈折率変化によるピークシフト[50]；gold：sphere 13 nm, silver：sphere 14 nm, gold nanorods：43×20 nm, 金銀コアシェルナノロッド（金コア粒子16 nm），銀シェル厚：A：< 0.7，B：< 1，C：3，E：8 nm。

25

ルの厚さだけでなく，金ナノロッドなど形状の異なる粒子も比較対象として用いて，金銀コアシェル粒子の近傍の屈折率変化に対する分光特性変化が比較的大きいことを報告している（図8）。この報告は，屈折率を変える為に濃厚グルコース溶液を用いたという点ではモデル実験の域を超えていないが，各種コロイド分散コアシェル粒子の屈折率応答を実測したという点では意義ある研究成果である。

一方，Guha らは発光する金銀コアシェル粒子を調製し，その発光が水銀イオンによって選択的に消光することを見いだした[51]。蛍光消光効率は水銀イオン濃度 10^{-7}M オーダーで直線的な応答を示した。さらに EDTA を添加することによって水銀イオンをナノ粒子表面から除去することが可能であり，水銀イオンの脱離に伴ってコアシェル粒子の蛍光性が復活することが報告されている。水銀以外のカドミウムや鉛など12種類の2価金属イオンはほとんど消光を起こさないということから，この消光現象の詳細は大変興味深い。

また，Som らはアンチモンガラス内に金銀のコアシェル粒子を作製し，これにサマリウムイオン（Sm^{3+}）を吸着させると，プラズモンバンドとの共鳴によって Sm^{3+} のアップコンバージョン発光（照射 949 nm，発光 636 nm）の効率が約2倍に向上することを報告している[52]。これは表面プラズモンによる増強現象，いわゆる「プラズモニクス」として興味深い研究であり，今後の展開が期待される。Guo らは金銀コアシェルナノロッドの銀シェルをエッチングし，その分光特性の変化と触媒機能を評価している[53]。銀シェルの生成ではなく，溶解を議論した数少ない論文であり，金ナノロッド両端に残った銀の触媒機能や分光特性は大変興味深い。

応用という点では少し外れるが，最近，立方体状の金銀コアシェル粒子の形状と分光特性を精密に制御できるという論文が報告されている[54,55]。特に Park らの報告[55]では銀シェルを硫化銀にすることにより広範囲の調色を可能としている（図9）。これらの金銀コアシェルナノ粒子は

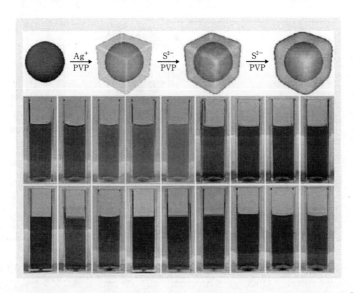

図9　立方体銀シェル金ナノ粒子と銀シェルの硫化物化による分光特性制御[55]

第1章 ナノ粒子合成

従来の粒子に比較すると形状の均一性に優れており，わずかな形状の変化や近傍の屈折率変化に敏感に応答できる可能性が高い。今後はこれらの粒子を用いた新しい機能材料の開発が期待される。

まとめ

ここでは金銀コアシェルナノ粒子を中心に，早期の研究成果を概説し，異方性粒子の銀シェル化および光物性・反応と応用を紹介した。銀シェル粒子は大きな光吸収・光散乱効率を有し，その特徴を生かすことで，これまで金・銀単独のナノ粒子では実現できなかった機能性を発揮できると期待されている。当然ながら，それは単純に SERS 効率が高いとか，プローブ粒子として識別しやすいということではなく，光と金属ナノ粒子の相互作用を精密に制御できる材料になるのではないかという期待である。金属ナノ構造と光の相互作用は，理論的な予測が先行し，電子線ナノリソグラフなどのナノ描画技術によって実験的な成果が得られてきた。しかし，実用的な機能性（分析）デバイスとして金属ナノ構造・ナノ粒子を用いるには，電子線ナノリソグラフは余りにもスループットが悪くコスト高である。安価で大量に調製できるナノ粒子，それも光との相互作用が強い銀ナノ粒子の形状を精密に制御し，さらに適切に組織化する必要がある。現時点ではコロイド粒子の精密な形状制御はロッド状および立方体状の粒子について始まったばかりである。今後，多様な形状を有するコアシェルナノ粒子を極めて均一に調製する技術を開発し，さらにそれらを適切に組織化する技術の確立が望まれる。今後のさらなるブレークスルーを期待したい。

文　　　献

1)　Q. Zhang, J. Xie, Y. Yu and J. Y. Lee. *Nanoscale*, **2**, 1962 (2010).
2)　R. G. Chaudhuri and S. Paria. *Chem. Rev.*, **112**, 2373 (2012).
3)　M. A. Hayat, *Colloidal gold : Principles, methods, and applications.* (Academic Press, New York, 1989).
4)　R. H. Morris and L. F. Collins. *J. Chem. Phys.*, **41**, 3357 (1964).
5)　A. Aden and M. Kerker. *J. Appl. Phys.*, **22**, 1242 (1951).
6)　P. Mulvaney, M. Giersig and A. Henglein. *J. Phys. Chem.*, **97**, 7061 (1993).
7)　A. Henglein, P. Mulvaney, T. Linnert and A. Holzwarth. *J. Phys. Chem.*, **96**, 2411 (1992).
8)　M. Treguer, C. d. Cointet, H. Remita, J. Khatouri, M. Mostafavi, J. Amblard, J. Belloni and R. d. Keyzer. *J. Phys. Chem. B*, **102**, 4310 (1998).
9)　D.-H. Chen and C.-J. Chen. *J. Materials Chem.*, **12**, 1557 (2002).
10)　G. Frens. *Nature*, **241**, 20 (1973).

プラズモンナノ材料開発の最前線と応用

11) R. G. Freeman, M. B. Hommer, K. C. Grabar, M. A. Jackson and M. J. Natan. *J. Phys. Chem.*, **100**, 718 (1996).

12) T. Sato, S. Kuroda, A. Takami, Y. Yonezawa and H. Hada. *Appl. Organometallic Chem.*, **5**, 261 (1991).

13) S. Nakamura and Y. Ogura. *J. Biochem.*, **64**, 439 (1968).

14) N. Aihara, K. Torigoe and K. Esumi. *Langmuir*, **14**, 4945 (1998).

15) S. Link, Z. L. Wang and M. A. El-Sayed. *J. Phys. Chem. B*, **103**, 3529 (1999).

16) X. Wang, Z. Zhang and G. V. Hartland. *J. Phy. Chem. B*, **109**, 20324 (2005).

17) J. H. Hodak, A. Henglein, M. Giersig and G. V. Hartland. *J. Phys. Chem. B*, **104**, 11708 (2000).

18) L. Rivas, S. Sanchez-Cortes, J. V. García-Ramos and G. Morcillo. *Langmuir*, **16**, 9722 (2000).

19) J.-P. Abid, H. H. Girault and P. F. Brevet. *Chem. Comnun.*, 829 (2001).

20) L. Lu, H. Wang, Y. Zhou, S. Xi, H. Zhang, J. Hu and B. Zhao. *Chem. Commun.*, 144 (2002).

21) Y. Sun. *Nanoscale*, **2**, 1626 (2010).

22) Y. Xia, Y. Xiong, B. Lim and S. E. Skrabalak. *Angew. Chem. Int. E*d., **48**, 60 (2009).

23) M. P. Pileni. *J. Phys. Chem. C*, **111**, 9019 (2007).

24) L. M. Liz-Marzán. *Langmuir*, **22**, 32 (2006).

25) G. Mie. *Ann. Phys. (Lipzig)*, **25**, 377 (1908).

26) Y.-Y. Yu, S.-S. Chang, C.-L. Lee and C. R. C. Wang. *J. Phys. Chem. B*, **101**, 6661 (1997).

27) N. R. Jana, L. Gearheart and C. J. Murphy. *Chem. Commun.*, 617 (2001).

28) H. Mao, J. Feng, X. Ma, C. Wu and X. Zhao. *J. Nanopart. Res.*, **14**, 887 (2012).

29) Y. Sun, B. Gates, B. Mayers and Y. Xia. *Nano Lett.*, **2**, 165 (2002).

30) J. Chen, B. J. Wiley and Y. Xia. *Langmuir*, **23**, 4120 (2007).

31) M. R. Hormozi-Nezhad, M. Jalali-Heravi, H. Robatjazi and H. Ebrahimi-Najafabadi. *Colloids Surf. A*, **393**, 46 (2012).

32) C. S. Ah, S. D. Hong and D.-J. Jang. *J. Phys. Chem. B*, **105**, 7872 (2001).

33) C.-C. Huang, Z. Yang and H.-T. Chang. *Langmuir*, **20**, 6089 (2004).

34) M. Liu and P. Guyot-Sionnest. *J. Phys. Chem. B*, **108**, 5882 (2004).

35) Z. Yang and H.-T. Chang. *Nanotechnology*, **17**, 2304 (2006).

36) Y. Xiang, X. Wu, D. Liu, Z. Li, W. Chu, L. Feng, K. Zhang, W. Zhou and S. Xie. *Langmuir*, **24**, 3465 (2008).

37) M. F. Cardinal, B. Rodríguez-González, R. A. Alvarez-Puebla, J. Pérez-Juste and L. M. Liz-Marzán. *J. Phys. Chem. C*, **114**, 10417 (2010).

38) A. Sánchez-Iglesias, E. Carbó-Argibay, A. Glaria, B. Rodríguez-González, J. Pérez-Juste, I. Pastoriza-Santos and L. M. Liz-Marzán. *Chem. Eur.J.*, **16**, 5558 (2010).

39) J. Duan, K. Park, R. I. MacCuspie, R. A. Vaia and R. Pachter. *J. Phys. Chem. C*, **113**, 15524 (2009).

40) K. Nishioka, Y. Niidome and S. Yamada. *Langmuir*, **23**, 10353 (2007).

41) Y. Okuno, K. Nishioka, N. Nakashima and Y. Niidome. *Chem. Lett.*, **38**, 60 (2009).

第1章　ナノ粒子合成

42) Y. Hamasaki, N. Nakashima and Y. Niidome. *Chem. Lett.*, **41**, 962 (2012).

43) Y. Okuno, K. Nishioka, A. Kiya, N. Nakashima, A. Ishibashi and Y. Niidome. *Nanoscale*, **2**, 1489 (2010).

44) M. B. Cortie, F. Liu, M. D. Arnold and Y. Niidome. *Langmuir*, **28**, 9103 (2012).

45) R. Jiang, H. Chen, L. Shao, Q. Li and J. Wang. *Adv. Mater.*, **24**, OP200 (2012).

46) Y. Tsuru, N. Nakashima and Y. Niidome. *Optics Commun.*, **285**, 3419 (2012).

47) X. Zheng, Y. Chen, Y. Chen, N. Bi, H. Qi, M. Qin, D. Song, H. Zhang and Y. Tian. *J. Raman Spectrosc.*, **43**, 1374 (2012).

48) A. Shen, J. Guo, W. Xie, M. Sun, R. Richards and J. Ha. *J. Raman Spectrosc.*, **42**, 879 (2011).

49) Q. Fu, D. G. Zhang, M. F. Yi, X. X. Wang, Y. K. Chen, P. Wang and H. Ming. *J. Opt.*, **14**, 085001 (2012).

50) A. Steinbruck, O. Stranik, A. C. & and W. Fritzsche. *Anal. Bioanal. Chem.*, **401**, 1241 (2011).

51) S. Guha, S. Roy and A. Banerjee. *Langmuir*, **27**, 13198 (2011).

52) T. Som and B. Karmakar. *Nano Res.*, **2**, 607 (2009).

53) X. Guo, Z. Zhang, Y. Sun, Q. Zhao and J. Yang. *ACS NANO*, **6**, 1165 (2012).

54) Y. Ma, W. Li, E. C. Cho, Z. Li, a. Yu, J. Zeng, Z. Xie and Y. Xia. *ACS Nano*, **4**, 6725 (2012).

55) G. Park, C. Lee, D. Seo and H. Song. *Langmuir*, **28**, 9003 (2012).

3 熱分解法による金属ナノ粒子の大量合成とペースト化

柏木行康[*1]，山本真理[*2]，中許昌美[*3]

はじめに

ナノ粒子とは，1～100ナノメートル（nm）の粒子径を有する超微粒子のことであり，一般に金属や酸化物などの無機超微粒子が有機保護層で被覆された構造[1,2]を有している。色材，センサー，分析などの用途では，ナノ粒子特有の表面プラズモン共鳴（SPR）を利用した研究例が多い[3]。SPRの原理については本稿では割愛するが，SPRはナノ粒子特有の光吸収特性，つまり色調を特徴づける性質である。たとえば，粒子径10 nm程度の金ナノ粒子の溶液は520 nm付近にSPR吸収を有し，赤紫色を呈することが知られている。SPRはナノ粒子の表面状態を敏感に反映するため，物質がナノ粒子表面に吸着するとSPRの強度や波長が変化し，その強度や波長の変化から化合物の同定や濃度を決定することができる。また，SPRを利用した表面増強ラマン散乱（SERS）についても多くの研究がなされている。

ナノ粒子研究の歴史はそれほど古いものではなく，ナノ材料として認識されたのは1994年のBrustらによる金ナノ粒子合成の報告[4]以降と言ってよいだろう。Brustらは，多くの研究室が保有しているありふれた試薬を用いて，トルエンに可溶で単離することができる直径約2 nmの金ナノ粒子の合成法を報告した。具体的には，塩化金酸（$HAuCl_4$）の水溶液と，テトラオクチルアンモニウムブロミドのトルエン溶液を混合し，抽出操作をする。これにより，金（III）イオンをトルエン相に相間移動することができる。こうして得られた金（III）イオンのトルエン溶液に有機保護層となるドデカンチオールを加え，水素化ホウ素ナトリウム水溶液を加えて，二相系で還元を行うと，金ナノ粒子のトルエン溶液が得られる。この方法は，溶液還元法と呼ばれており，その簡便さゆえに基礎研究では特によく用いられている。この報告以降，同様の方法を用いて様々な金属ナノ粒子の合成が検討され，またその応用研究が活発に行われたことにより，ナノ粒子研究は急激に進展した。

3.1 熱分解法による金属ナノ粒子の合成

多くのすぐれた性質を示すナノ粒子であるが，Brust法をはじめとする溶液還元法は大希釈条件が必要なため，大量合成が困難であった。そのため，センサーや触媒[5]など必要量が少ない用途を中心に検討がなされてきた。応用や生産に関する問題点の一つとなっているのは，やはり製造の困難さである。ナノ粒子の製造法は数多く存在するが，その多くが真空や大型の装置を必要とする[6]。この問題を解決すべく，真空を用いない大量合成法である熱分解法[7]が開発された。熱分解法とは，前駆体となる金属塩や金属錯体を無溶媒下で熱によって還元する方法である。こ

＊1　Yukiyasu Kashiwagi　（地独）大阪市立工業研究所　有機材料研究部　研究員

＊2　Mari Yamamoto　（地独）大阪市立工業研究所　有機材料研究部　研究員

＊3　Masami Nakamoto　（地独）大阪市立工業研究所　理事長

第1章　ナノ粒子合成

の方法の最大の特徴は，小型の単純な加熱装置で大量のナノ粒子を製造できることであり，すでにいくつかの工業的生産が実施されている。

3.1.1　銀ナノ粒子の合成

熱分解法の具体例として，まずはもっとも単純な銀ナノ粒子の合成について述べる。炭素数14の直鎖脂肪酸塩であるミリスチン酸銀のみを，250℃で5時間加熱撹拌する。これだけの操作で銀ナノ粒子が得られる（図1）。反応は空気中でも問題なく進行し，溶媒を用いないため，反応容器の体積あたりの生産量が多い。本反応はAg^+イオンからAg^0原子への還元反応であり，ミリスチン酸の分解で発生したアルキルラジカルによって銀が還元されると考えられている[7]。

単純な熱分解法では，ミリスチン酸銀を分解するために250℃という高温の加熱が必要であった。反応温度を低下させるためには，ミリスチン酸銀を分解することなくAg^+イオンを還元すればよいとの発想から，アルキルアミン類を添加した反応系[8]について検討を行った。その結果，アルキルアミン類の添加によって反応温度は180℃以下となり，特にトリエチルアミンを用いた場合には80℃で銀ナノ粒子が得られた[9]。これは加熱条件下でアミン類がAg^+イオンを還元したためであると考えられる。一方，前駆体や添加物の設計により，銀ナノ粒子のサイズを制御することもできる（図2）。前駆体を炭素数14のミリスチン酸銀から，炭素数8のオクタン酸銀や炭素数18のステアリン酸銀とし，ラウリルアミンを加えて銀ナノ粒子を合成すると，脂肪酸鎖長が長いほど，得られる銀ナノ粒子の径は小さくなることがわかった。また，アルキルアミンの鎖長を変えることによっても，銀ナノ粒子径を制御することができる。オクタン酸銀にラウリルアミンまたはステアリルアミンを加えて銀ナノ粒子を合成すると，ステアリルアミンを用いた場合に粒子径がより小さくなった。このように，熱分解法は単純な方法ながらも，様々な銀ナノ粒子の作り分けや，粒子径の制御が可能である。同様に，金ナノ粒子[10]や白金ナノ粒子[11]，銅ナノ粒子[12,13]についても，熱分解法によって合成できることが明らかとなっている。

熱分解法と溶液還元法によって合成したナノ粒子を比較すると，同じ金属や有機保護層を用いた場合ですら，性質が大きく異なっている。金や銀のナノ粒子では，熱分解法で合成した粒子の方が，溶液還元法で合成した粒子よりも粒子径が大きくなる傾向がある。これは熱分解法では反

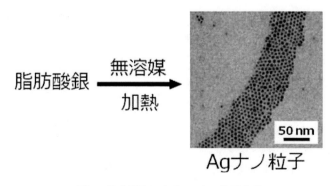

図1　熱分解法によるAgナノ粒子合成

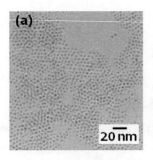 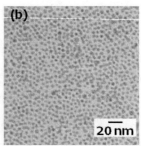 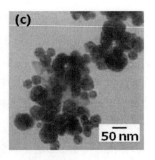

図2 熱分解法による Ag ナノ粒子の粒子径制御。ラウリルアミン存在下で（a）ステアリン酸銀（b）ミリスチン酸銀（c）オクタン酸銀 から合成した銀ナノ粒子。

応温度が高く，加熱によって粒子が成長したためであると考えられる。また，得られたナノ粒子の熱分析を行うと，熱分解法によって合成されたナノ粒子は，燃焼成分である有機物が溶液還元法の場合と比べて有意に少ない。同等の粒子径のもので比較しても，熱分解法で合成したナノ粒子は有機物が少なくなる。これらの結果から，熱分解法で合成したナノ粒子は有機保護層が疎であることがわかった。主に室温で行われる溶液還元法に比べ，熱分解法では得られた粒子に熱が加わり，保護層が一部脱離するためと考えられる。このようにして得られたナノ粒子は，有機保護層が少ないために溶媒への分散性はやや乏しいが，塗料にすると金属光沢が出やすいなどの性質を示す傾向がある。

3.1.2 合金ナノ粒子の合成

合金ナノ粒子とは，複数の金属からなる金属相を有する金属ナノ粒子である[14]。溶液還元法などを用いて合金ナノ粒子を合成する場合，成分となる複数の金属イオンを含んだ溶液に還元剤を加え還元する。しかしながら，この手法ではかならずいずれかの金属イオンが先に還元されることになるため，合金ナノ粒子ではなく，コアシェル構造を有するナノ粒子が得られる。合金ナノ粒子を得るためには，複数の元素の還元を同時に行う必要がある。すなわち，熱分解法では分子設計によって前駆体錯体の熱分解温度を制御することで，加熱による同時還元によって合金ナノ粒子を得ることが可能である。このようにして，熱分解法で銀—パラジウム合金（Ag-Pd）ナノ粒子[15]を合成した。Ag-Pd はバルクにおいても原子レベルで任意に混和する完全固溶の組み合わせである。元素のモル比としては，Ag90Pd10，Ag85Pd15，Ag50Pd50 など，前駆体の仕込み比によって任意のモル比を有する Ag-Pd ナノ粒子が得られた。Ag-Pd ナノ粒子は非極性有機溶媒に対する分散性が高く，また，透過型電子顕微鏡（TEM）測定の結果，Ag ナノ粒子に比べて粒子径が小さく，大きさが揃っていることがわかった。

一方，銀—金合金（Ag-Au）ナノ粒子の合成[16]においては，やや異なる反応メカニズムで合金ナノ粒子が得られる（図3）。Ag-Au ナノ粒子の場合，Au 前駆体であるトリフェニルホスフィン金（I）脂肪酸錯体の熱分解温度を高く設計しておく。その結果，合成過程において先に Ag^0 が生成してナノ粒子ができ始めるが，Au^+ イオンの方が本来は還元されやすいため，粒子表面で

第1章　ナノ粒子合成

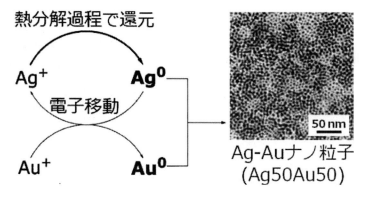

図3　熱分解法によるAg-Auナノ粒子合成

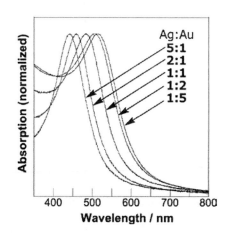

図4　種々の組成比を有するAg-Auナノ粒子の吸収スペクトル

Ag原子とAu原子が一部置換する。こうして再生されたAg$^+$は再度反応によって還元され，最終的にAg-Au合金ナノ粒子が得られる。このようなAg-Au合金ナノ粒子においても，元素比率は仕込み比に応じて任意に制御することができる。また，Ag-Au合金ナノ粒子はプラズモン吸収を示し，その吸収極大はAg100の410 nmからAu100の520 nmまで組成比に応じて連続的にシフトすることがわかった（図4）。組成比によってプラズモン吸収波長が明確に制御可能な事例である。

3.1.3　酸化物ナノ粒子の合成

前駆体の熱還元を利用した熱分解法により，貴金属ナノ粒子は容易に得られる。このとき金属種を汎用金属にすると，空気中の酸素との反応を経て酸化物ナノ粒子を得ることができる。一例として，透明導電膜形成用材料として知られているインジウム－スズ複合酸化物（ITO）ナノ粒子の熱分解法による合成を行った。ITOは，酸化インジウムを母体として約5％程度のスズをドーピングした材料である。合金ナノ粒子の場合と同様に，脂肪酸インジウムの分解温度に合わ

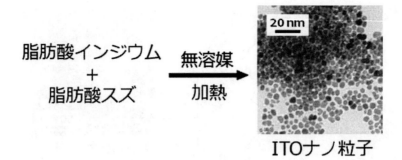

図5 熱分解法によるITOナノ粒子合成

せた脂肪酸スズを前駆体として合成し，熱分解によってITOナノ粒子の合成を試みたところ，平均粒子径約15 nmのITOナノ粒子を合成することに成功した（図5）。ナノ粒子中のIn：Sn比はほぼ仕込み比通りの95：5であり，仕込み比によって任意に含有率を調節することができる。また，ITOナノ粒子は近赤外線を吸収する性質があり，この吸収帯はSn含有率に依存してシフトすることが報告されている[17]。

3.2 金属ナノ粒子のペースト化

合成した金属ナノ粒子は，粉体，スラリー，分散液などの状態で得られる。これらを実際の塗料や導電材料として用いる際には，塗工や印刷をするためにペースト化する。ペーストとは，樹脂や分散剤を含む溶剤にナノ粒子を分散させたもので，用途に適した流動性や粘弾性，ナノ粒子含有率に調製されたもののことである。塗工法や印刷法によって適正粘度は大きく異なっており，0.01～10 Pa・s程度に調整される。このような粘度にするために用いられる樹脂はさまざまであるが，代表的なものとしてはエチルセルロースなどが挙げられる。溶剤は印刷装置や基板に悪影響を与えないことが要求される上，当然，粒子や粘度調整用の樹脂との相溶性が必要となる。また，粒子の分散を補助するための分散剤を加えることもある。分散剤は低分子有機化合物，高分子系分散剤，界面活性剤など選択肢が多い。このようにして得られたナノ粒子，溶剤，樹脂，分散剤の混合物を分散機を用いて分散する。分散とは，主にせん断応力をかけて粒子の凝集体を解砕していくことであり，三本ロールミル，遊星ボールミル，ビーズミル，振動ミル，らいかい機，超音波分散機など，方式やその解砕能力，処理量などによって使い分けられている。大量のナノ粒子ペーストを工業生産する場合は，三本ロールミルが用いられることが多い。

おわりに

本稿では，熱分解法による様々なナノ粒子の合成を中心に解説した。特に，熱分解法の進展によって，ナノ粒子合成の常識であった希釈条件が必ずしも必要ではないことが示され，単純な加熱装置さえあればナノ粒子が大量に製造可能であるという，工業的に重要な指針が与えられた。

第1章　ナノ粒子合成

単純な合成法である熱分解法だが，前駆体の構造や反応温度，添加剤の利用などによって緻密な反応設計が可能であり，得られるナノ粒子の粒子径や有機保護層の構造，密度などが制御できる。今後の熱分解法を用いた研究は，特に合金ナノ粒子などの複合金属ナノ粒子の分野に展開していくと考えられ，異種金属を合金化することによって得られる新たな材料の創出に寄与することが期待される。

　一方，ナノ粒子ペーストは近年では購入可能なものも増えてきており，かなり身近な材料となってきた。これまで以上に幅広い分野へのナノ粒子の活用が期待される。

文　　献

1)　(a) "Clusters and Colloids" G. Schmid (ed.), (1994, Wiley-VCH, Weinheim); (b) "Nanoparticles" G. Schmid (ed.) (2004, Wiley-VCH, Weinheim).

2)　(a) "Metal Nanoclusters in Catalysis and Materials Science" B. Corain, G. Schmid, N. Toshima (ed.) (2008, Elsevier, Amsterdam); (b) B. L. Cushing, V. L. Kolesnichenko, C. J. O' Connor, *Chem. Rev.*, **104**, 3893 (2004).

3)　(a) 菅沼克昭監修，"プリンテッドエレクトロニクス技術最前線"，(2010，シーエムシー出版)；(b) 中許昌美，山本真理，柏木行康，吉田幸雄，垣内宏之，化学工業，**59** (10), 13 (2005).

4)　(a) M. Brust, M. Walker, D. Bethell, D. J. Schiffrin, R. Whyman, *J. Chem. Soc., Chem. Commun.* 1994, 801; (b) M. Brust, J. Fink, D. Bethell, D. J. Schiffrin, C. Kiely, *J. Chem. Soc., Chem. Commun.* 1994, 1655.

5)　Z.-Y. Zhou, N. Tian, J.-T. Li, I. Broadwell, S.-G. Sun, *Chem. Soc. Rev.*, **40**, 4167 (2011).

6)　(a) 小泉光恵，奥山喜久夫，目義雄編，"ナノ粒子の製造・評価・応用・機器の最新技術"，(2002，シーエムシー出版)；(b) 米沢徹監修，"金属ナノ粒子の合成・調整，コントロール技術と応用展開"，(2004，技術情報協会)；(c) 細川益男監修，"ナノパーティクルテクノロジーハンドブック"，(2006，日刊工業新聞社).

7)　(a) M. Nakamoto, M. Yamamoto, Y. Kashiwagi, "Solvent-Free Controlled Thermolysis for Facile Size-Regulated Synthesis of Metal and Alloy Nanoparticles", *Metal Nanoclusters in Catalysis and Materials Science The Issue of Size Control*, B. Corain, G. Schmid, N. Toshima (ed.), part II, chap. 24, p. 367 (2008, Elsevier, Amsterdam); (b) K. Abe, T. Hanada, Y. Yoshida, N. Tanigaki, H. Takiguchi, H. Nagasawa, M. Nakamoto, T. Yamaguchi, K. Yase, *Thin Solid Films* **327-329**, 524 (1998).

8)　Y. Kashiwagi, M. Yamamoto, M. Nakamoto, *J. Colloid Interface Sci.* **300**, 169 (2006).

9)　(a) M. Yamamoto, M. Nakamoto, *J. Mater. Chem.* **13**, 2064 (2003); (b) M. Yamamoto, Y. Kashiwagi, M. Nakamoto, *Langmuir* **22**, 8581 (2006).

10)　(a) M. Nakamoto, M. Yamamoto, M. Fukusumi, *Chem. Commun.*, 2002, 1622; (b) M.

Yamamoto, M. Nakamoto, *Chem. Lett.* **32** (5), 452 (2003). (c) M. Nakamoto, Y. Kashiwagi, M. Yamamoto, *Inorg. Chim. Acta* **358**, 4229 (2005); (d) M. Yamamoto, Y. Kashiwagi, M. Nakamoto, *Z. Naturforsch.* 2009, 1305; (e) 中許昌美, 環境資源工学, **51** (2), 102 (2004); (f) 春田正毅編, "金ナノテクノロジー ―その基礎と応用―", (2009, シーエムシー出版).

11) 山本真理, 中許昌美, 科学と工業, **80** (3), 146 (2006).

12) P. Lignier, R. Bellabarba, R. P. Tooze, *Chem. Soc. Rev.*, **41**, 1708 (2012).

13) (a) 柏木行康, 中許昌美, エレクトロニクス実装学会誌, **14** (6), 449 (2011); (b) 中許昌美, エレクトロニクス実装学会誌, **11** (1), 93 (2008).

14) (a) R. Ferrando, J. Jellinek, R. Johnston, *Chem. Rev.*, **108**, 845 (2008); (b) M. B. Cortie, A. M. McDonagh, *Chem. Rev.*, **111**, 3713 (2011).

15) M. Yamamoto, H. Kakiuchi, Y. Kashiwagi, Y. Yoshida, T. Ohno, M. Nakamoto, *Bull. Chem. Soc. Jpn.* **83**, 1386 (2010).

16) M. Yamamoto, M. Nakamoto, *Chem. Lett.* **33** (10), 1340 (2004).

17) M. Kanehara, H. Koike, T. Yoshinaga, T. Teranishi, *J. Am. Chem. Soc.*, **131**, 17736 (2009).

4 ITOナノ粒子とプラズモン特性

寺西利治[*]

はじめに

　無機物質中の多数の自由キャリア（電子，ホール）は，特定波長の光の電場に共鳴して集団振動する。この状態がプラズモン共鳴である。局在表面プラズモン共鳴（LSPR）は，図1に示すように，無機ナノ粒子中の自由キャリアが入射光のある波長に共鳴して集団振動するときに観察される。自由キャリアの集団振動による分極の結果，ナノ粒子近傍には増強光電場が誘起され，周囲の誘電体中で急激に減衰する[1]。この電場増強は，光の回折限界を超えた微小領域に集約され，ターゲット分子の効率的励起[2]やプラズモンナノレーザー創製[3,4]の観点からも注目されており，非線形光学への応用などが進められている。また，光の回折限界以下での局在表面プラズモン伝播が，プラズモニクスのもう一つの重要な応用である[5]。

　LSPR波長は，物質の誘電率，ナノ粒子の形状・粒径，周囲の媒質の屈折率，キャリア密度，プラズモン結合などによって制御できる[6〜8]。あらゆる波長の光を隈なく利用するためにLSPR波長の制御は重要な課題である。可視‐近赤外領域でLSPR，大きなモル吸光係数，および，大きな光電場増強度を示すナノ粒子として主な研究対象になっているのは，AuやAgナノ粒子である。ここで，「表面プラズモン共鳴現象は自由電子を有するすべての物質が有する性質であり，その共鳴波長の二乗はキャリア密度に反比例する」[9]ことを考慮すると，新たな発想が生まれる。すなわち，ナノ粒子中の自由電子密度変化のみでLSPR波長制御が可能になるということである。金属の自由電子密度は一般に〜10^{23}電子／cm^{3}であるのに対し，導電性酸化物は〜10^{21}電子／cm^{3}と2桁程度低いため，近赤外領域にLSPRピークが現れると予想される[10,11]。本節では，代表的な導電性酸化物である酸化インジウムスズ（ITO）ナノ粒子をターゲット化合物とし，組成による自由電子密度変化を利用した近赤外LSPR波長制御について紹介する[12,13]。

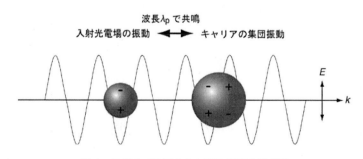

図1　無機ナノ粒子中のLSPR機構の模式図

---

[*] Toshiharu Teranishi　京都大学　化学研究所　教授

4.1 ITOナノ粒子の液相合成

ITOナノ粒子は，金属前駆体としてインジウム（III）アセチルアセトナトおよび2-エチルヘキサン酸スズ（II）を，保護剤としてn-オクタン酸およびオレイルアミンを用い合成した。具体的には，インジウム（III）アセチルアセトナト（1.2-x mmol），2-エチルヘキサン酸スズ（II）（x mmol），n-オクタン酸（3.6 mmol）およびオレイルアミン（10 mmol）をn-オクチルエーテル（10 mL）に溶解させ，減圧下120℃で30分攪拌し，オクタン酸インジウムを形成させる。次に，この溶液を窒素下150℃で1時間攪拌後，280℃に昇温し2時間攪拌することにより，ITOナノ粒子を得ることができる。スズドープ率（{[Sn]/([Sn]+[In])}×100）は，金属前駆体の添加量を変えることにより調整可能である。ITOナノ粒子のTEM観察（図2a-c）から，合成したITOナノ粒子はスズドープ率に関係なくいずれも約11 nmのほぼ同じ粒径をもち，蛍光X線分析からスズドープ率を0～30%の範囲で極めて精密に制御できていることが確認された（図2d）。図2eの粉末X線回折パターンに示すように，本系のような比較的ゆるやかな結晶成長では，30%の高いスズドープ率においても結晶構造を損なわずにITO結晶が成長可能であることが分かる。さらに，結晶性の良いITOナノ粒子においては，結晶の歪みに起因するキャリアのトラップが最小限に抑えられる。

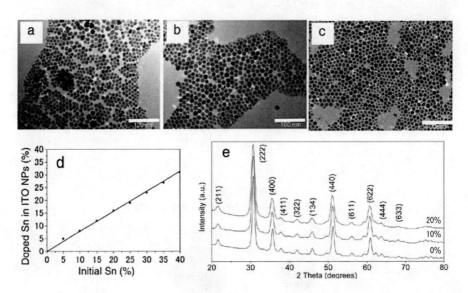

図2 (a) 酸化インジウム（11.3±1.9 nm），(b) 15%（12.8±1.8 nm）および (c) 30%（11.2±1.8 nm）スズドープITOナノ粒子のTEM像（スケールバーは100 nm），(d) スズ仕込み率とITOナノ粒子中のスズドープ率の関係，(e) 0-20%スズドープITOナノ粒子のXRDパターン（参考文献12）M. Kanehara *et al.*, *J. Am. Chem. Soc.*, **131**, 17736（2009），with permission from the American Chemical Society @ 2009）

第1章 ナノ粒子合成

4.2 ITO ナノ粒子のプラズモン特性

　スズドープ率の異なる ITO ナノ粒子ヘキサン溶液の UV-Vis-NIR 吸収スペクトルを図3a,bに，スズドープ率に対する LSPR 波長変化を図3c に示す。ITO ナノ粒子においては，近赤外領域に酸化インジウムナノ粒子には見られない LSPR ピークが観察された。10%まではスズドープ率の増加に伴い短波長シフトした鋭い LSPR ピークが観察された。これはスズドープ率の増大による自由電子密度の増加に由来する。さらにスズドープ率を30%まで増大させると，逆に LSPR ピークの長波長シフトとブロード化が観察された。これは，ITO ナノ粒子中のスズの周囲にキャリアが拘束された結果，自由電子密度が減少したためであると考えられる[14]。以上のように，スズドープ率を変化させることによって，金属酸化物ナノ粒子において初めて，明確なピークを有する LSPR を1600から2000 nm を超える近赤外波長領域において制御することに成功した。これらのピークが LSPR 由来であるかどうかは，周囲の媒質の屈折率変化に対する応答を確認すればよい[7]。図3d に示すように，ITO ナノ粒子を溶解可能で，かつ1.37-1.55の範囲で異なる屈折率を示す各種溶媒を用い，ITO ナノ粒子溶液の UV-Vis-NIR 吸収スペクトルを測定したところ，LSPR 波長は屈折率に応じリニアに変化した。この結果は，ITO ナノ粒子における近赤外のピー

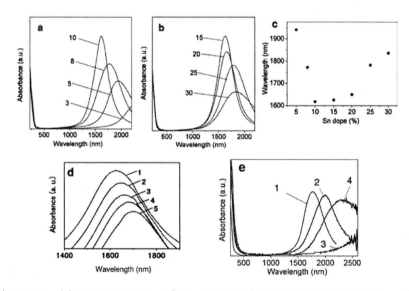

図3　(a) 3-10%，(b) 15-30%スズドープ ITO ナノ粒子の UV-Vis-NIR 吸収スペクトル，(c) 5-30%スズドープ ITO ナノ粒子のスズドープ率と LSPR ピークとの関係，(d) ヘキサン (1: n = 1.37, 1626 nm), (d) シクロヘキサン (2: n = 1.37, 1646 nm), (d) デカヒドロナフタレン (3: n = 1.48, 1664 nm), o-ジクロロベンゼン (4: n = 1.55, 1682 nm) およびニトロベンゼン (5: n = 1.55, 1702 nm) 中での8%スズドープ ITO ナノ粒子の LSPR 吸収スペクトル（括弧の中は溶媒の屈折率およびピーク波長を示す），(e) 8%スズドープ ITO ナノ粒子の透過吸収スペクトル（1: トルエン溶液，2: スピンコート基板，3: 大気下600℃で30分焼成した基板，4: 4%水素/アルゴン雰囲気下で還元処理した基板）（参考文献12）M. Kanehara et al., *J. Am. Chem. Soc.*, **131**, 17736 (2009), with permission from the American Chemical Society @ 2009）

クが LSPR であることを示している。

　これら ITO ナノ粒子はヘキサンやトルエン等の非極性溶媒中で，1 年以上も沈殿を生じない溶液として保存できる極めて安定な粒子である。このような ITO ナノ粒子溶液を各種基板に塗布すると ITO ナノ粒子薄膜を簡便に作製可能である。図 3e に示すように，トルエン溶液中では約 1600 nm に現れる 8% スズドープ ITO ナノ粒子の LSPR ピークが，ガラス基板上に塗布すると約 2000 nm まで長波長シフトする。これは貴金属ナノ構造と同様に，近接する ITO ナノ粒子における双極子相互作用（プラズモン結合）の存在を示している。この基板を大気下 600℃ で焼成し有機配位子を除去すると LSPR ピークはさらに大きく長波長シフトした。酸化的雰囲気下での焼成によって ITO におけるキャリア発生を担う酸素欠陥が消失したためである[15, 16]。次に，還元的雰囲気下での熱処理によって，酸素欠陥を再生させると約 2300 nm に LSPR ピークが現れた。これら一連の熱処理後も ITO ナノ粒子は融合せず，結晶粒径は変化しないことが XRD 測定によって確かめられた。すなわち，ITO ナノ粒子を用いることによって，容易に裸で LSPR ホットスポットが高濃度に存在する基板を作製可能である。このような裸のナノ粒子と高濃度ホットスポットの実現はこれまでの融点が低い貴金属ナノ構造では成し遂げられなかったことであり，融点の高い金属酸化物を用いることによって初めて実現が可能となった極めて重要な点である。

4.3　ITO ナノ粒子の近赤外 LSPR による電場増強度評価

　近赤外レーザーを用いた癌の光熱療法等への応用など[17]，導電性酸化物ナノ粒子の光学材料応用には，LSPR 波長におけるモル吸光係数や電場増強度の詳細な検討が必要である。ITO ナノ粒子のモル吸光係数は $0.5 \times 10^8 \ M^{-1}cm^{-1}$ と容易に算出されるが，金属と比較し ITO はその低い自由電子密度や伝導電子の他の性質（有効質量など）のため，近赤外 LSPR による電場増強度や近接分子の光学遷移への影響については不明であった。そこで，色素を被覆した ITO ナノ粒子膜における過渡吸収分光により，これらの評価を行った[13]。自由電子密度の最も大きいスズドープ率 10% の 11 nm ITO ナノ粒子をガラス基板上にスピンコートし，膜厚約 150 nm の ITO ナノ粒子膜を作製した。この ITO ナノ粒子膜の LSPR 波長は，プラズモン結合により 2140 nm に長波長シフトした。次に，130 nm の厚さの近赤外レーザー色素（IR26）を ITO ナノ粒子膜に被覆した（吸収ピーク波長：770 nm）。ITO ナノ粒子ヘキサン溶液，ITO ナノ粒子膜，IR26 色素膜，ならびに，IR26 色素被覆 ITO ナノ粒子（IR26/ITO）膜の吸収スペクトルを図 4 に示す。ITO ナノ粒子膜の局在表面プラズモンが誘起されない一光子励起（$\lambda_{ex} = 800 \ nm$，$\lambda_{probe} = 1250 \ nm$）では，ITO ナノ粒子の有無は IR26 色素の励起効率に影響を与えないことが過渡吸収分光から分かる（図 5a,b）。一方，ITO ナノ粒子膜の局在表面プラズモンが誘起される二光子吸収過程（$\lambda_{ex} = 2200 \ nm$，$\lambda_{probe} = 1175 \ nm$）では，IR26 色素の励起効率が大きく増強された。IR26 膜および IR26/ITO ナノ粒子膜の過渡吸収分光の結果を図 5c,d に示す。IR26 膜に比べ，IR26/ITO ナノ粒子膜のブリーチング強度は非常に大きく，見かけの増強度は約 30 であった（見かけ

第1章　ナノ粒子合成

の電場増強度は2.34)。IR26膜厚が約130 nmであり，ITOナノ粒子の局在表面プラズモンによる電場増強がITOナノ粒子膜の近傍5〜10 nmで有効であると仮定すると，実際の電場増強度は，5.24-4.41と計算される。この値は金や銀ナノ粒子に比べるともちろん小さいが，近赤外プ

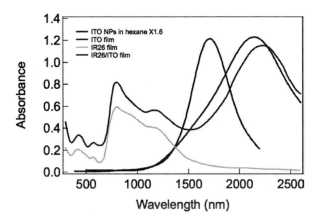

図4　ITOナノ粒子ヘキサン溶液，ITOナノ粒子膜，IR26色素膜，ならびに，IR26/ITO膜の吸収スペクトル（参考文献13）A. Furube *et al.*, *Angew. Chem. Int. Ed.*, **51**, 2640（2012），with permission from Wiley-VCH @ 2012）

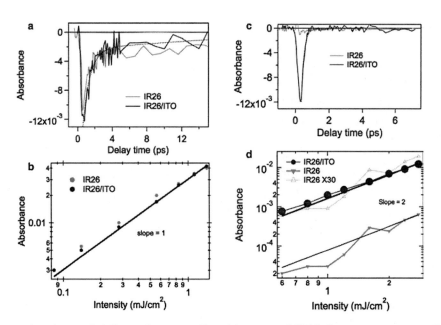

図5　(a, b) IR26色素膜およびIR26/ITO膜の (a) 800 nm光学励起後の1250 nmにおける過渡吸収時間変化と (b) ブリーチング強度の励起レーザー強度依存性，(c, d) IR26色素膜およびIR26/ITO膜の (c) 2000 nm光学励起後の1175 nmにおける過渡吸収時間変化と (d) ブリーチング強度の励起レーザー強度依存性（参考文献13）A. Furube *et al.*, *Angew. Chem. Int. Ed.*, **51**, 2640（2012），with permission from Wiley-VCH @ 2012）

ラズモンによる有機分子や無機物質の光学遷移増強に十分利用可能である。

おわりに

　光エネルギーの高効率利用は，今世紀の科学技術の進展に必要不可欠であることは想像に難くない。局在表面プラズモンにより誘起される光電場増強場は，光エネルギーを高効率で使い尽くすのみならず，新たな光化学反応の開拓を可能にする魅力的な反応場であり，近年の研究報告数はうなぎ登りである。無機ナノ粒子の構造制御技術を駆使して様々な波長での光電場増強場の創成が可能になってきた今，無機ナノ粒子は新たな革新的材料として，レーザーを用いない非線形光学効果をはじめとする革新的な光科学分野を開拓していくであろう。自由電子密度制御によるLSPR 波長制御のコンセプトは，ITO に限定されるものではなく，フリーキャリアを有するすべての材料に展開可能である。今後のナノプラズモニクスの進展に期待したい。

謝辞

　過渡吸収スペクトル測定でお世話になった古部昭広博士（産業技術総合研究所）に謝意を表す。

文　　献

1) J. Zhang *et al., Nano Lett.,* **7**, 2101 (2007)
2) H. Nabika *et al., J. Phys. Chem. Lett.,* **1**, 2470 (2010)
3) R. F. Oulton *et al., Nature,* **461**, 629 (2009)
4) Y.-J. Lu *et al., Science,* **337**, 450 (2012)
5) H.-Y. Chen *et al., ACS Nano.,* **5**, 8223 (2011)
6) F. Kim *et al., J. Am. Chem. Soc.,* **124**, 14316 (2002)
7) W. Shi *et al., Nano Lett.,* **6**, 875 (2006)
8) C.-F. Chen *et al., J. Am. Chem. Soc.,* **130**, 824 (2008)
9) P. Mulvaney *et al., Plasmonics,* **1**, 61 (2006)
10) S. Franzen, *J. Phys. Chem. C,* **112**, 6027 (2008)
11) J. M. Luther *et al., Nat. Mater.,* **10**, 1 (2011)
12) M. Kanehara *et al., J. Am. Chem. Soc.,* **131**, 17736 (2009)
13) A. Furube *et al., Angew. Chem. Int. Ed.,* **51**, 2640 (2012)
14) B. Wiley *et al., Acc. Chem. Res.,* **40**, 1067 (2007)
15) B. Low *et al., Appl. Phys. Lett.,* **80**, 4659 (2002)
16) S. Y. Kim *et al., J. Appl. Phys.,* **95**, 2560 (2004)
17) P. K. Jain *et al., Acc. Chem. Res.,* **41**, 1578 (2008)

5　GaP 微粒子の近接場増強機能

林　真至[*]

はじめに

　金属と誘電体の 2 次元界面を伝播する表面プラズモンポラリトン，あるいは金属ナノ粒子やナノ構造の表面プラズモンを光で励起すると，金属表面近傍に局在し，しかも入射光の電場よりも増強された電場が発生する。このような増強された近接場を様々な分野に応用しようとするプラズモニクスの研究が，近年世界中で勢力的に繰り広げられている。本書も，プラズモニクスに用いられる材料に関する研究の最新動向をまとめるために，企画されたものである。確かに，過去約 10 年間で，プラズモニクスは爆発的に世界中に広がった感がある。しかし，金属の表面プラズモン励起は必ずしも万能でない。というのも，プラズモニクスで最も頻繁に用いられる Au や Ag 等の金属中の自由電子は，自由電子と言えども，まったく自由に金属中を運動できる訳ではない。運動に伴って必ずエネルギーを失う，つまり損失が存在する。損失の存在は，様々なデメリットを生じる。例えば金属ナノ構造を用いた蛍光増強で問題となるように，励起分子を金属表面から 10 nm 以下の距離に近付けると，励起分子から金属へのエネルギー移動により，蛍光がクエンチされるといった現象が生じる。従って，蛍光増強では表面プラズモン励起に伴う増強効果を最大限に発揮できない。

　金属が本質的に持っている損失の問題を回避する方法は，いくつか提案されている。例えば，利得を持つ媒質により損失を補償するといったようなことである。しかし，そのような方法では，扱う系がより複雑になり，必ずしも容易に実現できるわけではない。それでは，発想を変えて，むしろ最初から損失が無いか，損失の小さい物質で，近接場増強が達成できれば良いのではないかと考えられる。本節では，そのような発想の下に，非金属である GaP 微粒子を用いた近接場増強について考察し，実際に増強効果が確認された実験の結果について解説する。

5.1　Mie 散乱の理論による電場増強効果の予測

5.1.1　近接場効率 Q_{NF}

　一般に微粒子に光があたると，光散乱及び光吸収の現象が起こる。Mie 散乱の理論[1,2]は，一個の球形粒子に光（平面波）が入射したときの散乱効率 Q_{sca}，吸収効率 Q_{abs} さらにそれらの和である減光効率 $Q_{ext}(=Q_{sca}+Q_{abs})$ を与える。Messinger ら[3]は，Q_{sca} の式を少し変形することによって，微粒子表面での近接場の大きさの目安となる近接場効率 Q_{NF} を導入した。実際，Q_{NF} は以下のように表される。

$$Q_{NF} = \frac{r^2}{\pi R^2} \int_0^{2\pi} \int_0^{\pi} \vec{E}_s \cdot \vec{E}_s^* \sin\theta \, d\theta \, d\phi \,|_{r=R} \tag{1}$$

ここで，R は球粒子の半径，$\vec{E}_s$ は球粒子の外部での電場である。(1)式は，入射電場によって，

---

　*　Shinji Hayashi　神戸大学　大学院工学研究科　教授

球形微粒子表面に誘起される電場の絶対値二乗を，球表面全体に渡って平均したものと解釈できる。また，$\vec{E}_s$ の動径方向成分のみを考慮したものは，Q_r と書かれる。Q_{NF} や Q_r は，表面電場増強効果を考察する場合に，簡便かつ大変有効な指標を与える。ここでは，以上に述べた Mie 散乱理論に基づいて，銀微粒子及び GaP 微粒子の表面電場増強効果について考察する。

5.1.2 銀微粒子と GaP 微粒子の Q_{NF}

周りの媒質を空気と仮定し，半径 R を 100, 60, 20 nm として計算した，球形銀微粒子の Q_{sca}, Q_{abs}, Q_{ext} のスペクトルを図1(a), (b), (c)に示す。計算に必要な銀の誘電率は，文献4)の値を使用した。また，図2(a), (b), (c)は，図1(a), (b), (c)に対応する，Q_{NF} と Q_r の計算結果である。一般に，Q_{ext} のスペクトルに現れるピークは，球形微粒子の電磁気的固有モードの励起に対応する共鳴ピークであることが知られている。球形微粒子には，電磁気的固有モードとして，横電場モード

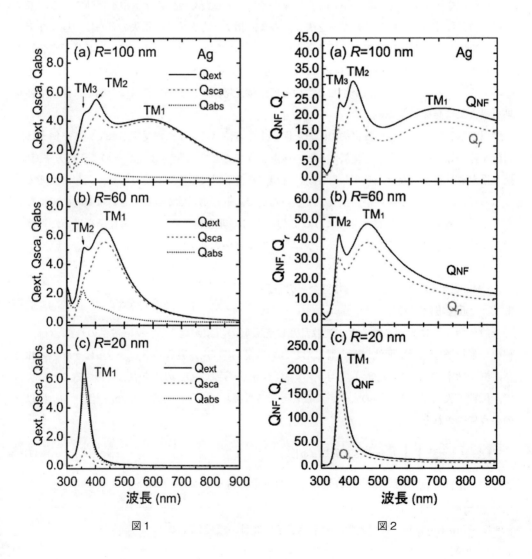

図1　　　　　　　　　図2

第1章　ナノ粒子合成

(Transverse Electric Mode) と横磁場モード（Transverse Magnetic Mode）が存在する。次数を n（=1, 2,…）として，これらを TE_n モード，TM_n モードと呼ぶことにする。TE_n モードは，電場の動径方向成分が零になるようなモード，TM_n モードは磁場の動径方向成分が零になるようなモードである。微粒子が誘電体球の場合には，このようなモードはしばしばウィスパリングギャラリーモード（Whispering Gallery Modes）と呼ばれる。銀の誘電関数の実部は，図1の波長領域では負の値をとり，そのような場合には図に示したように，TM_n モードのピークだけが現れる。実際に，R = 100 nm のとき，波長約 600 nm に TM_1 モード，400 及び 350 nm 付近に TM_2, TM_3 モードの励起に対する共鳴ピークが現れている。球のサイズが小さくなるにつれ，共鳴ピークは短波長側にシフトし，高次のモードは消えてゆく。図1(c)の R = 20 nm のスペクトルには，単に TM_1 モードのピークだけが現れている。

　Q_{ext} は，Q_{sca} と Q_{abs} の和で与えられるが，図1から Q_{sca}, Q_{abs} それぞれの Q_{ext} に対する寄与の度合いが，粒子サイズによって大きく変化することも見て取れる。つまり，R = 100 nm のときには，Q_{sca} の寄与が大きく，TM_1 モードでは支配的になっているが，粒子サイズの減少ともに Q_{sca} の寄与が減少し，Q_{abs} の寄与が増大する。R = 20 nm のスペクトルでは，Q_{abs} が支配的になっており，350 nm 付近の共鳴ピークは光吸収によるピークと言える。実際，銀コロイド等で，粒子サイズが十分小さい銀ナノ粒子に対しては，図1(c)のような光吸収のピークが観測され（ピーク波長は粒子を取り囲む媒質の誘電率の値に依存するが），銀ナノ粒子の（局在）表面プラズモン吸収として広く認知されている[5]。上述のように，広く知られている金属ナノ粒子の表面プラズモンモードとは，球粒子の電磁気的固有モードのうちの TM_1 モードである。但し，上述のように，粒子サイズが大きくなると，最低次のモード以外にも高次のモードが現れ，光吸収よりもむしろ光散乱の影響が強くなることに注意する必要がある。

　次に，図2(a), (b), (c)を手掛かりにして，表面プラズモン共鳴と表面電場増強の関係を考えてみる。図1の Q_{ext} のスペクトルと図2の Q_{NF} のスペクトルを比較すると，お互いに良く似ていることに気がつく。Q_{NF} に現れる共鳴ピークの位置と相対強度は，Q_{ext} 中のピークとは厳密には異なるが，それぞれのピークはお互いに良く対応している。物理的には，Q_{ext} も Q_{NF} も入射光に対する，球形粒子の光学応答を与えていると言える。Q_{ext} は遠隔場（Far Field）でモニターした場合，Q_{NF} は近接場（Near Field）でモニターした場合の応答である。Q_{ext} と Q_{NF} のスペクトルが似ているということは，遠隔場での応答と近接場での応答が良く相関しているということを意味している。特に粒子サイズが小さい R = 20 nm の場合には，両者の相関は非常に良い。図2(a), (b), (c)は，低次のモードであるか，高次のモードであるかにかかわらず，表面プラズモンモードの励起に伴って，粒子表面の電場が増大していることを物語っている。図2から，Q_{NF} の最大値は，粒子サイズが小さくなるほど増大することが分かり，電場増強にはサイズの小さい粒子が有効であると言える。

　図3(a), (b), (c)は，半径が 100, 80, 60 nm の GaP 微粒子に対する Q_{sca}, Q_{abs}, Q_{ext} の計算結果である。粒子の周りの媒質は，銀粒子の場合と同様に空気としている。GaP の誘電率の値は，文献4)

45

の値を用いた。図4(a),(b),(c)は，図3(a),(b),(c)に対応する Q_{NF} と Q_r の計算結果である。図に示されている光の波長領域では，GaPの誘電率の実部は正の値をとっていることを，まず注意しておく。このような場合，計算結果にはTE$_n$モード，TM$_n$モード両方の共鳴ピークが現れる。実際，図3(a)の $R = 100$ nm の場合には，主として4つのピークが現れ，長波長側からそれぞれTE$_1$, TM$_1$, TE$_2$, TM$_2$モードに同定される。これらのモードは，金属微粒子の場合とは異なり表面プラズモンモードとは呼ばれないが，確かに共鳴ピークである。GaPはもともと間接遷移型の半導体（間接ギャップエネルギーは2.27 eV，直接エネルギーギャップは2.78 eV）で[6]，$\lambda > 450$ nm の波長領域では，誘電率の虚部は非常に小さい。その結果 Q_{abs} は殆ど零になり，Q_{ext} への寄与は Q_{sca} が支配的になる。$\lambda < 450$ nm の領域では，バンド間の直接遷移が生じ誘電率の虚部は無視できない値を持つようになる。従って，この領域では Q_{abs} の寄与が出てくる。図3(b),

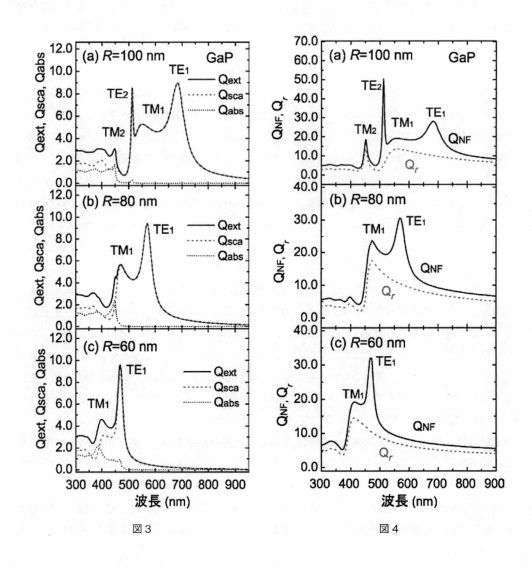

図3　　　　　　　　　　　図4

第1章　ナノ粒子合成

(c)から分かるように，粒子サイズの減少とともに共鳴ピークは短波長側にシフトし，高次のモードは消えてゆく傾向は，銀微粒子の場合と同様である。ただ，図3(c)の $R = 60$ nm の場合でも，TE_1 と TM_1 のピークがペアで現れる点は銀微粒子の場合とは異なる。

銀微粒子の場合と同様に，図4に示した Q_{NF} のスペクトルは図3の Q_{ext} のスペクトルと非常に良く似ている。ただ，GaP 微粒子の場合には TE_1，TM_1 モードに対応する Q_{NF} のピーク値は，粒子サイズには大きく依存していない。むしろ，粒子サイズが大きい $R = 100$ nm の場合の TE_2 モードに対応するピークはシャープで，ピーク値も他のピークの2倍程度になっている。図4から読み取れる最も重要なことは，GaP 微粒子は表面プラズモンモードを持たないにも関わらず，可視光領域で Q_{NF} が共鳴ピークを示し，しかもピーク値がある程度以上の値を持っているという点である。確かに，十分小さい銀微粒子（$R = 20$ nm）の場合と比較すると，Q_{NF} のピーク値は小さいが，$R = 100$ nm の銀微粒子と GaP 微粒子のスペクトルを比較すると，GaP 微粒子は銀微粒子と同程度あるいは銀微粒子以上の（TE_2 モードのピーク）Q_{NF} の値を示すことが分かる。これは，GaP 微粒子を用いても，サイズの制御さえうまくできれば，可視光領域で近接場増強効果を得ることができることを物語っている。

以上を簡単にまとめると，以下のようになる。一般に，金属であれ非金属であれ，球形微粒子には電磁気的固有モードとして TE_n，TM_n モードが存在する。誘電率の実部が負となる金属の場合には，TM_n モードのみが存在し，それが局在表面プラズモンモードである。粒子サイズが十分小さい場合には，最低次の TM_1 モードのみが現れ，これが良く知られている局在表面プラズモン共鳴を与える。金属微粒子に限らず，TE_n，TM_n モードが入射光によって励起されると，程度の差はあるが，微粒子表面の電場が増強される。従って，表面プラズモンモードを持たない GaP 微粒子でも近接場増強機能が期待できる。

5.2　GaP 微粒子の近接場増強効果の観測

5.2.1　ラマン散乱の増強

金属微粒子の表面プラズモン励起に伴う近接場増強の効果は，様々な分野で応用されているが，とりわけ表面増強ラマン散乱（Surface-enhanced Raman scattering, SERS）に関する研究は近年も非常に盛んに行われている。もともと SERS の現象は，Fleischman ら[7]が 1974 年に，電気化学的なプロセスで生じた粗い銀表面に吸着したピリジン分子が異常に強いラマン散乱を示すことを報告して以来，世界中で興味が持たれ，1980 年代に数多くの研究結果が報告された。金属の表面プラズモン励起が主たる増強のメカニズムであるとの認識のもと，一旦研究のブームは終息した感があった。しかし，1997 年の Kneipp ら[8]や Nie と Emory[9]が，顕微分光を用いたラマン観測に基づいて，著しく高い増強度を報告したのを契機として，研究のブームが再来し，現在に至っている。

筆者らは，1980 年代に SERS の研究に参入し，銀アイランド粒子等の上に銅フタロシアニン（CuPc）分子を蒸着し，ラマン散乱の増強が表面プラズモン励起による電場増強に起因すること

47

を証明する実験結果を報告してきている。その延長線上で、非金属微粒子でもラマン増強が可能であることに気づき、1988年にGaP微粒子層を用いたCuPc分子のラマン散乱増強の実験結果を報告した[10]。ここでは、その詳しいデーター等は省略するが、ラマン散乱の励起光としてAr⁺イオンレーザーの514.5 nmの発振線を用い、ガス中蒸発法によって作製したGaP微粒子層上に、真空蒸着でCuPc薄膜を堆積し、ラマン散乱スペクトルを測定した。ガス中蒸発法の詳細に関しては、他の解説記事を参照されたい[11]。ガラス板上に蒸着した同じ膜厚のCuPc薄膜のラマンスペクトルも測定し、GaP微粒子層上でみられたラマン線のピーク強度をガラス板上での強度で割り算することにより、増強度（Enhancement factor, EF）を求めた。EFをGaP微粒子の平均サイズに対してプロットすると、サイズの増大とともにEFも単調に増大し、平均サイズが約120 nmのとき、約700倍の値が得られた。ラマン散乱の強度増強は、励起過程及び散乱過程両方での増強効果が重畳して生じることが良く知られている。従って、前節のQ_{NF}を用いると、$EF \propto Q_{NF}(\lambda_e) Q_{NF}(\lambda_s)$のように表される。但し、$\lambda_e$と$\lambda_s$はそれぞれ励起光、散乱光の波長である。通常は、$\lambda_e \approx \lambda_s$であるので、$EF \propto Q_{NF}^2(\lambda_e)$となる。実際に観測されたEFの粒子サイズ依存性は、計算から求まった$Q_{NF}^2(\lambda_e)$のサイズ依存性と良く一致しており、GaP微粒子層に近接場増強の機能が備わっていることを示している。

5.2.2 クエンチ無しの蛍光増強

SERSと同様に、金属の表面プラズモン励起を用いた蛍光増強に関する研究が非常に盛んに行われている。しかし、本節の冒頭で述べたように、金属を用いた蛍光増強では必ずクエンチングの問題が存在する。筆者らは、最近GaP微粒子層がラマン散乱の増強のみならず、蛍光増強にも有効であり、さらにクエンチングが起こらないことを確かめた[12]ので、ここに紹介する。

蛍光増強の実験に用いたのは、ラマン散乱の増強のときと同じガス中蒸発法で作製したGaP微粒子である。先ず、ガス中蒸発法でガラス板上に微粒子層を堆積させ、微粒子層の無いガラス板と微粒子層の有るガラス板を真空蒸着チャンバーにセットする。その後、RohdamineB（RhB）色素を、所定の膜厚で、同時に真空蒸着し、蛍光測定を行う。図5は、GaP微粒子をガラス板

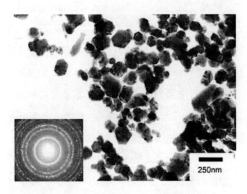

図5

第1章　ナノ粒子合成

から掻き落とし，電子顕微鏡で観察したときの典型的な TEM 像と電子線回折像である。粒子は球形というよりも楕円体に近い。TEM 像より直接粒子サイズを求め，平均サイズを求めると 117 nm であった。

　図6は，ガラス板上及び GaP 微粒子層上に同時に蒸着した膜厚 1.7 nm の RhB 層の蛍光スペクトルである。蛍光の励起には，Ar^+ イオンレーザーの 514.5 nm の発振線を用いている。ガラス板上のスペクトルに対しては，測定された強度を 20 倍して表示している。また，GaP 微粒子層上については，異なる3つのサンプルポイントで得られたスペクトルを示している。図から，GaP 微粒子層上では，ガラス板上に比べて蛍光強度が著しく増大しているのが分かる。GaP 微粒子層上での蛍光ピーク強度とガラス板上での蛍光ピーク強度の比として，蛍光増強度を定義すると，蛍光増強度は 100 倍以上になっている。RhB 膜の膜厚を種々変化させ，同様の測定を行い，蛍光増強度の膜厚依存性をプロットしたものが，図7である。図の挿入図には，強度比を求める前の，ガラス板上，GaP 微粒子層上それぞれでの蛍光ピーク強度の膜厚依存性を示している。ガラス板上では，膜厚の減少とともに強度が減少するのに対し，GaP 微粒子層上ではむしろ増加傾向（特に膜厚が小さい領域で）を示している。これらの強度比から，結果的に膜厚が約 10 nm 以下で急激に増加するような，蛍光増強度の膜厚依存性が得られた。

　金属を用いた蛍光増強の実験で，蛍光体と金属表面の距離を系統的に変えたものは非常に少ない。しかし，Angerら[13]の単一蛍光分子に単一の Au ナノ粒子を近づけた実験の結果は，明確に増強とクエンチングの現象を示している。彼らの結果では，金属─分子間の距離が 10 nm 程度までは，距離の減少とともに蛍光強度の増強が見られ，それ以下ではクエンチングが生じている。彼らの実験結果は，理論計算の結果とも良い一致を示している。図7は，蛍光増強度を RhB の膜厚に対してプロットしており，金属─分子間距離を横軸に取っているわけではない。しかし，RhB の膜厚の減少は，金属と分子間の平均距離の減少に他ならない。膜厚の減少に伴う蛍光分子数の減少の効果は，増強度を求める際に，ガラス板上の同じ膜厚の RhB 膜の蛍光強度で割っ

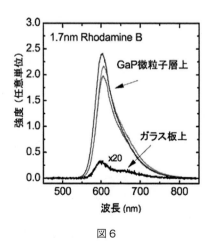

図6

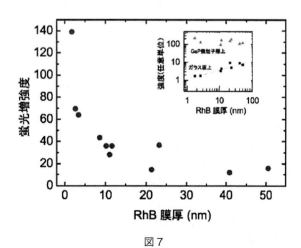

図7

プラズモンナノ材料開発の最前線と応用

て求めているので，すでに補正されている。図7の結果では，蛍光増強度は膜厚が10 nm以下でも単調に増加しており，GaP微粒子層上では蛍光のクエンチングが生じていないことが結論できる。しかも，得られている増強度は140倍にも達しており，通常金属を用いて得られている増強度（数倍〜数十倍）よりも格段に大きい。GaP微粒子で蛍光のクエンチングが生じないのは，前述のように，もともとGaPが間接遷移型の半導体であり，可視光領域での誘電率の虚数部が小さい，つまり損失がほとんど無いことによる。以上のように，ガス中蒸発法で作製したGaP微粒子は，非金属微粒子であり表面プラズモン励起は存在しないにもかかわらず（ただし，電磁気的固有モードであるTE_n, TM_nモードが存在し，増強をもたらす），ラマン散乱の増強に加えて蛍光の増強にも大変有効であることが分かる。

おわりに

本節では，筆者らが報告している，GaP微粒子による近接場増強機能について述べた。近年は，金属を用いたプラズモニクスに関する研究発表があまりにも多いので，影に隠れてはいるものの，筆者ら以外にも，プラズモンを用いない電場増強効果についての報告は存在する。Anderson[14]は，シリカ球を用いたラマン散乱増強の実験結果について報告している。AusmanとSchatz[15]は誘電体球の電磁気的固有モード（ウィスパリングギャラリーモード）の励起に伴う電場増強のシミュレーションの結果を報告している。また，Brongersmaのグループは，シリコンナノワイヤーでの光電流の増大について実験結果とシミュレーションの結果を報告している[16]。微粒子系に限らず，多層膜系でも著しく増強された近接場を作り出すことは可能である。古くは，Hayashiら[17]の誘電体フォトニック2重障壁に関する報告がある。また，最近では，スペインのグループが本質的にHayashiらと同じ構造で著しい増強場が誘電体多層膜で作れることを理論計算で示している[18]。プラズモンを用いない近接場増強は，現時点ではほとんど注目されていない。しかし，本節で述べたように，非プラズモンの系での近接場増強の実現はそれほど難しくなく，今後研究例が増加し，より一般的に用いられるようになることが期待できる。

文　献

1)　G. Mie, *Annal. Phys.*, **25**, 377 (1908).

2)　C. F. Bohren and D. R. Huffman, "Absorption and Scattering of Light by Small Particles," John Wiley & Sons (1983).

3)　B. J. Messinger *et al.*, *Phys. Rev. B*, **24**, 649 (1981).

4)　E. D. Palik, "Handbook of Optical Constants of Solids, Academic Press (1985).

5)　U. Kreibig and M. Vollmer, "Optical Properties of Metal Clusters", **25**, Springer Series in Materials Science, Springer (1995).

第1章　ナノ粒子合成

6) O. Madelung, "Semiconductors-Basic Data", Springer (1996).

7) M. Fleischmann *et al.*, *Chem. Phys. Lett.*, **26**, 163 (1974).

8) K. Kneipp *et al.*, *Phys. Rev. Lett.*, **78**, 1667 (1997).

9) S. Nie and S. R. Emory, *Science*, **275**, 1102 (1997).

10) S. Hayashi *et al.*, *Phys. Rev. Lett.*, **60**, 1085 (1988).

11) 林真至, 金属ナノ・マイクロ粒子の形状・構造制御技術, 米澤徹監修, シーエムシー出版, p.218 (2009).

12) S. Hayashi *et al.*, *Chem. Phys. Lett.*, **480**, 100 (2009).

13) P. Anger *et al.*, *Phys. Rev. Lett.*, **96**, 113002 (2006).

14) M. S. Anderson, *Appl. Phys. Lett.*, **97**, 131116 (2010).

15) L. K. Ausman and G. C. Schatz, *J. Chem. Phys.*, **129**, 054704 (2008).

16) E. S. Barnard *et al.*, *Nature Nanotechnology*, **6**, 588 (2011).

17) S. Hayashi *et al.*, *Opt. Rev.*, **6**, 204 (1999).

18) R. Sainidou *et al.*, *Nano Lett.*, **10**, 4450 (2010).

6 ソリューションプラズマ法による新規な貴金属ナノ粒子分散水溶液調製

松田直樹[*1]，中島達朗[*2]

緒言

水溶液等の液中で直流，交流，パルス状の高周波やマイクロ波を用いてプラズマを発生させるソリューションプラズマ（solution plasma : SP）法は，水中での溶接加工等に古くから用いられてきた。近年，SP法の有する高いエネルギー状態を利用した材料プロセスや汚水処理技術として注目を浴びている[1~4]。

野村等は有機溶媒中で発生させたSPを用いるCVD法に関して報告している[5,6]。また，高井等はタングステン電極を用いてSPを発生させ溶液中の金属イオンを還元することで特異的な構造の貴金属ナノ粒子合成を報告している[7~11]。

プラズマプロセスの特徴として電源と電極があればSPを発生することができ，対象物質によっては電気代しか必要がないため低価格なプロセスになる可能性がある。また金属ナノ粒子合成に際して還元剤等を用いる必要がないため低環境負荷である。化学反応プロセスや物理的手法に比べ，電源の許容電流値等の限界から，スケールアップに関しては電源を増やし反応層を並列に設置することで達成するしかないが，逆に少量多品種精算等には適している。

我々は貴金属を電極としてSPを発生させ，直接電極からナノ粒子を合成することに成功したので，その結果を報告する。あわせて，放電電極間にパルス電圧を印可した際の電圧と電流の関係を観察したのであわせて報告する[12]。

6.1 実験

パルス電源（栗田製作所製，MPS-06K-01C）を用いてSPを発生させた。電極は1Φのタングステン（ニラコ製，99.95％），金（田中貴金属，99.99％）を用いた。プラズマ発生時に生じている電圧や電流を観察するため，オシロスコープ（日本テクトロニクス社製，TDS2024B），高電圧プローブ（日本テクトロニクス社製，P6015A型），電流プローブ（日本テクトロニクス社製，3276）を用いた。

SPを発生させる電解質として塩化ナトリウムと過酸化水素（それぞれ和光純薬社製）を超純水で希釈し所定の濃度に調整して用いた。セルは200 mLのガラス製ビーカーを用いた。透過型電子顕微鏡は日本電子社製のJEM-ARM200F収差補正STEMで行った。実験は全て室温で行った。

[*1] Naoki Matsuda ㈱産業技術総合研究所　生産計測技術研究センター　主任研究員

[*2] Tatsurou Nakashima ㈱産業技術総合研究所　生産計測技術研究センター　テクニカルスタッフ

第1章　ナノ粒子合成

6.2　結果

図1にSPが生じている際のセルの写真を示す。このとき1 mMの塩化金酸水溶液を用いている。電極はタングステン線で，ファインセラミック製の円筒に覆われている。この電極間に周波数が25 kHz，パルス幅が2 μsec，パルス電源の一次電圧が110 V程度の高周波パルス電圧を印可すると非常に明るい輝線が観察される。その現象を示す模式図を図2に示す。SPが発生するときに塩化金酸や塩化白金酸等の金属イオンが溶液中に含まれている場合は，その金（Au）や白金（Pt）がナノ粒子として生成してくる。

SPを理解する基本物性として我々は，タングステン電極間の電圧電流特性を測定した。その際，高周波パルス電源から発生するノイズレベルを低減させ極力遮断するため回路を改良した。

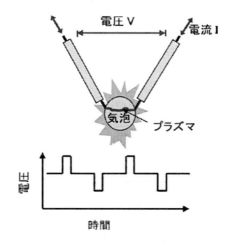

図1　ソリューションプラズマのセルの写真

図2　ソリューションプラズマが発生している状態の模式図
放電電極間に数kV程度のバイポーラのパルス電圧を印加すると気泡が
発生し電極間の気泡の中にプラズマが発生する。

具体的にはコモンモードコイル等の種々のノイズフィルターを回路中に設置し被測定信号強度や経時変化は影響を極力避ける条件設定を行った。

　開発した回路を用いて放電電極間の電圧と電流の経時変化を計測した。測定結果例を以下に記述する。直径1 mmのタングステン（W）電極を放電電極として用い，3 mMのNaClを含む水溶液中で0.3 mmの間隔を置いて対向させた。結果を図3に示す。パルス発生時間を2μsecに設定して測定を行った時，パルス電圧の発生に伴い放電電極間の電圧が1 msec程度に渡り直線的に増加するが，設定時間が終了する前に急激に減少した。これは放電電極間に存在する水溶液の物性やインピーダンスが大きく変化し電源の出力電圧が印加できなくなったためと考えられる。電流はその後もほぼ直線的に増加し，設定時間終了とともに減少した。

　ここで得られた放電電極間の電圧と電流の経時変化から電圧－電流特性を求めた。具体的には経時変化測定を20回繰り返し平均した。結果を図4に示す。原点から電圧と電流が直線的に増加しているのはパルス電圧印加直後に電圧と電流がともに増加しているためである。その後，電圧は急激に減少したが電流が増加しているため，1,200 V付近で電圧―電流曲線は鋭角的に折れている。その後，電流は増加し続けるが電圧は非常に小さな値になり，60 V付近では電圧はほぼ一定であるが電流だけ増加した。放電電極間の電圧は減少しているが電流は増加している領域があり，この実験条件では水溶液中でグロー放電が生じている可能性が示唆される。

　一方，放電が発生しない電圧に設定した場合，放電電極間の電圧と電流は設定時間終了まで増加し続け，設定時間が終了と同時に急に減少した。その測定結果から電圧―電流間の関係を求めると，原点を通る直線関係になった。

　次にAu電極を発生電極として5％過酸化水素水中でSPを生じさせた。印可したパルス電圧の条件は，周波数が20 kHz，パルス幅が2μsec，一次電圧が110 Vである。SP発生後すぐに溶

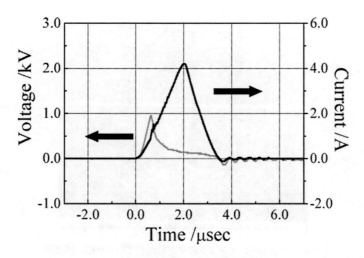

図3　電圧と電流の経時変化測定データ
横軸は一目盛が1μ秒，縦軸は一目盛が500 Vと1 Aである。

第1章　ナノ粒子合成

液が透明から赤ワインの様な赤紫色に変化し始め，徐々に濃い色へと変化した。溶液中には過酸化水素と水しか含まれていないため，電極であるAuのナノ粒子が生成していることが示唆される。図5は紫外可視吸収スペクトルの観察結果で，521.5 nm付近にピークを持つブロードな吸収スペクトルが得られた。50 mLの過酸化水素水中で5分程度のSP発生時間に対して実験終了後，電極の質量変化を測定したところ，電極質量は両方とも減少し，あわせて5～10 mg程度の質量減少が観察された。従来は溶液中の金属イオンをSPで還元することでナノ粒子を生成させ

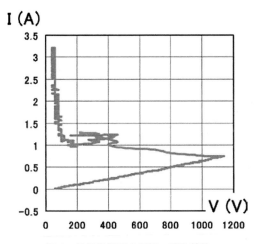

図4　放電電極間の電圧―電流特性
図3に示した電圧と電流の経時変化測定データから，電圧と電流の関係に再プロットした結果。

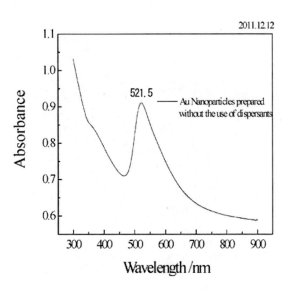

図5　過酸化水素中でソリューションプラズマ法をもちいて合成した
Auナノ粒子分散水溶液の紫外可視透過吸収スペクトル

ていたが，我々の実験では放電にあわせて電極材料をナノスケールの粒子として溶液中に放出し，貴金属ナノ粒子の分散溶液を得る事ができた。

図6にAuナノ粒子TEM像を示す。スケールは50 nmである。このとき取られたTEM像では金ナノ粒子は直径が10～50 nm程度と様々であった。このAuナノ粒子分散水溶液の調整では分散剤を使用しない。しかし，Auナノ粒子分散水溶液として4週間程度安定に存在していた。それ以上経過すると徐々に集合して容器の底に沈殿することがあった。紫外可視域の吸収スペクトルを測定しても4週間程度，結果はほとんど同じであった。

拡大したTEM像を図7に示す。10～20 nm程度の大きさのAuナノ粒子が複数個結合した大きなナノ粒子が観察された。長いものでは長軸が100 nmを超えるナノ粒子も観察された。SPのプラズマ温度を測定することは非常に困難である。一対のプローブ電極をSP中に挿入し，電極間の電流電圧曲線を観察する事でプラズマ温度観察を行ったところ，1,500～2,000℃程度の結果が得られている。少なくとも非常に高温の状態が発生している。金属電極から飛び出した金属ナノ粒子は融点が300℃程度と通常の結晶状態に比較すると相当低いため，プラズマ中で接触している場合は溶着した事が考えられる。それぞれのナノ粒子は結晶性が良い場合が多く観察されるが，金属イオン溶液からナノ粒子を合成した場合に比較すると結晶性はあまり良くない結果であった。

得られたAuナノ粒子をガラス板上で乾燥させてX線回折（XRD）測定を行った結果（111），（200），（220），（311）面を示すピークが観察され，ナノ粒子は結晶性が良い状態であることが示唆された。

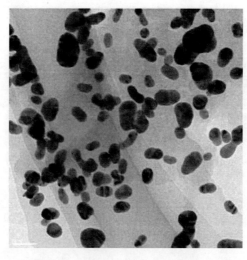

図6　過酸化水素中でソリューションプラズマ法をもちいて合成したAuナノ粒子のTEM観察像。Au電極を用いて合成した。スケールは50 nmである。

第1章　ナノ粒子合成

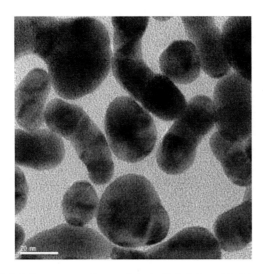

図7　過酸化水素中でソリューションプラズマ法をもちいて合成した Au ナノ粒子の TEM 観察像。Au 電極を用いて合成した。スケールは 20 nm である。

6.3　まとめと今後の検討課題

　Au 以外でも Pt や Pd 等の貴金属を過酸化水素水中で電極として用い，ナノ粒子合成を行う事にも成功した。現在，得られる Au ナノ粒子の大きさ，構造等が一定せずばらつくため，ナノインクとしての応用を検討している。比較的均一な Au ナノ粒子が得られる場合もあるが，図7に示した融着したナノ粒子が多く得られる場合もあり，合成条件が確定していないため未だ制御できない。今後は SP の条件設定を最適化することで得られるナノ粒子の構造を制御することが必要である。SP 法はパルス電源，電極，セル，そして溶液が有れば発生させる事が可能であるため，ナノ粒子合成以外でも多くの製造プロセスとして発展していく可能性を秘めている。

文　　献

1) M. Ishigami, J. Cumings, A. Zettl, and S. Chen., *Chem. Phys. Lett.*, **319**, 457 (2000).
2) E. C. Jameson, "Electrical Dischrge Machining", Society of Manufacturing (2001).
3) L. P. Biro, Z. E. Horvath, L. Szalmas, K. Kertesz, F. Weber, G. Juhasz, G. Radnoczi, and J. Gyulai, *Chem. Phys. Lett.*, **372**, 399 (2003).
4) B. R. Locke, M. Sato, P. Sunka, M. R. Hoffmann, J. Chang, Ind. *Eng. Chem. Res.* **45**, 882 (2006).
5) S. Nomura, H. Toyota, *Appl. Phys. Lett.*, **83**, 4503 (2003).
6) S. Nomura, H. Toyota, S. mukasa, H. Yamashita, T. Maehara, and M. Kuramoto, *Appl.*

Phys. Lett., **88**, 211503 (2006).

7) 齋藤永宏, 稗田純子, Camelia Miron, 高井 治, "ソリューションプラズマ材料プロセッシング", 表面技術, **58**, 810 (2007).

8) P. Panuphong, N. Saito, and O. Takai, *Jpn. J. Appl. Phys.,* **49**, 126202 (2010).

9) S Cho; M. A. Bratescu, N. Saito, and O. Takai, *Nanotechnology,* **22**, 455701 (2011).

10) M. A. Bratescu, S Cho, O. Takai and N. Saito, *J. Phys. Chem. C,* **115**, 24569 (2011).

11) P. Pootawang, N. Saito, O. Takai and S. Lee, *Nanotechnology,* **23**, 395602 (2012).

12) 松田直樹, 中島達郎, 信学技法, **111** (No.440), 23 (2012).

第2章　周期構造形成

1　鋳型合成

近藤敏彰[*1]，益田秀樹[*2]

はじめに

金属ナノ構造体は，局在表面プラズモン共鳴（LSPR）にもとづく光電場増強効果の応用範囲の広範さから，その作製手法に関する研究が活発に行われている[1~3]。金属ナノ構造体に光照射すると，LSPRによって金属表面近傍に増強された光電場が形成され，この増強光電場を応用した光機能デバイス，例えば，センシングデバイス，非線形光学デバイスなどが多数提案されている[4~6]。これらデバイスの性能は増強された光電場強度に依存し，その増強度は金属ナノ構造体の形状，配列，金属の種類に由来するため，金属ナノ構造体の幾何構造制御は高性能デバイスを構築する上で重要である[7,8]。幾何構造が制御された金属ナノ構造体の作製には，ポーラス材を鋳型とする手法がよく用いられるが，代表的なポーラス材のひとつとして陽極酸化ポーラスアルミナが挙げられる。陽極酸化ポーラスアルミナは，アルミニウムを酸性電解浴中で陽極酸化することでアルミニウム表面に形成されるポーラス構造体であり，その特徴的な幾何構造からナノデバイス作製の出発構造として知られている[9~11]。本稿では，陽極酸化ポーラスアルミナを鋳型材とした金属ナノ構造体の2次元および3次元配列の形成手法と，表面増強ラマン散乱（SERS）測定用基板への応用に関する検討結果について紹介を行う。

1.1　鋳型材としての陽極酸化ポーラスアルミナ

図1には，陽極酸化ポーラスアルミナの模式図を示す。ポーラスアルミナは，均一直径を有する直行ナノ細孔が規則配列したポーラス構造体である。これまでに，陽極酸化ポーラスアルミナを鋳型材とした様々なナノ構造体の形成手法が提案されており，一般的に，ポーラスアルミナのナノホールアレイ構造もしくはポーラスアルミナを鋳型として形成されるナノピラーアレイ構造にもとづいたドライプロセスやウエットプロセスによってナノ構造体の形成は行われる。ナノ構造の構成材料には，金属，半導体，誘電体などが用いられる。ポーラスアルミナがナノデバイス形成によく用いられる理由の一つに，幾何構造の制御性に優れていることが挙げられる。陽極酸化条件を変化させることでナノ細孔の直径や配列間隔を容易に精密制御することができる[12]。図2には，陽極酸化時の化成電圧とナノ細孔の配列間隔の関係を示す。化成電圧を変化させること

＊1　Toshiaki Kondo　㈶神奈川科学技術アカデミー　光機能材料グループ　常勤研究員
＊2　Hideki Masuda　首都大学東京　都市環境学部　教授；㈶神奈川科学技術アカデミー
　　　　　　　　　光機能材料グループ　グループリーダー

プラズモンナノ材料開発の最前線と応用

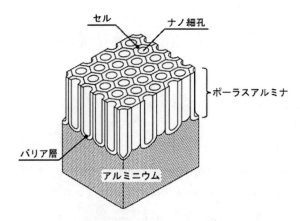

図1　陽極酸化ポーラスアルミナの模式図。

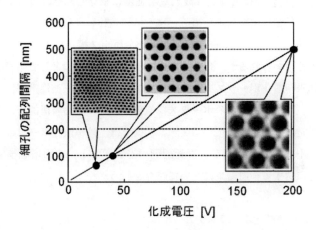

図2　陽極酸化時の化成電圧と細孔配列間隔の関係。

で，ナノ細孔の配列間隔を数nm～数百nmで制御することができる。また，広い面積のアルミニウム板に陽極酸化処理を施すことで大面積にポーラスアルミナが得られることから，陽極酸化ポーラスアルミナを鋳型材とすることで，形状および配列の制御されたナノ構造体を大面積に形成することが可能となる。

1.2　金属ナノドットの2次元規則配列

図3に，ポーラスアルミナを蒸着マスクとした金属（Au）ナノドットアレイの作製プロセスを示す[13~15]。アルミニウムに陽極酸化処理とウエットエッチング処理を施すことで得られたポーラスアルミナのスルーホールメンブレンを，所望の基板上に設置した。次に，熱蒸着法やスパッタリング法により，マスクの開口部に対応した基板上へAuを堆積させた。そして，ポーラスアルミナマスクを除去することで，Auナノドットアレイを得た。細孔の配列間隔が制御された

第2章　周期構造形成

ポーラスアルミナを蒸着マスクとして用いることで，Auナノドットの配列間隔を精密に制御した。また，ナノドット高さは蒸着量を変化させることで制御した。図4には，作製したAuナノドットアレイのSEM観察像を示す。SEM観察の結果より，ナノドット間のナノギャップ距離は，それぞれ(a) 120 nm，(b) 45 nm，(c) 20 nm，(d) 10 nmであった。ドット直径とドット高さは，それぞれ80 nm，30 nmであった。

ナノドットがナノメートルスケールまで近接したナノギャップでは，プラズモンカップリングによる光電場の強い増強効果のため，ラマン信号強度の増強が期待できる。ナノギャップ距離が精密制御されたナノドットアレイを用い，ドットに吸着したピリジン分子のラマンスペクトル測定を行った。ラマン測定を行う前に，ピリジン溶液をナノドットアレイに滴下後，窒素流にて乾燥させることで，ピリジン分子をAuナノドットに吸着させた。ラマン測定には顕微ラマン分光装置（励起光波長：633 nm）を使用した。図5には，ピリジン分子のラマンスペクトル測定結果を示す。1014および1040 cm^{-1}にピリジン分子由来のラマンシフトピークが観測された。図6には，ナノギャップ距離と1014 cm^{-1}におけるピーク強度の関係を示す。ナノギャップ距離が短くなるに従ってピーク強度が増加する様子が観察された。

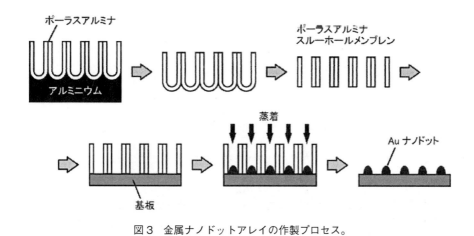

図3　金属ナノドットアレイの作製プロセス。

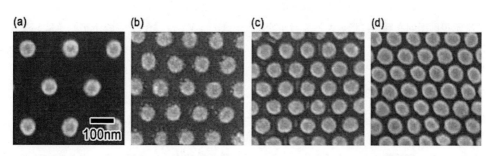

図4　ナノギャップ距離が制御されたAuナノドットアレイのSEM観察像。
　　　ナノギャップ距離：(a) 120nm，(b) 45 nm，(c) 20 nm，(d) 10 nm。

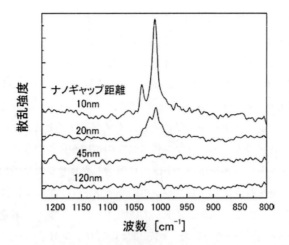

図5 異なるナノギャップ距離を有するAuナノドットアレイを用いた
ピリジン分子のラマンスペクトル測定結果。

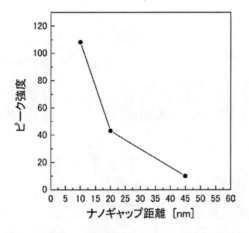

図6 ナノギャップ距離とラマンピーク強度の関係。

ポーラスアルミナにもとづく本作製手法によって，形状および配列制御された金属ナノドットの2次元規則配列を容易に形成することができた。また，得られたナノドットアレイはSERS測定用基板への応用が可能であった。

1.3 金属ナノドットの3次元規則配列

金属ナノ構造体の3次元配列は，2次元配列に比べ金属の表面積が広く，ナノ構造体間に形成されるナノギャップを高密度に集積することが可能であるため，3次元配列の適用によるプラズモンデバイスの高性能化が期待できる。ここでは，陽極酸化ポーラスアルミナを蒸着マスクとした，金属ナノドットの積層構造からなる3次配列元構造の形成とSERS測定用基板への応用に関

第2章 周期構造形成

する検討結果について示す。

図7には，金属ナノ構造の積層構造を有するナノドットの形成プロセスを示す[16]。ポーラスアルミナを基板上に設置し，金属（Au）と誘電体（アルミナ）を交互に堆積させたのちに，ポーラスアルミナマスクを除去することで，積層構造を有するナノドットアレイを得た。金属，誘電体層の形成には，電子ビーム蒸着装置を用いた。誘電体層の厚さを変化させることで，積層されたAuナノ構造間のギャップ距離を制御した。図8には，積層構造を有するナノドットのSEM観察像を示す。Au層の積層数は，それぞれ，(a) 1層，(b) 3層，(c) 5層であった。この積層数は，Au蒸着を行った回数と一致していた。また，Au層の厚さ，および，積層したAu層間のナノギャップ距離は，それぞれ，30 nm，10 nmであった。図9には，積層数を増やすことで得られた多層ナノドットのSEM観察像を示す。Au層が10層形成されている様子が観察された。

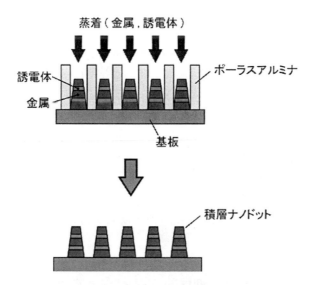

図7 積層ナノドットアレイの作製プロセス。

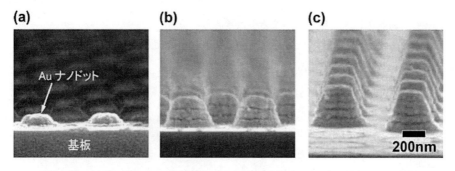

図8 積層ナノドットのSEM観察像。Au積層数：(a) 1層，(b) 3層，(c) 5層。

図9 多層ナノドットアレイのSEM観察像。Au積層数：10層。

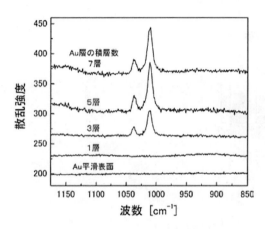

図10 積層ナノドットアレイを用いたピリジン分子のラマンスペクトル測定結果。

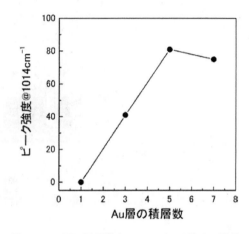

図11 Au層の積層数とラマンピーク強度の関係。

図10には，積層ナノドットアレイを用いたピリジン分子のSERSスペクトル測定結果を示す。1014および1040cm^{-1}に明確なピリジン分子由来のピークが観察された。また，Au層の積層数が増えるに従い，ピーク強度が増加する様子が観察された（図11）。これは，Au層が増加することでAuの表面積が拡大されたためであると考えられる。

ポーラスアルミナを蒸着マスクとする本手法によれば，金属ナノドットの2次元配列だけでなく，3次元規則配列構造を形成することが可能であった。

1.4 金属ナノーマイクロ階層構造

ナノ構造体とマイクロ構造体の複合構造である階層構造は，大表面積を有することから，SERS測定用基板として有用であると考えられる。ここでは，陽極酸化ポーラスアルミナを用いた金属ナノーマイクロ階層構造の作製とSERS測定用基板への応用に関する検討結果について

第2章 周期構造形成

示す。

図12には，金属ナノーマイクロ階層構造の作製プロセスを示す[17]。まず，マイクロ孔の規則配列を有するアルミニウム箔を陽極酸化することでアルミニウム表面にナノ細孔配列を形成し，ナノ細孔とマイクロ孔からなる階層構造を作製した。次に，この構造を鋳型としてめっき処理を施すことで，ナノ細孔およびマイクロ孔中に金属を充填した。その後，アルミニウムおよびポーラスアルミナ層を溶解除去することで，金属ナノーマイクロ階層構造を得た。

図13には，Auナノーマイクロ階層構造のSEM観察像を示す。図13(a) より，階層構造が広い領域にわたって規則配列している様子が観察された。図13(b) の拡大像より，Auのナノ構造体とマイクロ構造体が階層構造を形成している様子が観察された。

図14には，階層構造を用いたピリジン分子のSERS測定結果を示す。比較のために，Au平滑平面，Auマイクロ構造配列を用いた場合の測定結果も示す。平滑平面の場合にはラマン信号は観察されなかったが，マイクロ構造および階層構造を用いた場合にはラマン信号が観察された。また，Au階層構造を用いた場合の信号強度は，マイクロ構造配列の場合の約20倍であった。

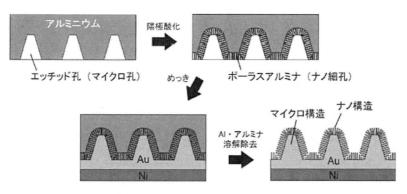

図12 金属ナノーマイクロ階層構造の作製プロセス。

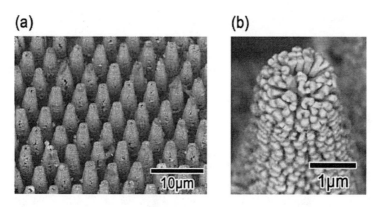

図13 Auナノーマイクロ階層構造のSEM観察像。(a) 低倍象，(b) 高倍像。

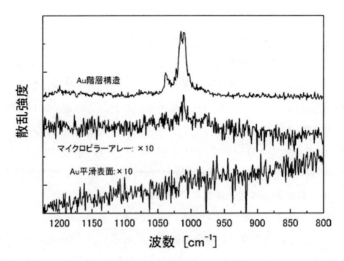

図14 Auナノ―マイクロ階層構造を用いたピリジン分子のラマンスペクトル測定結果。

マイクロ孔を有するアルミニウム箔に陽極酸化処理を施すことで得られたナノ－マイクロ複合ポーラス構造体を鋳型とする本手法によれば，他の手法では形成困難な金属ナノ－マイクロ階層構造体を容易に作製することが可能であった。また，得られた階層構造体はSERS測定用基板として機能することが確認された。

おわりに

アルミニウムを陽極酸化することで形成されるポーラスアルミナを用いることで，金属ナノ構造の2次元および3次元規則配列を形成することができた。金属ナノ構造体の幾何構造は，鋳型であるポーラスアルミナの形状を変化させることで制御可能であった。得られた構造配列は高感度なSERS測定基板として機能することが確かめられた。本作製手法は，SERS測定用基板の作製だけでなく，金属ナノ構造体の2次元，3次元規則配列を必要とするセンシングデバイス，非線形光学デバイスなどの新規プラズモンデバイス作製への応用が期待できる。

文　献

1) R. Jin, C. Cao, E. Hao, G. S. Métraux, G. C. Schatz, C. A. Mirkin, *Nature*, **425**, 487 (2003).
2) M. Grzelczak, J. Pérez-Juste, P. Mulvaney, L. M. Liz-Marzán, *Chem. Soc. Rev.*, **37**, 1783 (2008).
3) T. R. Jensen, G. C. Schatz, R. P. Van Duyne, *J. Phys. Chem. B*, **103**, 2394 (1999).

第2章　周期構造形成

4) S. Link and M. A. El-Sayed, *J. Phys. Chem. B*, **103**, 8410 (1990).

5) V. Malyarchuk, M. E. Stewart, R. G. Nuzzo, and J. A. Rogers, *Appl. Phys. Lett.*, **90**, 203113 (2007).

6) G. A. Wurtz, R. Pollard, A. V. Zayats, *Phys. Rev. Lett.*, **97**, 057402 (2006).

7) R. Jin, Y. C. Cao, E. Hao, G. S. Métraux, G. C. Schatz, C. A. Mirkin, *Nature*, **425**, 487 (2003).

8) K.-S. Lee, M. A. El-Sayed, *J. Phys. Chem. B*, **110**, 19220 (2006).

9) 益田，まてりあ，**45**, 172 (2006).

10) 益田，柳下，近藤，西尾，真空，**52**, 207 (2009).

11) 益田，柳下，近藤，西尾，触媒，**52**, 190 (2010).

12) H. Masuda, K. Yada, A. Osaka, *Jpn. J. Appl. Phys.*, **37**, L1340 (1998).

13) H. Masuda, M. Satoh, *Jpn. J. Appl. Phys.*, **35**, L126 (1996).

14) F. Matsumoto, M. Ishikawa, K. Nishio, H. Masuda, *Chem. Lett.*, **34**, 508 (2005).

15) T. Kondo, F. Matsumoto, K. Nishio, H. Masuda, *Chem. Lett.*, **37**, 466 (2008).

16) T. Kondo, H. Miyazaki, K. Nishio, H. Masuda, *J. Photochem. Photobiol. A*, **221**, 199 (2011).

17) T. Kondo, T. Fukushima, K. Nishio, H. Masuda, *Appl. Phys. Express*, **2**, 125001 (2009).

2　コロイドリソグラフィーによる金属ナノ構造の構築と応用

須川晃資*

はじめに

近年，金属ナノ粒子・ナノ構造における表面プラズモン共鳴現象が大きな注目を集め，局所的な光電場増強を誘起することから，高感度分光分析や有機・無機太陽電池，光線力学療法等，多岐に渡る応用例が報告されるまでに至っている。その発現波長やこれに伴う光電場特性（空間分布・強度等）に関する要求は目的によって様々であるがゆえ，構成する金属材質はもちろん，粒子のサイズや形状を，ナノレベルでいかに簡便に，精緻に，そして狙い通りに構築できるか，が重要な技術課題である。

精緻なナノ構造を作り出すための様々な技術が検討されているが，本稿では，ナノレベルの様々な構造形態を精緻に，そして簡便に作り出すことができる，コロイドリソグラフィー（Colloidal lithography: CL）法について紹介する。この技術は金属ナノ構造を構築することに限った技術ではないが，本書のコンセプトから，特にプラズモニクスのための金属ナノ構造構築に活用可能な技術，及びその応用例の紹介も含めた内容とした。

2.1　コロイドリソグラフィー法とは？

ナノレベルの精緻な微細構造の構築法として，電子線リソグラフィー，集束イオンビーム（FIB）加工技術等は良く知られているが，高価な装置を必要とするためコストが高く，ロースループットである。これと比較してCL法は，ハイスループットでかつ，低コストが特徴のナノ加工技術であると言える。

具体的にCL法とは，溶媒に安定に分散した数十〜数百ナノメートル程度の粒子径の微粒子を自己集合的に規則配列させ，これを鋳型として用いることで精巧なナノ構造を作製する手法を指す。特に微粒子の二次元配列集合体がよく用いられる。また，基板上にランダムに固定した微粒子を鋳型として活用する場合もある。前述した低コストというのは，①鋳型の作製に安価な微粒子分散溶液を少量しか必要としない，②特別な装置を必要としない，③微粒子の粒子径や形を変える等の簡易な工夫によって，得られる構造を大きく変化させることができる，等の特徴によるものである。

鋳型を構成する微粒子には，懸濁重合，乳化重合，無乳化重合等によって合成された，ポリスチレン（PS）をはじめとするポリマー微粒子や，ゾル―ゲル反応によって合成されるシリカ微粒子が最も良く用いられている。

これら微粒子の規則配列にはいくつかの手法が用いられている。例えば，毛管力を活用する移流集積法やスピンコート法は汎用な手法である。また，水／空気界面に展開した微粒子の二次元規則構造を基板に転写させる方法や，電気泳動法により，電極基板に集積させる方法もよく用い

　＊　Kosuke Sugawa　日本大学　理工学部　物質応用化学科　助教

第 2 章　周期構造形成

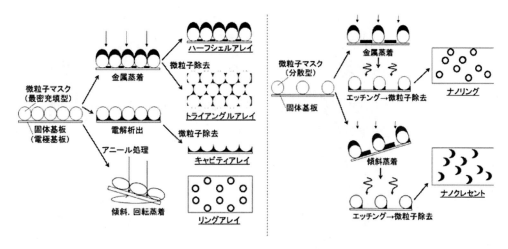

図1　コロイドリソグラフィーによるナノ構造体の作製例

られている。

　CL法と言ってもその手法は様々であり，それぞれが特徴的なナノ構造の構築を可能とする。本稿では，図1にまとめたナノ構造の作製方法について詳細を述べる。

2.2　コロイドリソグラフィー法によるナノ構造体の構築
2.2.1　トライアングルアレイ
【作製法と特徴】

　固体基板上で六方最密充填型に組織化されたPS微粒子の単層膜をマスクとし，金や銀等の金属を抵抗加熱法や電子ビーム法等により蒸着を施す。これにより，基板上には微粒子間の隙間を介してのみ金属が蒸着され，その後に微粒子膜を除去することで，三角形形状の金属ナノ粒子のアレイ構造（トライアングルアレイ）を形成させることができる（図2(a)）[1]。

　微粒子の大きさ，金属の膜厚を調節することによって，ナノ粒子のサイズやアスペクト比（膜厚に対する三角形の垂直二等分線の比）が可変であり，これに伴い，プラズモン吸収の発現波長を可視領域から中赤外領域（6042 nm程度）まで調節した例がある[2]。

　プラズモン吸収を始めとする光学特性は，その構造形態に大きく依存するため，バラエティーに富む形態制御が望まれる。この手法では，プロセスに工夫を施すことで，ある程度の制御も可能となる。例えば，微粒子配列の二層膜をマスクとして用いると，微粒子間の隙間の形状が単層と異なるため，結果としてナノドットパターンが得られる（図2(b)）[1]。

　また，最初に微粒子マスクを有する基板に対して垂直方向で金属蒸着を行うことで，通常の三角形形状のナノ粒子を構築した後，蒸着角度を変えて再度蒸着を行うことで，ナノ粒子同士が部分的に重なった二重構造の構築も可能である[1]。二回目の蒸着角度をより拡大していくと，二つの粒子間の距離を数ナノメートルレベルで精緻に隔てられた，構造形態を作製することも可能と

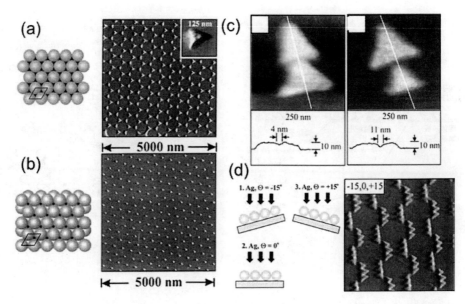

図2 (a) PS微粒子単層膜を利用して作製された銀トライアングルアレイ，(b) PS微粒子二層膜を利用されて作製された銀ドットアレイ，(c) 粒子間が精緻に隔てられたダイマー型の銀ナノ粒子，(d) 段階的に蒸着角度を変えて作製された鎖型トライアングルアレイ
Reprinted with permission from C. L. Haynes *et al., J. Phys. Chem. B,* **105**, 5599 (2001). Copyright 2001, American Chemical Society. 一部改変

なり（図2(c)），これは，強い局在電場の発現の観点から注目するべき手法である．なお，段階的に蒸着角度を変化させ（−15°→0°→+15°），蒸着を行うことにより，ナノ粒子が鎖型に接合したような構造形態を作製することもできる（図2(d)）[1]．

【応用】

プラズモン吸収が屈折率変化に応答することを利用した，局在型表面プラズモン共鳴センサーに関する研究例は多く，ナノ粒子の形態によってその屈折率応答性（感度）が異なることが分かっている．アスペクト比の高いトライアングルアレイ構造は比較的高い感度（約200 nm RIU (Refractive Index Unit)$^{-1}$）を示すことから[3]，ビオチン―ストレプトアビジン系[4]，アルツハイマー病のアッセイ[5]，タンパク質に結合する低分子の検出[6]等，高感度バイオセンサーへの応用が活発である．

その他，この構造上で発現する強い光電場を，表面増強ラマン散乱（SERS）等の高感度分光センシングや[7]，最近では，有機薄膜太陽電池等の光デバイスに応用された例もある[8]．

2.2.2 ハーフシェルアレイ

【作製法と特徴】

Metal film over nanosphere（MFON）とも呼ばれるこの構造は，六方最密充填型に配列した数百ナノメートル程度のシリカやPS微粒子の単層膜上を，スパッタ法や真空蒸着法によって，

第2章 周期構造形成

厚さ数十から数百ナノメートルの金属薄膜で被覆した構造体を指す（図3(a)）[9]。この構造体上では，微粒子間の接合部で特に強い光電場が発現することが，FDTD法による解析（図3(b)）や，アミノチオフェノール分子からのSERSシグナルの位置依存性から検証されている[10]。さらにこの構造の特徴として，下地となる微粒子の粒子径を変化させることによって，プラズモン吸収の波長を精密に制御できる点が挙げられる。例えば，粒子径340，450，500 nmとPS微粒子の径を変化させることで，銀ハーフシェルアレイのプラズモン吸収波長を，647，730，803 nmに制御した例がある[11]。

ハーフシェルアレイの構造形態は，周期的な微粒子配列膜上に被覆された，金属薄膜のネットワーク構造と言い換えることができる。しかし，RIE（Reactive Ion Etching）法により，下地の微粒子にエッチング処理を施して非最密充填構造としたのち，金属を蒸着することで，ナノシェル微粒子の規則配列構造体にすることも可能である（図3(c)）。これは，粒子間の微小空間（ギャップ）で著しい増強電場（ギャップ増強）の発現が期待できる新たな構造体と見なせる[12]。

【応用】

規則構造であるがゆえ，比較的強い光電場を再現性よく（場所による増強のばらつきが少なく）得られる他，金のハーフシェルアレイは耐久性も高く[13]，SERS活性基板としての有用性が検証されている。

また，その構造形態から，光の異常透過現象の発現が報告されている。粒子径1.58 μmのシリカ微粒子から構築された金のハーフシェルアレイでは，波長1935 nm付近に透過率23%の明

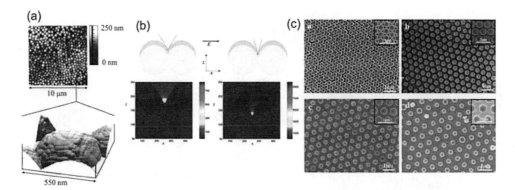

図3 (a) 直径400 nmのシリカ微粒子上に銀（膜厚200 nm）を蒸着して作製された銀ハーフシェルアレイ，(b) FDTD法による金ハーフシェルアレイ上で発現する電場特性，(c) PS微粒子単層膜をエッチングした後のSEM像，(Inset) これに銀を蒸着した後のSEM像
(a) Reprinted with permission from M. Litorja *et al.*, *J. Phys. Chem. B*, **105**, 6907 (2001). Copyright 2001 American Chemical Society. 一部改変，(b) Reprinted with permission from C. Farcau *et al.*, *J. Phys. Chem. C*, **114**, 11717 (2010). Copyright 2010 American Chemical Society. 一部改変，(c) Reprinted with permission from C. Wang *et al.*, *J. Phys. Chem. C*, **114**, 2886 (2010). Copyright 2010 American Chemical Society. 一部改変

確な透過ピークが得られ，その透過率は粒子間の隙間の投影面積（9％）と比較して，約2.5倍であることが確認されている[14]。光の異常透過は，電子ビームリソグラフィー法等によって作製される，サブ波長サイズのホールを規則的に有する金属薄膜（ナノホールアレイ）上で発現する現象として知られているが[15]，簡便，低コストに作製可能なハーフシェルアレイでも発現することは産業的にも意義深い。

また筆者らは，この構造の強い光電場の発現と，堅牢性，簡易にプラズモン吸収波長を制御可能な点に着目し，この構造体を電極として活用した，有機光電変換素子を構築した[16]。2種類の粒子径（330，430 nm）のシリカ微粒子から金ハーフシェルアレイ（金の膜厚：30 nm）を構築したところ，それぞれ605 nm，740 nm付近にプラズモン吸収を得た。これらにポルフィリンのチオール誘導体を自己集合法によって修飾させ（それぞれをAuHS（330）/Po，AuHS（430）/Poとする），電子受容分子（メチルビオローゲン）を含む電解質水溶液中で，光電流測定を行なった（図4（A））。金平面基板上のポルフィリン分子（Au/Po）と比較したところ，ポルフィリンの光励起に由来する光電流のEQE（External quantum efficiency）値は，AuHS（430）/Po，AuHS（330）/Po，Au/Poの順に高いことが見出された（図4（B）上）。プラズモンの発現波長領域外（400～500 nm）においても，EQE値に差があるが，これは，電極が微細構造化されたことによる分子の修飾量と光の散乱特性の違いによるものである。これら副次的な影響を考慮するため，波長430 nmで規格化したアクションスペクトルを図4（B）下に示す。500 nm以降の

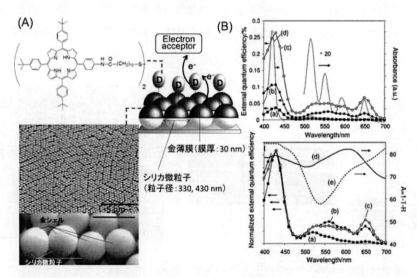

図4 （A）金ハーフシェルアレイを電極とした有機光電変換素子，（B）（上）（a）Au/Po，（b）AuHS（330）/Po，（c）AuHS（430）/Poの光電流アクションスペクトル，（d）ポルフィリン誘導体の透過吸収スペクトル（下）（a），（b），（c）：上のスペクトルを波長430 nmで規格化したもの，（d）：AuHS（330）/Poのプラズモンバンド，（e）：AuHS（430）/Poのプラズモンバンド

Reprinted with permission from K. Sugawa *et al., Photochem. Photobiol. Sci.*, **11**, 318 (2012). Copyright 2012 Royal Society of Chemistry. 一部改変

第 2 章　周期構造形成

波長領域において，両構造体上とも Au/Po より EQE 値が増大していることが確認できる。さらには，AuHS（330）/Po のプラズモンの発現領域（540～600 nm）では，EQE 値の大きさは AuHS（330）/Po＞AuHS（430）/Po であるのに対し，AuHS（430）/Po のプラズモン発現領域（630～700 nm）では，AuHS（430）/Po＞AuHS（330）/Po と，EQE 値の序列が逆転していることが分かる。すなわち，この光電流の増強はプラズモンの光電場によってポルフィリンの光励起効率が向上した結果であり，CL 法により規則微細構造を精緻に制御することで，光電変換素子の性能を精密に制御可能であることが示された。

2.2.3　キャビティアレイ

【作製法と特徴】

最密充填型に配列した PS 微粒子単層膜（粒子径 350～900 nm 程度）を担持した金属電極上で，金属イオンを含む電解質溶液から電気化学的に金属薄膜を析出成長させる。最後に，微粒子を溶出除去することで，金属薄膜上に球形ボイドが規則的に配列した周期構造ができる[17]（図 5(A)）。金属膜厚と PS 微粒子の粒子径を制御することでプラズモンの発現波長領域を可視～近赤外領域に渡って調節することが可能である[17]。ボイド周辺のフラットな金属表面上を伝搬する Bragg モードと，球形ボイド内に補足された Mie モードのプラズモンのどちらも発現するが，膜厚／粒子径比が小さい場合は Bragg モードが優勢に誘起され，大きくなる（0.7 程度）につれて Mie モードのプラズモンも顕著に発現しだす。また，プラズモンの発現特性は，光の入射角度にも大きく依存する[18]。

電解析出は多様な金属に適用できるため，これまでに，金[19,20]，銀[19]，コバルト[20]，白金[19,21]，パラジウム[21,22]等，様々な金属種のキャビティアレイ構造体が構築されている（図 5(B)）。また，

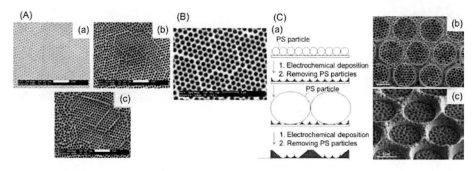

図 5　(A) 金キャビティアレイ構造の SEM 像（600 nmPS 微粒子のマスクにより作製，金の膜厚：(a) 120，(b) 300，(c) 450 nm），(B) パラジウムから成るキャビティアレイの SEM 像，(C) 階層的な金キャビティアレイ構造の作製スキーム (a) と，その SEM 像 (b) (c)
(A) Reprinted with permission from S. Cintra *et al.*, *Faraday Discuss.*, **132**, 191 (2006). Copyright 2006 Royal Society of Chemistry. 一部改変，(B) Reprinted with permission from M. E. Abdelsalam *et al., J. Am. Chem. Soc.,* **129**, 7399（2007）. Copyright 2007 American Chemical Society. 一部改変，(C) Reprinted with permission from G. Duan *et al.*, *Langmuir,* **25**, 2558（2009）. Copyright 2009 American Chemical Society. 一部改変

大小2種のPS微粒子を鋳型として，段階的に電解析出を行うことで，階層的なキャビティアレイが構築された例もある[23]（図5(C)）。

【応用】

再現性のあるSERS活性基板としての研究例は多く，金や銀の構造体上で分子のラマンシグナルが大きく増強されることが報告されており[17,24]，これには，ボイド内に補足されているプラズモンの強い光電場が大きく寄与していることが検証されている[25]。また，パラジウム・白金から成る構造体においても，局在電場によるSERS現象が発現することも報告されている[21]。このように金属種の選択肢が増えることで，紫外[22]，もしくは近赤外レーザー[26]を励起光源としたSERSへの応用も可能となった。また，銀ナノ粒子を金キャビティ内に導入することにより，10^{11}オーダーという，大きなSERSシグナル増強を得た例もあり，さらなる工夫によって，高性能なSERS活性基板として期待できる[27]。

2.2.4 ナノリング

【作製法と特徴】

CL法によるナノリングの作製法はいくつか報告されている。例えば，金薄膜をエッチングする手法がある。まず，50～140 nmのPS微粒子を静電的な相互作用を利用して，低密度にガラ

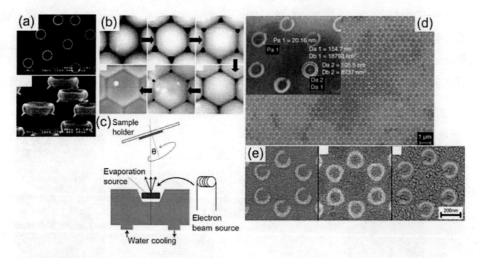

図6 (a) 金薄膜のエッチングを利用して作製された直径150 nmの金ナノリングのSEM像，(b) 水／エタノール／アセトン混合溶媒中でマイクロ波によりアニール処理されたPS微粒子のSEM像，(c) 傾斜回転蒸着法の模式図，(d) Feナノリングアレイの SEM像，(e) 金ナノリング，分割リング共振器のSEM像

(a) Reprinted with permission from E. M. Larsson *et al. Nano Lett.*, **7**, 1256 (2007). Copyright 2007 American Chemical Society. 一部改変，(b) Reprinted with permission from A. Kosiorek *et al., Small*, **1**, 439 (2005). Copyright 2005 John Wiley and Sons. 一部改変，(c) (d) Reprinted with permission from A. Kosiorek *et al., Small*, **1**, 439 (2005). Copyright 2005 John Wiley and Sons. 一部改変，(e) Reprinted with permission from M. C. Gwinner *et al., Small*, **5**, 400 (2009). Copyright 2009 John Wiley and Sons. 一部改変

第 2 章　周期構造形成

ス基板上に固定してマスクとする。これに，熱蒸着法により，20〜40 nm 程度の膜厚で金を蒸着し，次に，この金薄膜を Ar イオンビームによりエッチングを施して除去する。この工程において，エッチングされた金の一部が，PS 微粒子の下面に蓄積し，金の殻が形成される。その後，PS 微粒子を除去することで，金のナノリングが得られる[28,29]（図 6(a)）。なお，この場合，ナノリングは基板上で不規則に配置されるが，傾斜蒸着法を用いれば，規則的に配置されたナノリングアレイ構造を作り出すこともできる。

　まず，シリコン基板上に担持された，最密充填配列した PS 微粒子（540 nm）の単層膜にアニール処理を施し，微粒子間の隙間を適切に収縮させてマスクとする（図 6(b)）。基板を蒸着方向に対し 25° の角度で斜めに配置し，回転させながら鉄を蒸着することで（図 6(c)），図 6(d) のような，鉄のナノリングアレイが作製された[30]。微粒子間の隙間は規則的に配置されているため，ナノリングは基板上で規則的に配置されることになる。

【応用】

　ナノリングは，その構造の特異性から幅広い応用が期待できる。金のナノリングは，主に近赤外領域でプラズモン吸収を発現するため，近赤外 SERS への応用が可能である[31]。また，リング直径 150 nm の金ナノリングでは，880 nm RIU^{-1} という高い屈折率応答性を示すことから[29]，バイオセンサーへの応用も期待できる。また，この手法により，ナノサイズの分割リング共振器の作製例もあることから（図 6(e)），プラズモニックメタマテリアルへの展開も期待できる[32]。

2.2.5　ナノクレセント

　PS 微粒子等を基板上に低密度かつランダムに固定させた後，蒸着方向に対して約 30 度程度の傾斜をつけ，金を 26 nm ほど熱蒸着する（図 7(a)）。蒸着後，今度は基板をビームに対して垂直に配置し，アルゴンイオンミリング法により，金のエッチング処理を施す。最後に微粒子を除去することによって異方的なナノクレセント構造が得られる[33]（図 7(b)）。特徴的なのは，電子ビームリソグラフィーでも困難なナノレベルで鋭いチップ形状が得られる点で，この領域では非常に強い局在電場の発現が期待できる。最近では，非常に感度の高い（879 nm RIU^{-1}）センサーになり得ることが報告されている他[34]，さらなる強い電場の発現を目指し，クレセントのチップ同士が近接した，クレセントダイマー形状の作製（図 7(c)）等も報告されている[35]。

おわりに

　本稿では，コロイドリソグラフィーによる金属ナノ構造体の構築法と，その応用展開に関する研究例を紹介した。コロイドリソグラフィーは，簡便かつ精緻なナノ構造を作り出せる点で，共重合体リソグラフィー法と並んで注目を集めている。今後，さらなる工夫を凝らし，今以上にバリエーション豊かなナノ構造の構築手法を確立することで，プラズモニクスの展開に大きく貢献できるものと期待できる。

プラズモンナノ材料開発の最前線と応用

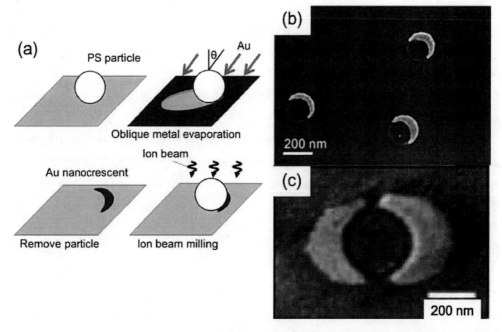

図7 (a) 金ナノクレセントの作製スキーム，(b) 金ナノクレセントの SEM 像，
(c) ダイマー型金ナノクレセントの SEM 像
(a) (b) Reprinted with permission from J. S. Shumaker-Parry *et al.*, *Adv. Mater.*, **17**, 2131 (2005). Copyright 2005 John Wiley and Sons. 一部改変,
(c) Reprinted with permission from J. Fisccher *et al.*, *Nanoscale*, **3**, 4788 (2011). Copyright 2011 Royal Society of Chemistry. 一部改変

文　　献

1) C. L. Haynes *et al.*, *J. Phys. Chem. B*, **105**, 5599 (2001)
2) T. R. Jensen *et al.*, *J. Phys. Chem. B*, **104**, 10549 (2000)
3) T. R. Jensen *et al.*, *J. Phys. Chem. B*, **103**, 9846 (1999)
4) A. J. Haes *et al.*, *J. Am. Chem. Soc.*, **124**, 10596 (2002)
5) A. J. Haes *et al.*, *Nano Lett.*, **4**, 1029 (2004)
6) J. Zhao *et al.*, *J. Am. Chem. Soc.*, **128**, 11004 (2006)
7) A. D. McFarland *et al.*, *J. Phys. Chem. B*, **109**, 11279 (2005)
8) B. Wu *et al.*, *J. Phys. Chem. C*, **116**, 14820 (2012)
9) M. Litorja *et al.*, *J. Phys. Chem. B*, **105**, 6907 (2001)
10) C. Farcau *et al.*, *J. Phys. Chem. C*, **114**, 11717 (2010)
11) C. Farcau *et al.*, *Appl. Phys. Lett.*, **95**, 193110 (2009)
12) C. Wang *et al.*, *J. Phys. Chem. C*, **114**, 2886 (2010)

第 2 章　周期構造形成

13)　D. A. Stuart *et al.*, *Anal. Chem.*, **77**, 4013（2005）

14)　P. Zhan *et al.*, *Adv. Mater.*, **18**, 1612（2006）

15)　T. W. Ebbesen *et al.*, *Nature*, **391**, 667（1998）

16)　K. Sugawa *et al.*, *Photochem. Photobiol. Sci.*, **11**, 318（2012）

17)　S. Cintra *et al.*, *Faraday Discuss.*, **132**, 191（2006）

18)　T. A. Kelf *et al.*, *Phys. Rev. B*, **74**, 245415（2006）

19)　P. N. Bartlett *et al.*, *Faraday Discuss.*, **125**, 117（2004）

20)　B. Jose *et al.*, *Phys. Chem. Chem. Phys.*, **11**, 10923（2009）

21)　M. E. Abdelsalam *et al.*, *J. Am. Chem. Soc.*, **129**, 7399（2007）

22)　L. Cui *et al.*, *Phys. Chem. Chem. Phys.*, **11**, 1023（2009）

23)　G. Duan *et al.*, *Langmuir*, **25**, 2558（2009）

24)　N. G. Tognalli *et al.*, *ACS Nano*, **5**, 5433（2011）

25)　F. Lordan *et al.*, *Appl. Phys. Lett.*, **99**, 033104（2011）

26)　S. Mahajan *et al.*, *Phys. Chem. Chem. Phys.*, **9**, 104（2007）

27)　F. M. Huang *et al.*, *Nano Lett.*, **11**, 1221（2011）

28)　J. Aizpurua *et al.*, *Phys. Rev. Lett.*, **90**, 057401（2003）

29)　E. M. Larsson *et al.*, *Nano Lett.*, **7**, 1256（2007）

30)　A. Kosiorek *et al.*, *Small*, **1**, 439（2005）

31)　J. Ye *et al.*, *Appl. Phys. Lett.*, **97**, 163106（2010）

32)　M. C. Gwinner *et al.*, *Small*, **5**, 400（2009）

33)　J. S. Shumaker-Parry *et al.*, *Adv. Mater.*, **17**, 2131（2005）

34)　R. Bukasov *et al.*, *Nano Lett.*, **7**, 1113（2007）

35)　J. Fischer *et al.*, *Nanoscale*, **3**, 4788（2011）

3 干渉露光法

山田逸成[*1]，西井準治[*2]

はじめに

1807年にYoungが光源からの光を平行な2つのスリットを通すと衝立上に干渉縞が写ることを示し，そして1830年代にはLloydがミラーを使用して，干渉縞を形成できることを示した。1950年代にホログラム技術が発展し，1970年代には，シンプルな光学構成で干渉縞の周期を容易に制御できることから，干渉技術への注目が高まった。そして近年，干渉露光に基づくフォトレジストの露光・現像による格子構造やホログラムの形成技術が確立されるに至った。それ以来，干渉を応用した露光技術は多方面に応用され，回折格子[1]や，分布帰還型（DFB：Distributed Feedback）レーザーなど波長選択性の周期構造[2,3]，サブ波長周期構造を要するワイヤグリッド偏光子[4,5]や，波長板[6]，反射防止構造の形成[7,8]，そして最近では，各素子の製作に向けたインプリント用のモールド作製にも利用されている[9~11]。本節では，その干渉露光技術の理論や方法などについて述べるとともに，周期構造を用いたプラズモン素子への応用についても紹介する。

3.1 二光束干渉の理論[12~15]

同一光源からのコヒーレントな光（レーザー光）を2つに分離し，再び交差させると，図1に示すように，周期Λの干渉縞が形成される。このとき，2つのビームによって形成される干渉縞の明暗強度I_rは次式で与えられる。

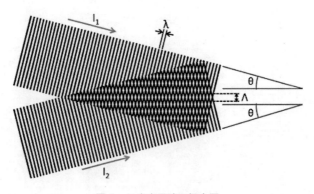

図1　二光束干渉の概念図

＊1　Itsunari Yamada　滋賀県立大学　工学部　ガラス工学研究センター　助教
＊2　Junji Nishii　北海道大学　電子科学研究所　教授

第 2 章　周期構造形成

$$I_r = I_1 + I_2 + 2\sqrt{I_1 I_2} \times \cos\phi \tag{1}$$

ここで，I_1，I_2 は各レーザー光の強度であり，位相項 ϕ は 2 つの光の位相差である。$\phi = 0$ のとき，$I_{\mathrm{MAX}} = (I_1^{1/2} + I_2^{1/2})^2$ となるため，2 つの光の強度の和よりも強くなる。一方，$\phi = \pi$ のとき，$I_{\mathrm{MIN}} = (I_1^{1/2} - I_2^{1/2})^2$ となり，2 つの光の強度の和よりも弱くなる。前者は強めあう干渉，後者は弱め合う干渉といわれる。また，I_1 と I_2 の強度比は干渉縞のコントラストに影響する。コントラスト C は，

$$C = \frac{I_{\mathrm{MAX}} - I_{\mathrm{MIN}}}{I_{\mathrm{MAX}} + I_{\mathrm{MIN}}} = \frac{2\sqrt{I_2/I_1}}{1 + I_2/I_1} \tag{2}$$

で与えられる。強度比 I_2/I_1 が 1 $(I_1 = I_2)$ からずれると，コントラストは減少し，強度比が 10 $(I_1 = 10 I_2)$ で 0.57 に低下することがわかる。それゆえ，コントラストの高い干渉縞を得るためには，強度比を 1 にする必要がある。また，均一な干渉縞を得るには，レーザー光の波面の歪みが小さいことが重要である。干渉縞の周期 Λ は以下の式で与えられる。

$$\Lambda = \frac{\lambda}{2n\sin\theta} \tag{3}$$

ここで，λ はレーザー光の波長，n は周囲の屈折率，θ は入射角である。なお，干渉縞の強度分布は正弦的に変化する。

3.2　干渉露光法

　干渉露光法は，マスクレスであり，露光深度が深く，ステッパーや電子線描画露光法に比べてシンプル，かつ低コスト，等の利点を有する。ここでは，干渉露光に必要なレーザー光源の特性や露光法の種類について記述する。

3.2.1　レーザーの選択

　干渉露光を行う上で，レーザー光源の選定は極めて重要である。用いるフォトレジストを感光できることは言うまでもなく，同時に，コヒーレント（可干渉）長が光路差よりも充分に長いことが求められる。また，同じ偏光方向のみ干渉するので，偏光性の高いレーザーを用いることが重要であり，均一で高コントラストの干渉縞を形成するためには，偏光方向の入射角依存性が小さい s-偏光が望ましい。

　長時間，完全に位相が揃った光を出射し続けるレーザーを用いれば，多少，光路差が長くなっても高コントラストの干渉縞を得ることができる。つまり，ある時刻に出射した光と少し時間が経ってから出射した光との位相がずれていなければ，干渉は起こるが，実際にはレーザーといえども，温度ゆらぎ等が原因となって，時間の経過と共に位相がずれる。これを時間的コヒーレンスといい，コヒーレント長はこの時間的コヒーレンスの程度を示す量である。例えば，ガスレー

ザーにはコヒーレント長が数十 m のものもある。パルスレーザーによる干渉を利用した周期構造の形成についても報告されているが[16]，一般的にはコヒーレント長の長い連続発振（CW）レーザーが用いられる。CW レーザーは照射光量が安定しており，露光量の制御が容易である。

　レーザー干渉露光法として，ミラーの反射を利用する Lloyd ミラー干渉露光法と，2つにビームを分けて露光する二光束干渉露光法の2方法が主に用いられる。次項で各露光方法について説明する。

3.2.2　Lloyd ミラー干渉露光法

　レンズとピンホール，ミラーを用いた1ビーム干渉法で，図2(a)に示すような非常にシンプルな構成である。ミラーは露光試料に対して垂直に，かつ接して配置する。これは，図2(b)に示すように直接試料に入射する角度とミラーから反射して試料への入射する角度を等しくするためである。ビームの中心は照射光量のバランスを取るうえで回転台の中心に合わせ，各光強度を同等にする。回転台を回転することで格子周期を容易に制御できるため，高い精度で所望の格子周期を得ることができるが，大面積のパターン形成には不適とされている。図2(a)のピンホール直前のレンズはビームを発散させるために，そしてピンホールは空間フィルタ（波面を整える作用）として用いられている。ビームのエネルギーは焦点位置で非常に高い状態になるため，ピンホールが破損しない程度のレーザーパワーで扱い，ピンホールの中心とビームの焦点位置は合わせておく必要がある。そして，均一にパターニングを行うためには広いガウシアンビームを得ることが求められるため，図2に示す2枚のレンズ間の距離を充分にとる必要がある。

　この露光系はミラーからの反射光が干渉パターン形成に大きく影響するため，ミラーの高い平坦性が求められる上，ミラー表面に塵やほこりが付着した場合も波面が乱れる要因になり，クリーンルームで行うことが望ましい。また，風などによる空気のゆらぎや，振動などもパターン形成を乱す要因にもなる。このような外乱を抑えるために，除振台の上で，シールドした環境で

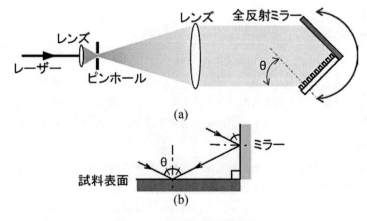

図2　Lloyd ミラー干渉露光法
(a)概観図，(b)試料表面での光の入射状態

第 2 章　周期構造形成

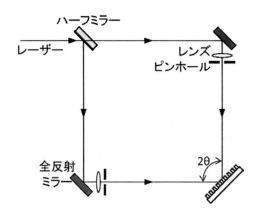

図3　二光束干渉露光法

行うことが不可欠となる。

3.2.3　二光束干渉露光法

図3に示す様に，ハーフミラーや回折格子でビームを分岐し，レンズでそれぞれのビームを拡散した後に試料表面に照射する方法である。各ビーム毎にレンズとピンホールの配置を調整し，それらの強度比や強度分布を合わせることが必要となる。前項でも述べたように，本手法においても，空気のゆらぎや振動による光路長の変動を極力抑えることが重要であり，光学系の周りをシールドし，除振台の上で露光することが望ましい。干渉縞の変位をCCDカメラなどでモニターできる光学系を組んでおけば，光路長の変動を確認することができる。

二光束干渉露光法は，光学部品の配置（レンズ―試料間の距離）により大面積の一括露光が可能であり，1次元格子パターンに限らず，ビーム数を増やすことにより，多次元の周期構造を形成することが可能である。

3.3　フォトレジストへの露光

干渉で得られる光強度分布が露光パターンとしてフォトレジストにそのまま転写される。(3)式に示したように，レーザー光の波長 λ や入射角 θ が露光パターンに大きな影響を及ぼすが，それに加えてフォトレジストの膜構成も重要である。ここでは，膜中での多重反射がフォトレジストのパターンに与える影響について述べる。

3.3.1　反射光により生じる定在波の影響

異なる屈折率を持つ物質に光を入射すると反射が生じる。実際に干渉露光を行うと，周期的な格子パターンに加えて，入射光と基板からの反射光で形成される干渉，つまり，フォトレジスト膜内での多重反射（定在波）により，格子の深さ方向にも干渉パターンが形成されてしまう。特に，反射率が高いシリコンウエハや金属膜の場合，入射光と反射光の強度比が1に近づくため，図4(a)に示すような周期構造がレジストパターンの側面に生じやすくなる。定在波で生じる深さ

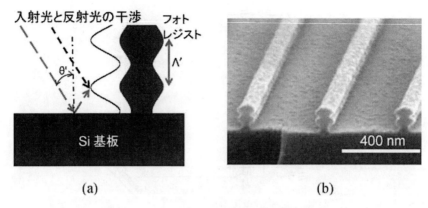

図4 (a)入射光と反射光による干渉を示す原理図，(b)Si基板表面にフォトレジスト（ポジ型）を塗布し，連続発振He-Cdレーザー光を露光後に現像したレジストパターンの断面図（周期400nm）

方向の周期Λ'は(1)式をもとに以下の様に与えられる。

$$\Lambda' = \frac{\lambda}{2n\cos[\arcsin\theta']} \qquad (4)$$

$$\sin\theta = n\sin\theta' \qquad (5)$$

ここで，nはフォトレジストの屈折率，θ'はフォトレジスト内での入射角である。この深さ方向の干渉パターンの強度分布，つまり，定在波の振幅は，レジストパターンの側壁面に形成される凹凸に反映され，基板の反射率が高いほど振幅も大きくなる。例えばSi基板の場合，基板表面での反射率は50％程度であり，入射光と反射光の干渉により，図4(b)に示すような格子パターンになり，現像時に倒れることもある。このフォトレジスト内での多重反射，つまり，定在波を抑える方法として，フォトレジストと基板の間に塗布するBARC（Bottom Anti Reflection Coating）や，フォトレジスト表面に塗布するTARC（Top Anti Reflection Coating）が開発されている。

3.3.2 反射防止膜[14, 15)]

基板からの反射光を抑える代表的な手法として，フォトレジストと基板の間に反射防止膜（BARC）を挿入する。その膜厚は，πの位相変化を与えるように抑制する必要がある。図5(a)に示すように，屈折率n_3の基板上にn_2の反射防止膜を塗布し，屈折率n_1の媒質から光が入射した場合，反射防止膜内の光路長によって生じる位相変化δは以下の式で与えられる。

$$\delta = \frac{4\pi d}{\lambda}\sqrt{n_2^2 - n_1^2\sin^2\theta} \qquad (6)$$

第2章　周期構造形成

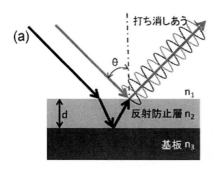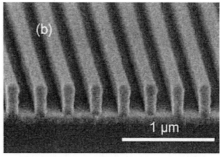

図5　(a)反射防止膜の機能を示す図と，(b) BARC を Si 基板とフォトレジスト（ポジ型）の間に挿入し，露光・現像した試料の断面図（周期300nm），連続発振 He-Cd レーザーを使用

この位相変化 δ は(6)式に示すように入射角 θ，屈折率（n_1, n_2），反射防止膜の膜厚 d，そしてレーザー光の波長 λ に依存する。n_1/n_2 境界面での反射光強度が反射防止膜 n_2 内での多重反射により出てくる反射光強度と等しく，位相差 δ が π の奇数倍であれば，図5(a)に示すように，反射光を打ち消すことができる。

一般的に入手可能な BARC は，この位相変化に加え，高い光吸収性を持たせることで，干渉に大きく影響を与える膜厚 d や入射角 θ が少々変化しても基板からの反射の影響を抑えることができるように工夫されている（図5(b)）。このようにして形成したフォトレジストのパターンとドライエッチングなどの加工技術を活用して作製したプラズモン回折格子について次項で紹介する。

3.4　周期構造の表面プラズモン回折への応用

周期 Λ の金属回折格子の深さ（凹凸）が十分に浅い場合，角度 θ で入射した光（波長 λ）がプラズモンポラリトンとして格子表面を伝搬する。その条件は，以下の様に表される。

$$\beta_{sp} = k(\varepsilon_m \varepsilon_0)/(\varepsilon_m + \varepsilon_0) = k\varepsilon_0 \sin\theta + K \tag{7}$$

ここで，β_{sp} はプラズモンポラリトンの伝搬ベクトル，k および K は入射光の波数ベクトルおよび格子ベクトル，また，ε_m，ε_0 は，それぞれ金属および格子表面の媒質の誘電率である。

図6は，金属として銀を用い，入射光が He-Ne レーザー（$\lambda = 633$nm）の場合の θ と Λ/λ との関係を，空気中と水中で求めた結果である。格子周期が400nm および500nm の場合について，プラズモン結合が期待される入射角度を図中に示した。このように，回折格子の周期を調整することで入射角度をある範囲で自由に調整できる点は，高屈折率プリズムを用いたクレッチマン法と比較して優位である。

このような金属回折格子は，あらかじめ格子を形成したガラスあるいは樹脂基板に，蒸着法やスパッタ法で金属を成膜することで作製できる。ガラス基板の場合には，二光束干渉露光とドラ

プラズモンナノ材料開発の最前線と応用

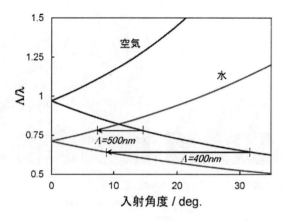

図6 金属として銀を用い，入射光がHe-Neレーザー（λ＝633nm）の場合のθとΛ/λとの関係を，空気中と水中で求めた結果

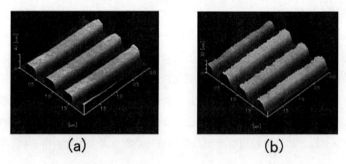

図7 格子周期500nm，格子深さ20nmのシリカガラス回折格子と，その表面に40nmの銀を成膜した場合の原子間力顕微鏡像

イエッチングを用いて格子を形成する[17〜19]。図7(a)は，代表的な回折格子（格子深さ20nm，Λに対する格子幅の比0.5）の原子間力顕微鏡（AFM）像である。この表面に，RFスパッタ法で密着層であるクロム（膜厚1nm）と，銀（40nm）を成膜前後のAFM像を図7(b)に示す。成膜によって表面粗さがやや大きくなっているが，格子形状が維持されていることがわかる。

一方，p-偏光のHe-Neレーザー光を周期400nmの銀格子へ入射した場合の，入射角度とゼロ次の反射光強度との関係を図8に示す。空気中では入射角度31度付近反射光強度が減衰し，入射光がプラズモン結合したことが確認できる。さらに，格子表面に水を摘果して同様な測定を行うと，プラズモン結合角が8度付近までシフトし，図6に示した計算結果とほぼ一致していることがわかる。

1次元格子の作製と同じ条件下で，二光束干渉露光の時間のみを1/2で中断し，基板を90度回転させて再び残り1/2の時間の露光を行うと，2次元の回折格子を作製することもできる。このように，二光束干渉露光法は，格子周期，格子の次元，さらには面積を容易に変更できること

第 2 章　周期構造形成

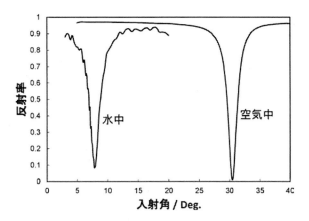

図8　周期 400nm の銀回折格子に He-Ne レーザー光（p-偏光）を入射した場合の入射角度と，ゼロ次反射光強度との関係

から，プラズモニック回折格子の作製において便利な手法である。

まとめ

微細周期構造の形成方法として利用される干渉露光の理論およびプロセス，およびプラズモン回折格子への応用について概説した。レジストへの微細パターンの形成には，電子線描画法，レーザー描画法，干渉露光法などが使われるが，それらの中で，サブミクロン周期のパターンを容易に得るには干渉露光が最も好ましい。ふさわしい露光方法やレーザー波長を選択することで，周期 200nm 以下までの短周期化が可能であり，さらに，1 次元だけでなく 2 次元のパターンも形成できる。ただし，解像度には限界があり，局在型プラズモンで求められるナノギャップの形成は困難であることも事実である。したがって，求める構造に応じて最適なプロセスを選択する必要がある。

文　　献

1)　http://www.shimadzu.co.jp/opt/guide/01.html
2)　D. Hofstetter, M. Beck, T. Aellen, and J. Faist, *Appl. Phys. Lett.*, **78**, 396 (2001)
3)　S. Ura, T. Asada, S. Yamaguchi, K. Nishio, A. Horii, and K. Kintaka, *Opt. Express*, **14**, 7057 (2006)
4)　I. Yamada, K. Kintaka, J. Nishii, S. Akioka, Y. Yamagishi, and M. Saito, *Opt. Lett.*, **33**, 258 (2008)
5)　I. Yamada, K. Fukumi, J. Nishii, and M. Saito, *Jpn. J. Appl. Phys.*, **50**, 012502 (2011)

6) R. C. Enger and S. K. Case, *Appl. Opt.*, **22**, 3220 (1983)

7) Y. Ono, Y. Kimura, Y. Ohta, and N. Nishida, *Appl. Opt.*, **26**, 1142 (1987)

8) H. Toyota, K. Takahara, M. Okano, T. Yotsuya and H. Kikuta, *Jpn. J. Appl. Phys.*, **40**, L747 (2001)

9) J. J. Wang, L. Chen, X. Liu, P. Sciortino, F. Liu, F. Walters, and X. Deng, *Appl. Phys. Lett.*, **89**, 141105 (2006)

10) I. Yamada, N. Yamashita, K. Tani, T. Einishi, M. Saito, K. Fukumi, and J. Nishii, *Opt. Lett.*, **36**, 3882 (2011)

11) I. Yamada, N. Yamashita, K. Tani, T. Einishi, M. Saito, K. Fukumi, and J. Nishii, *Appl. Phys. Express*, **5**, 082502 (2012)

12) E. Hecht, "Optics", Chap. 9, Addison-Wesley (1990)

13) 羽根一博, "光工学", コロナ社, 5章 (2006)

14) 尼子淳, 澤木大輔, 精密工学会誌, **74** (8), 789, (2008)

15) T. C. Hennessy, "Lithography：Principles, Processes and Materials", Chap. 5, Nova Publishers (2011)

16) Y. Li, K. Yamada, T. Ishizuka, W. Watanabe, K. Itoh, and Z. Zhou, *Opt. Express*, **10**, 1173 (2002)

17) X. Cui, K. Tawa, H. Hori, and J. Nishii, *Adv. Func. Mat.*, **20** (4), 546 (2010)

18) X. Cui, K. Tawa, K. Kintaka, and J. Nishii, *Adv. Func. Mat.*, **20** (6), 945 (2010)

19) X. Cui, K. Tawa, H. Hori, and J. Nishii, *Appl. Phys. Lett.*, **95** (13), 133117 (2009)

4　電子ビームリソグラフィー

上野貢生[*1]，三澤弘明[*2]

はじめに

近年，貴金属ナノ微粒子への光照射によって誘起される局在表面プラズモン共鳴に基づいた光電場増強効果により，表面増強ラマン散乱[1]や，高次高調波の高効率発生[2]などの光学効果が観測されており，様々な研究分野から大きな注目を集めている。これら貴金属ナノ微粒子の作製法としては，化学的方法論を用いたボトムアップ的な手法と，半導体微細加工技術を駆使したトップダウン的な手法とがある。近年，合成化学的な手法を巧みに利用してサイズや形状の変動が少ない金属ナノ微粒子（ナノ微粒子，ナノロッドなど）が合成・調製され[3]，局在プラズモンの光電場増強効果の観測，或いはその増強のメカニズムを解明する研究に用いられている。また，最近では，合成した金属ナノ微粒子を用いた光電変換系の構築[4]や高感度化学センシング技術[5]などの研究も進められている。しかし，金属ナノ微粒子による光電場増強効果は，構造のサイズや形状だけではなく，微粒子間距離やその配列などによっても大きく影響することから，従来の合成した金属ナノ微粒子を基板上に分散させる方法では，相互作用の物理的描像や構造間距離に強く依存する共鳴現象の本質を定量的に議論することは困難であり，増強機構の詳細な原理は未だ解明されてないものが多い。これらのメカニズムや金属ナノ構造の機能を理解するためには，金属ナノ微粒子の形状，サイズ，配列を精緻に制御した構造が示す局在プラズモンにより誘起される極めて安定な光電場増強を実現することが必要不可欠である。このような研究背景から，我々は半導体加工技術を駆使してガラスや酸化チタンなどの固体基板上に金属ナノ構造体を精緻に作製し，プラズモニック太陽電池やナノ光リソグラフィーなどプラズモニックナノ構造の化学的応用に関する研究を進めている。本節では，電子ビームリソグラフィー技術を用いて，局在表面プラズモン共鳴を示す金属ナノ構造を精緻に作製する方法やその分解能，および作製した構造の分光特性について述べる。

4.1　電子ビームリソグラフィーによる金属ナノ構造体の作製

可視波長域に局在表面プラズモンバンドを示す数10～100 nm サイズの金や銀のナノ構造体を微細加工技術により作製する場合，半導体加工技術で一般的に用いられている紫外線露光によるフォトリソグラフィー技術により作製することは困難である。そのような紫外・可視光の回折限界より遥かに小さいサイズである100 nm 以下のパターンを高解像度でレジスト材料に転写するためには，ド・ブロイ波長が短い電子ビーム露光が適している。電子線ビームは，数 nm 程度にビームを絞り込むことが可能であり，レジスト材料へのビーム照射により数 nm オーダーでの加工分解能を実現できる。電子ビーム露光装置の基本構成は，通常の走査型電子顕微鏡にビームの

＊1　Kosei Ueno　北海道大学　電子科学研究所　准教授；㈳科学技術振興機構（さきがけ）

＊2　Hiroaki Misawa　北海道大学　電子科学研究所　教授；所長

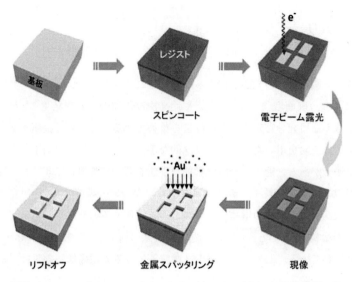

図1　電子ビームリソグラフィー／リフトオフ法による金属ナノ構造作製工程の略図

オン・オフを行うブランキング装置，および描画パターンをブランキング装置や偏向器に送るパターン発生器，およびそれらを制御するコンピューターである。電子ビームリソグラフィー用のレジストに，あらかじめCAD（コンピューター利用設計）ソフトウエアにより設計した描画パターンに従って電子ビームを照射すると，照射した部分において化学的改質が誘起され，ポジ型電子線レジストでは照射部分が現像液に溶解するようになり，ネガ型電子線レジストでは照射した部分が固化して現像液に溶解しないようになる。この方法を用いることにより，高い加工分解能で金属ナノ構造体を作製することが可能になる。図1に，ポジ型レジストを用いた金属ナノ構造体製造プロセンスの略図を示す。ガラス基板を洗浄後，基板上に電子線用ポジ型レジスト（日本ゼオン，ZEP-520a）を150〜200 nmの厚みとなるようにスピンコートにより成膜する。レジストを成膜後，高い加速電圧を有する（100-125 kV）電子線描画装置で合目的パターンの描画を行い，レジスト専用の現像液・リンス液により現像，およびリンスを行う。現像・リンス後，スパッタリングにより基板上に金属薄膜を成膜し，最後に金属薄膜下部のレジスト層をレジストリムーバー溶液により除去して金属ナノ構造体を得る。構造体の金属の厚みの制御は，スパッタリング時間をコントロールすることにより行うことができる。また，一般にガラス基板上への金や銀の密着性は高くないことから，あらかじめ接着層としてクロムまたはチタンを1〜2 nm程度スパッタリングした後に金などをスパッタリングにより成膜すると基板との密着性が向上し，機械的に強い金属ナノ構造の作製が可能となる。

4.2　ナノギャップを有する金ナノ構造体の作製

図2(a)および図2(b)に，前述の方法を用いて形成したレジストパターンの電子顕微鏡写真

第 2 章　周期構造形成

（現像後）を示す。なお，いずれの条件においても電子ビーム露光におけるドーズ量は 128 μC/cm^2，現像時間は 30 分とした。ナノブロックパターン（120 nm × 120 nm）および 2 量体パターン（100 nm × 100 nm，ギャップ幅：6 nm）ともにポジ型レジスト基板上にほぼ均一に形成されていることがわかる。パターン形成されたレジスト基板上に，クロムを 2 nm，および金を 40 nm 成膜し，レジストリムーバー溶液によりリフトオフを行った基板の電子顕微鏡写真を図 2(c) および図 2(d) に示す。レジストパターンの形状を反映して，金ナノブロック構造やナノギャップ金構造がガラス基板上に形成されることを確認した。重要な点は，電子ビームの露光条件や，現像条件などを最適化することにより電子ビーム露光装置の標準スペックを超えるシングルナノメートル幅（6 nm）のナノギャップ構造を有する金ナノ構造体が形成されている点である。

図 3(a) および (b) に，上面および斜め 45°から観察したナノ周期構造レジストパターンの電子顕微鏡写真を示す。現像されている部分と隣接する現像されている部分との間に 10 nm 幅以下のレジスト膜がはっきりと形成されていることが明らかになった。図 3(c) に，パターン形成されたレジスト基板上に，クロムを 2 nm，および金を 36 nm 成膜し，リフトオフを行った基板の電子顕微鏡写真を示す。図 2(d) と同様に，ナノギャップ金周期構造体（ギャップ幅：6 nm）がガラス基板上に形成されていることが明らかになった。電子ビームの後方散乱による基板表面付近での露光部の拡がり，およびスパッタリングによる金の回り込みを利用すれば，さらに小さいギャップ幅である 2～3 nm 幅のナノギャップを形成させることも可能となる。

図 2(c), (d) や図 3(c) から，金属ナノ構造のサイズやギャップ幅は，ほぼ均一に形成されて

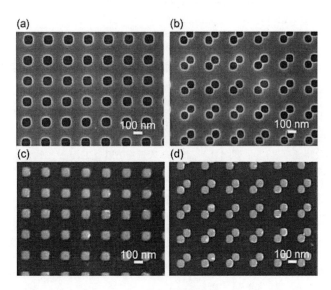

図 2　現像後のレジストパターンの電子顕微鏡写真；ナノブロックパターン (a), 2 量体パターン (b), リフトオフ後の金ナノ構造体の電子顕微鏡写真；金ナノブロック (c), ナノギャップ金構造体 (d)

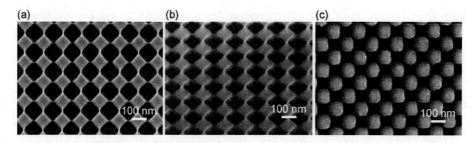

図3 (a) 上面から観察したナノ周期構造レジストパターンの電子顕微鏡写真，(b) 斜め45°から観察したナノ周期構造レジストパターンの電子顕微鏡写真，(c) リフトオフ後のナノギャップを有する金ナノ周期構造体の電子顕微鏡写真

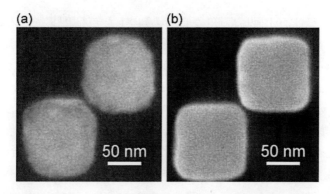

図4 (a) 電子ビーム露光においてドーズ量 128 μC/cm^2 で作製したナノギャップ金2量体構造の電子顕微鏡写真，(b) 電子ビーム露光においてドーズ量 614 μC/cm^2 で作製したナノギャップ金2量体構造の電子顕微鏡写真

いるが，構造体のエッジはシャープではなく，曲率半径で30 nm程度存在している。これは，化学的プロセスである現像工程によってシャープな構造を作製することが難しくなっていることも考えられるため，図4(a)，(b) に現像時間を大幅に変化させてナノギャップ金2量体構造を作製し，比較検討した。図4(a)は，図2や図3と同様に電子ビーム露光におけるドーズ量は128 μC/cm^2，現像時間は30分，図4(b)はドーズ量を614 μC/cm^2，現像時間を2秒で作製したナノギャップ金構造体の電子顕微鏡写真である。露光ドーズ量を大きくして，現像時間を極端に短くした方が，構造をよりシャープに作製できることが明らかになった。前述したナノギャップ金構造のギャップ幅制御と同様，電子ビーム露光条件や，現像条件を最適化すれば，曲率半径15 nm程度の構造が，2.5 nm幅で隣接して作製可能であることを明らかにした。なお，作製の再現性やパターンの均一性に関しては，現像時間が長い方が高いことを確認している。

4.3 作製した金ナノ構造体の光学特性

図5(a)に，図2(c)に示した金ナノブロック構造のプラズモン共鳴スペクトル，図5(c)に

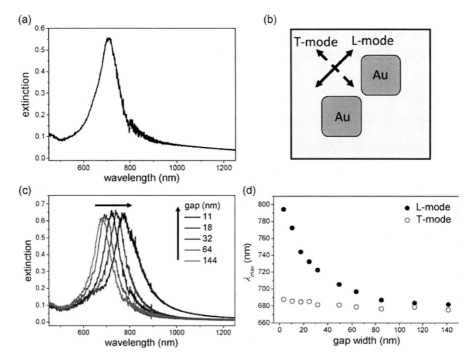

図5 (a) 金ナノブロック構造のプラズモン共鳴スペクトル，(b) ガラス基板上に作製したナノギャップ金2量体構造および偏光照射方向の略図，(c) さまざまなギャップ幅におけるナノギャップ金2量体構造のプラズモン共鳴スペクトル（L-mode），(d) ナノギャップ金2量体構造におけるプラズモン共鳴波長のギャップ幅依存性；L-mode ●，T-mode ○

さまざまなギャップ幅におけるナノギャップ金2量体構造（図2(d) の構造）のプラズモン共鳴スペクトルを示す[6,7]。なお，図5(c) の共鳴スペクトルは，測定に用いた直線偏光が金2量体構造に対して平行な L-mode のスペクトルである（図5(b) 参照）。図5(c) から明らかなように，ギャップ幅の減少に伴ってプラズモン共鳴スペクトルが徐々に長波長シフトしている。そこで，L-mode および T-mode におけるプラズモン共鳴スペクトルの極大波長をギャップ幅に対してプロットした（図5(d)）ところ，T-mode においては，ギャップ幅の変化に対してプラズモン共鳴波長はほとんど変化しないのに対して，L-mode ではギャップ幅の減少に伴い，顕著な共鳴波長の長波長シフトが観測された。これは入射光偏光が金2量体構造に対して平行な場合は，ギャップ幅が小さいほど大きな双極子-双極子相互作用（プラズモンカップリング）が誘起され，プラズモン共鳴スペクトルの波長シフトが観測されたことを示唆している[8]。この結果から，電子ビームリソグラフィー／リフトオフ法を用いれば，ナノギャップをシングルナノメートルの次元で精緻に制御することが可能であることが示された。

4.4 電子ビームリソグラフィー／リフトオフにより作製した金ナノ構造の分解能評価

電子ビームリソグラフィー／リフトオフ法により作製した金ナノ構造の加工分解能の評価を行うために，図6(a)に示すように金ナノロッド構造の短辺の長さを143 nmと一定とし，長辺の長さを372 nmからΔx（nm）変化させた構造のプラズモン共鳴スペクトルを測定した。なお，作製した構造のサイズの偏差は電解放出走査型電子顕微鏡により確認した。測定に使用した直線偏光の偏光条件は，ナノロッド構造の長辺に対して平行な方向（L-mode）と垂直な方向（T-mode）の2種類とした。図6(b)に，L-modeにおけるプラズモン共鳴スペクトルを示す。Δxの増加とともにプラズモン共鳴スペクトルが長波長側シフトした。図6(c)にL-modeおよびT-modeにおけるプラズモン共鳴波長のΔx依存性を示す。T-modeではΔxの変化に伴ってプラズモン共鳴波長はほとんど変化していないのに対し，L-modeではΔxがわずか1.9 nm変化しても顕著に波長シフトすることが明らかになった。また，図6(c)のプロットを線形フィッティングしたところ，構造のサイズを1 nm変化させると共鳴波長が約2.6 nmシフトすると見積もられた。一般的に利用されている分光光検出器の波長分解能は0.1 nm程度であることから，金ナノ構造においては原子スケールの構造変化を局在プラズモン共鳴スペクトルの変化により追跡することが可能であることを明らかにした[9]。これらの事実は，筆者らの開発した電子ビームリソグラフィー／リフトオフ法は，シングルナノメートルの精度を持って金ナノ構造の作製を可

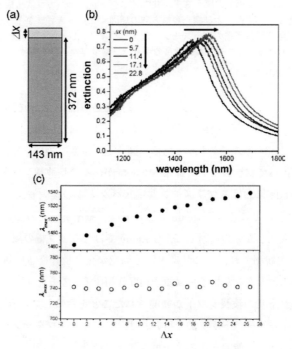

図6 (a) 金ナノロッド構造の設計略図，(b) 金ナノブロック構造のL-modeにおけるプラズモン共鳴スペクトル，(c) L-modeおよびT-modeにおけるプラズモン共鳴波長のΔx依存性；L-mode ●，T-mode ○

第 2 章　周期構造形成

能にする方法論であることを示している。

おわりに

　本節では，筆者らの開発した電子ビームリソグラフィー／リフトオフ法が局在プラズモン共鳴を示す金ナノ構造体を精緻に作製するために極めて有効な方法論であることについて述べた。本手法により作製した金属ナノ構造のサイズ変動は，電子顕微鏡写真による解析から標準偏差が約3 nm であり，また，シングルナノメートルのギャップを持って近接する金ナノ構造を作製することも可能であることを示した。電子ビーム露光におけるドーズ量などのパラメータや，現像時間の最適化によって構造をよりシャープに作製することもでき，より高い光電場増強効果を示す金属ナノ構造をほぼ設計通りに作製することを可能にする極めて有効な加工方法である。他方，電子ビーム露光によるナノ構造作製法は，スループットが高くないため，プラズモニックナノ構造を用いた実用レベルのデバイス作製にはナノインプリントやレーザー干渉露光法などが必要であるが，局在プラズモンと物質との相互作用の本質を明らかにするという基礎的な研究を遂行する上では，非常にパワフルな手法であると言える。

謝辞

本稿で紹介した研究成果は，北海道大学電子科学研究所二野雅弘氏，池谷伸太郎氏等の協力のもとに得られたものであり，ここに感謝の意を表す。本研究は，文部科学省科学研究費補助金・特定領域研究「光―分子強結合反応場の創成（領域番号 470）」No. 19049001, No. 23225006, および科学技術振興機構戦略的創造研究推進事業（さきがけ）の助成を受け，推進されたものである。

文　　献

1) K. Kneipp, Y. Wang, H. Kneipp, L. T. Perelman, I. Itzkan, R. R. Dasari, M. S. Feld, *Phys. Rev. Lett.* **78**, 1667-1670 (1997).
2) S. Kim, J. Jin, Y.-J. Kim, I.-Y. Park, Y. Kim, S.-W. Kim, *Nature*, **453**, 757-760 (2008).
3) Y.-Y. Yu, S.-S. Chang, C.-L. Lee, C. R. C. Wang, *J. Phys. Chem. B*, **101**, 6661-6664 (1997).
4) Y. Tian, T. Tatsuma, *J. Am. Chem. Soc.*, **127**, 7632-7637 (2005).
5) K. A. Willets, R. P. Van Duyne, *Annu. Rev. Phys. Chem.*, **58**, 267-297 (2007).
6) K. Ueno, V. Mizeikis, S. Juodkazis, K. Sasaki, H. Misawa, *Opt. Lett.*, **30**, 2158-2160 (2005).
7) K. Ueno, S. Juodkazis, V. Mizeikis, K. Sasaki, H. Misawa, *Adv. Mater.*, **20**, 26-30 (2008).
8) H. Kuwata, H. Tamaru, K. Esumi, K. Miyano, *Appl. Phys. Lett.*, **83**, 4625 (2003).
9) K. Ueno, S. Juodkazis, V. Mizeikis, K. Sasaki, H. Misawa, *J. Am. Chem. Soc.*, **128**, 14226-14227 (2006).

5 ナノコーティングリソグラフィー：周期的高アスペクト比ナノ構造の形成とその光学応答

藤川茂紀*

はじめに

金属ナノ粒子の表面プラズモンを使ったバイオセンサーなどに代表されるように，金属ナノ構造特有の光学特性を利用した光学デバイスでは，使用する波長よりも小さなサイズの金属ナノ構造を基本ユニットとして利用する。そして一般的にはその基本ユニット構造が適切な位置に周期的に配置されることが多い。しかしながらこのような微細な周期構造を精密に作製するには大きな技術課題がある。電子ビームリソグラフィー法は極めて微細な構造を作製可能であるが，安価かつ大量（大面積）に加工する手法としては適していない。粒子やロッドなどの金属ナノ粒子を化学的な手法で合成し，これを自己組織化などの手法で集積するアプローチは，大量かつ大面積で周期的金属ナノ構造が作成可能であるものの，比較的単純な周期構造しか形成できないのが現状である。

そこで我々は様々なナノコーティングとエッチング技術と組み合わせ，多様な材料からなり微細で高アスペクト比を有する各種ナノ構造体作製も可能な新しい超微細加工法を開発した。さらにそれから得られる金属ナノ構造体の光機能化を行ったのでご紹介する。

5.1 ナノコーティングリソグラフィー[1~4]

超微細加工法を加工軸という観点から整理すると，厚み方向では，原子・分子レベルの加工精度に達しているが，このサイズ制御精度は平面加工技術では達成できていない。この膜厚制御精度を平面方向に変換できれば，平面加工精度の飛躍的向上と材料自由度が確保できる。

このためには，単純に「膜を立てる」ことで実現可能である。つまりナノ膜の自己支持性を活用すれば，ナノメートル厚しかない薄膜でも基板上に直立させることができ，「膜厚制御」の「線幅制御」への変換が実現であろう。

この発想のもと，サイズ縮小の具体的な作製ストラテジーを図1に示した。矩形断面構造を持つ鋳型に対し，まずその表面を多様な材料でナノコーティングする。次いで選択的なエッチング

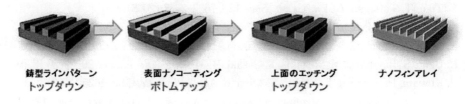

図1 ナノコーティングを利用した新しい微細加工プロセス

---

* Shigenori Fujikawa 九州大学 カーボンニュートラル・エネルギー国際研究所 准教授

第2章　周期構造形成

によって，鋳型側面に形成されたナノ薄膜のみを残して，鋳型の平面パターンを反映したナノ構造体を形成する，というものである。

このアイディアを実証するため，我々はライン形状の鋳型表面を，表面ゾルゲル法によってSiO_2層でコーティングした。次にリアクティブイオンエッチング法による異方エッチングよって，鋳型上面および基板平面のSiO_2層を選択除去し，次いで酸素プラズマ処理によって鋳型ポリマーを除去し，最終的に鋳型側壁面上に形成されたSiO_2層のみからなるフィン構造の作製に成功した（図2)[3]。

このプロセスはナノコーティングと選択的なエッチングが基本となっており，様々なナノコーティング法で多様な材料をコーティング可能である。この特徴を有し，パターン密度のさらなる向上を試みた（図3）。

ポイントは，一度目のコーティングとエッチングの後，鋳型を除去する前にもう一度有機高分子をナノコーティングすることである。これがスペーサーとして働き，一度目のコーティング層で形成された側壁コーティング部と接しないように，次のコーティングが可能となる。最終的には鋳型およびスペーサー高分子層を除去して，多重のライン構造を形成させる（図4a）。当然このスペーサーを使ったコーティングを繰り返すことで，さらなる集積化も可能である（図4b,

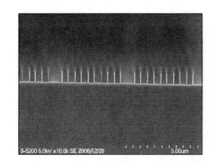 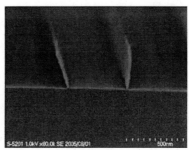

図2　形成されたSiO_2ナノフィン構造

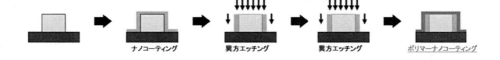

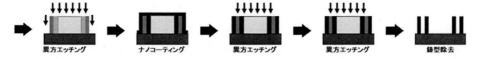

図3　ナノコーティングを活用した超微細加工プロセス

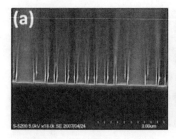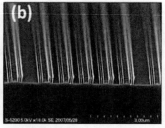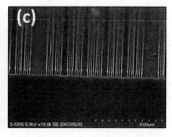

図4　多重化されたナノフィンアレイ構造
(a) 2重, (b) 3重 (c) 4重

4c)。

　この作製プロセスは，鋳型表面のナノコーティングが基本である。メッキやスパッタ法，蒸着法などによって金属ナノコーティングをすれば，金属ナノ構造体も作製可能である。

　実際に金属スパッタリングなどによって鋳型表面に金属ナノ薄膜を形成し，同様の方法で様々な金属ナノフィン構造が作製可能である。

5.2　高アスペクト比をもつ金ナノフィンの大面積周期的構造の作製とその光学特性[5]

　幅に対して極めて背高な（高アスペクト比を有する）ナノフィンが周期的に配置された構造は，一体どのような光学特性をもつのであろうか。実際に作製可能な金ナノフィンの周期的アレイ構造を使って，入射した光に対する光学応答やフィン近傍の電磁場解析を行った。解析では幅 50 nm で高さの異なるフィンが間隔 1000 nm でシリコン基板上に平行配列したものをモデルとした（図5a）。このフィンアレイに対し入射角45度で光を入射した場合の反射スペクトルを厳密結合波解析法（Rigorous Coupled Wave Analysis 法，RCWA 法）により求めた。その結果，フィン高さが1000 nm の場合，極めて急峻なピーク（ディップ）が 656 nm, 919 nm, 1708 nm の位置に現れた。フィン高さを変えてシミュレーションを行ったところ，この急峻なディップは，フィン高さの減少とともに（ディップ波長位置は変わらず），ディップ深さも減少し，フィン高さが 200 nm 以下程度になると，ほとんど見えなくなることが明らかとなった（図5b）。

　この反射率スペクトルのシミュレーション結果で見られた急峻なディップの波長位置において，周期境界条件を利用した FDTD 法（Finite-difference time-domain method, 有限差分時間領域法場解析）によって金ナノフィン近傍の電場分布を求めた。例えば波長 919 nm の入射光を用いた場合の電場強度 $|Ey|^2$ を図6に示す。高いアスペクト比のナノフィンでは，フィン間に強い電場強度を示す場所が安定に存在することが明らかとなり，その電場強度は低いアスペクト比（フィン高さ 200 nm）の時と比較して 10 倍高い。このシミュレーションで求められた $|Ey|^2$ 分布は，高いアスペクト比を有するナノフィン間に光が強く閉じ込められた結果であることを示している。

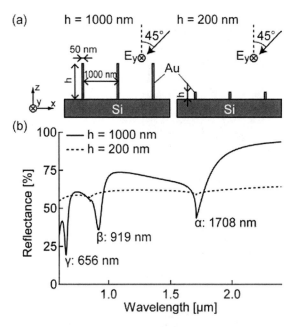

図5　金ナノフィンの光学シミュレーション
(a) 計算モデル，(b) 反射スペクトルのシミュレーション結果

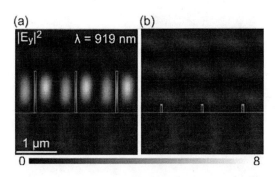

図6　金ナノフィン間の電場強度（$|E_y|^2$）分布
(a) フィン高さ：1000 nm，(b) フィン高さ：200 nm

　このナノフィン間の電場閉じ込めの由来を明らかにするために，シミュレーションで見られた三つのディップ（656 nm，919 nm，1708 nm）の波長に対応するPoyntingベクトルを求めた。それぞれの時間平均したPoyntingベクトルの強度分布とベクトル分布を図7に示す。ナノフィンのピッチ間隔（1000 nm）より小さな波長（656 nm，919 nm）の光を入射した場合，フィン間にPoyntingベクトルのVortexパターンが確認された。特に656 nmの入射光の場合，パワーフローはvortexフローとsaddleフローの組み合わせが二対形成されていた。この時のvortex回転方向は同じであった。1708 nmの入射光の場合，ナノフィン間にはそのようなvortex状のパワーフローは形成されず，ナノフィンの先端近傍に光閉じ込めが確認された。このvortexフ

プラズモンナノ材料開発の最前線と応用

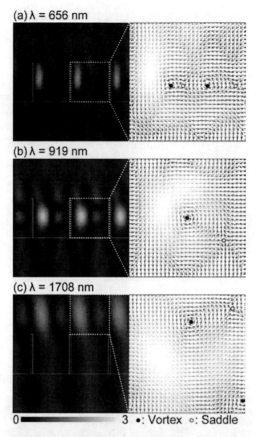

図7 金ナノフィン間の時間平均電場強度とそのパワーフロー
(a) λ =656 nm, (b) λ =919 nm, (c) λ =1708 nm
各図の左：Poyintingベクトルの強度分布, 右：ベクトル分布

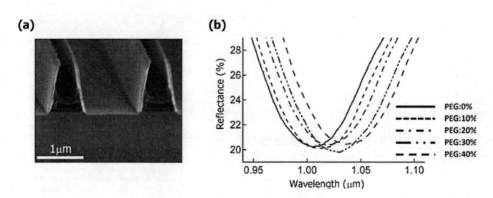

図8 金ナノフィンの屈折率応答
(a) 金ナノフィン構造の断面SEM写真, (b) 異なるPEG濃度水溶液に浸した時の反射率スペクトル

98

第2章　周期構造形成

ロー形成がナノフィンの光閉じ込めの由来である。

このようにナノフィンという特徴的な構造によって特異的な光閉じ込めが可能であることが示唆された。このようなフィン間での光閉じ込め特性は，例えばマイクロ流体などのコンパクトなシステムにおいて，高感度センシングユニットして利用可能である。実際の利用を考え，0次反射（正反射）の反射スペクトルを，ナノフィン周囲の屈折率を変えて，シミュレーション解析を行った。その結果，屈折率が大きくなるにつれて，三つのピークも長波長側にシフトすることが明らかとなった。シフト量をピークの半値全幅値で規格化した値を用いると，入射光が660 nmの場合，屈折率が1.2と1.4の場合でその規格値は6倍ほどの差がある。これはこの高いアスペクト比を有するナノフィンによって，ナノフィン間にvortex状のパワーフローが形成し，このことがナノフィン周辺の屈折率変化に対する感度を引き上げているものと考えられる。

実際にこの金ナノフィンアレイを作製し，このナノフィンアレイを様々な屈折率値を持つ媒体に浸し，その時の0次の反射スペクトル測定を行った。実際に作製されたナノフィンアレイの電子顕微鏡観察像を図8aに示した。高アスペクト比のフィン構造を安定に直立させるため，フィン間にある鋳型を完全に除去せずにフィンの支持体として利用した。このナノフィンアレイ基板を様々な濃度のポリエチレングリコール（PEG）水溶液に浸して，その0次の反射スペクトルを測定した。ポリエチレングリコールの濃度を0〜40%まで変えると，その時の屈折率は1.3338から1.3890まで変わる。これによって，フィン周辺の屈折率を変化させた。溶液中での入射光角度を35度と一定に保つために，溶液への入射光を50〜53度で調整した。PEG濃度が0%の場合，反射率スペクトル測定において約1000 nmにディップピークが観察された。このピークポジションは，PEG濃度が増加する，すなわち屈折率が増大にする従って，長波長側にシフトした（図8b）。各屈折率に対するディップピークシフト量（nm）の実験値およびシミュレーション値をプロットすると，実験地および理論値とも比較的良い一致を示した。これらの変化量より求めたRIU（refractive index unit）は580 nmであり，高性能なFabry-Perot共振器型[6]やファイバー・ブラッグ・グレーティング型のマイクロ構造[7]と比類するものである。

このディップのピーク位置や感度などは，ナノフィンの間隔などによって制御可能であり，間隔の狭いナノフィンを用いることで，検出パフォーマンスを改善することができよう。またこのようなvortex状の光閉じ込めは，微粒子のトラップなどへの応用も可能である。

5.3　ナノコーティングリソグラフィーを使った金属ナノギャップ構造の大面積作製[8]

金属ナノ構造体への光照射によって表面プラズモン共鳴が起こり，金属表面近傍の電場が増強される。金属ナノ構造体が非常に近接して存在する場合，その効果は著しく増強され，特にギャップ間により強い電場が生じる。この増強電場の高感度センサシングや化学反応への応用研究が近年活発に行われ，ナノメートルサイズのギャップ構造を有する金属ナノ構造体は非常に注目を集めている[1]。

しかしながら，ナノギャップを有する構造の作製は極めて困難であり，ナノギャップが無数に配

プラズモンナノ材料開発の最前線と応用

列した構造を大面積で作製する現実的な方法は限られている。

これまで説明してきたとおり，ナノコーティングリソグラフィーは，「膜厚」を「幅」に変換する方法である．図3でも示している通り，多重にコーティングして一旦サンドイッチ状のフィン構造を形成し，その間の薄膜層を選択的に除去すれば，フィンの間隔も制御である．そこでこの知見を活かし，我々は，金属ギャップ構造体のギャップ間隔をナノレベルで制御しつつ，かつ大面積で配列する構造体を作製した．そこで直立したフィンとしても力学的に安定な円筒形をベースとして，金二重ナノピラー配列の大面積作製を行った[2]．具体的には円筒形の金ナノ構造体（金ナノピラー）がナノギャップを介して同心円状に配列した二重円柱構造（金二重ピラー）である．

具体的作成操作は，まず透明樹脂基板上に直径 400 nm の円柱型構造が規則正しく配列した鋳型構造を作製し，この基板表面全体をスパッタリングによって金薄膜で被覆する．次に，Arエッチングによって金薄膜の一部を選択除去し，円柱側壁上にある金薄膜だけを残す．さらに交互吸着法と呼ばれる高分子電解質ナノ膜を交互に積層する手法により，この基板表面にギャップ用の犠牲層となるポリマー薄膜を均一に形成させる）その後，基板表面全体をもう一度金薄膜で覆い，再びArエッチングによる金被膜の選択除去で，内側の金薄膜，ポリマー層，そして外側の金薄膜という多重の円柱構造が形成される．最後に，酸素プラズマ処理によってポリマー成分を酸化分解除去すると，ポリマー薄膜厚に対応したギャップを持つ金二重ナノピラーが形成される（図9a）．

この二重になった金ナノピラーの間隔は，犠牲層となるポリマーの膜厚に対応する．従って，この犠牲層ポリマー膜厚を変えることで，このギャップ間隔をナノレベルで厳密に制御可能である．この犠牲層ポリマー薄膜は互いに反対の電荷を有する高分子電解質を交互吸着させるものであり，積層回数によって膜厚を，ナノレベルで自在に制御可能である．実際にポリマー薄膜の積

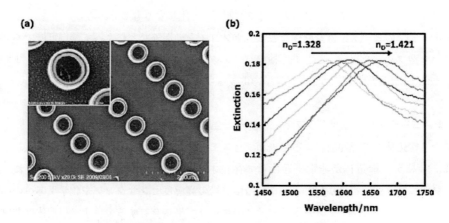

図9 金二重ナノピラーのアレイ構造とその屈折率応答
(a) 金二重ナノピラーアレイのSEM写真，(b) 異なる屈折率媒体における吸収スペクトル

100

第 2 章　周期構造形成

層回数を変化させ，ギャップ幅を数 nm から 100 nm 程度まで変化させることができた。

　もちろんギャップを介する電場増強は，金二重ナノピラーのプラズモン共鳴によるものであり，その共鳴波長は，金二重ナノピラーの周囲にある媒体の屈折率に依存するはずである。そこで作製した金二重ナノピラーアレイの透過スペクトルを測定したところ，金二重ナノピラーは 1400 nm および 1500 nm 近傍にシャープなプラズモンピークを示した。

　この金二重ナノピラーの屈折率応答性をより詳細に検討するため，先と同様に周囲の屈折率を変化させた際のプラズモン共鳴波長の挙動を観察した。具体的には重水にエチレングリコールを加えて，溶媒全体の屈折率を徐々に変化させ，その時の金二重ナノピラーの共鳴スペクトルを測定した。その結果，屈折率が増大するとともに，プラズモンピークが長波長側にシフトし（図 9b），それらは直線的な関係になることが分かった。この場合の屈折率応答は 1075 nm/RIU という非常に高いものである。Van Duyne らの報告する手法[9] を用いた場合の，プラズモンセンサーとしてのセンサー能力（FOM 値：Figure of merit 値）は 23 と算出され，一般にプラズモンセンサーとしてよく利用されている金ナノ粒子やナノロッドなどの FOM 値は 1〜2 程度よりも高いものであった。この FOM 値は集積度や表面積などの様々な問題があるため，一概に比較はできないものの，配列と形状を制御した金二重ナノピラー配列のセンサー感度は極めて高いということがあきらかとなった。

　この金二重ナノピラーアレイは，光透過系の屈折率センサーであり，従来の表面プラズモン共鳴センサーに見られるような全反射光学系を用いないため，プリズムを必要としない。非常に小さなセンサーチップを実現できるところも大きな利点である。

おわりに

　ナノコーティングリソグラフィーは，コーティングやエッチングといった，大面積で均一処理できる技術を基本としているため，ナノサイズの構造体を大面積に簡便に作製可能である。その組み合わせをうまく利用すれば，今回のような高アスペクト比の金属ナノ構造やナノギャップ構造も作製可能であり，さらにこれらを精密に制御しながらウェハーサイズの基板上に簡便に並べることが可能である。ポイントはコーティングと薄膜選択除去であるため，基板材料は限定されないため，フレキシブルな光学デバイス作製も可能である。

　このように幅数十 nm，高さ数百 nm という高アスペクト比の金属ナノ構造を大面積で作製できる技術は他に類を見ない。ナノコーティングリソグラフィーとそれから形成される高アスペクト比構造の特徴を上手に組み合わせれば，今回示したようなプラズモンセンサーとしてだけでなく，様々な分野に応用可能であろう。

プラズモンナノ材料開発の最前線と応用

文　　献

1) S. Fujikawa, R. Takaki, T. Kunitake, *Langmuir*, **22**, 9057 (2006)
2) K. Miyoshi, S. Fujikawa, T. Kunitake, *Colloids Surf. A*, **321**, 238 (2008)
3) R. Takaki, H. Takemoto, S. Fujikawa, T. Kunitake., *Colloids Surf. A*, **321**, 227 (2008)
4) K. Miyoshi, Y. Aoki, S. Fujikawa, T. Kunitake, *Langmuir*, **24**, 4205 (2008)
5) E. Maeda, Y. Lee, Y. Kobayashi, A. Taino, M. Koizumi, S. Fujikawa, J. J. Delaunay, *Nanotechnology*, **23,** 505502 (2012)
6) Y. Tian, W. Wang, N. Wu, X. Zou, C. Guthy, X. Wang, *Sensors*, **11**, 1078 (2011)
7) W. Liang, Y. Huang, Y. Xu, R. K. Lee, A. Yariv, *Appl. Phys. Lett.*, **86**, 151122 (2005)
8) W. Kubo, S. Fujikawa, *Nano Lett.*, **11**, 8 (2011)
9) L. J. Sherry, S.-H. Chang, G. C. Schatz, R. P. Van Duyne, B. J. Wiley, Y. Xia, *Nano Lett.*, **5**, 2034 (2005)

6 エレクトロニクスを志向した金属ナノ粒子／有機薄膜の作製

長岡　勉[*1]，椎木　弘[*2]

はじめに

金属ナノ粒子を用いる研究が様々な観点から活発に行われている[1~5]。本節では特にエレクトロニクス実装材料への応用について著者らの研究を中心に紹介する。また，本節では金のナノ粒子を中心に解説するが，銀や他の金属ナノ粒子についても同様の手法で応用が可能である。本節ではまず，金属ナノ粒子の2次元配列の作製方法および物性について解説し，その後，これらの配列の電子材料への応用，さらに化学センシングへの応用についても議論する。この2次元配列の作製技術は表面金属化であるので，新しいメッキ技術と考えることができる。この観点に基づくと，本法は従来技術に比べて省工程，低環境負荷であり，樹脂上に金属被膜が必要となる場合に広く適用可能である。

6.1 金属ナノ粒子による2次元配列膜の生成原理

例として金ナノ粒子（AuNP）を用いる場合について説明する。図1は作製手順を示したもので，まず適当な還元剤を用いて，Au（Ⅲ）よりナノ粒子 AuNP を作製する。AuNP，バインダ，樹脂試料を混合すると自発的にナノ粒子が樹脂表面に固定される。従来技術として無電解メッキ

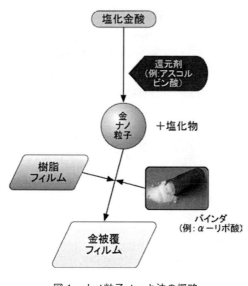

図1　ナノ粒子メッキ法の概略

---

*1　Tsutomu Nagaoka　大阪府立大学　工学研究科　物質・化学系専攻　応用化学分野　教授
*2　Hiroshi Shiigi　大阪府立大学　工学研究科　物質・化学系専攻　応用化学分野　准教授

法が利用されているが，比較すると本法はきわめて省工程であることが分かる。また，無電解メッキ法では六価クロムやシアン化物を用いるなど環境負荷が大きい。これに対して我々の開発した手法では基本的に三成分を撹拌するのみである。図2に得られた2次元配列の走査型電子顕微鏡（SEM）像を示す。この図から分かるように，表面はいわばナノ粒子からなる石畳であり，従来のメッキ表面とは異なっている。このナノ粒子膜の密着性はバインダを適切に選択するとテープ試験を十分にクリアする。ナノメートルオーダーのなめらかな表面が要求される場合にはこのナノ粒子層を足場として簡単に金属メッキを施すことが可能である。

図3はナノ粒子配列の生成原理について模式的に示したもので，実験的には適当な容器内にAuNP分散液，バインダ，樹脂片を入れて撹拌すると樹脂表面にナノ粒子が移行，定着される。この方法においてバインダ分子は重要な役割を担っており，用途に応じて種々のチオール化合物を用いている。ここでは初期の研究において使用したアルカンチオールを例にとり説明する。チオールの一端は硫黄原子であるので，金属と強く結合する。一方，チオールのアルキル鎖は疎水

図2　ナノ粒子メッキ表面のSEM像（1次メッキ後）

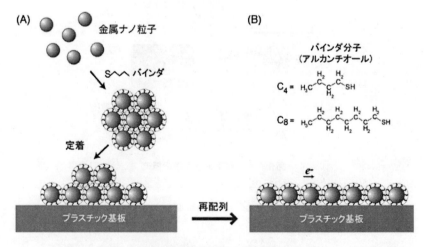

図3　ナノ粒子の樹脂表面への定着メカニズム

第2章　周期構造形成

的であり，ナノ粒子集合体が形成される傾向にある。結局，この集合体は同じく疎水的である樹脂表面に移行し定着される。

図4はAuNP配列を固定したアクリル樹脂マイクロビーズ（直径6μm，早川ゴム製）の熱天秤／質量分析（TG/MS）の結果を示している[6]。昇温過程において，デカンチオールに帰属されるm/z=41のシグナルを追跡した。デカンチオール単独の昇温プロフィール(a)は78℃で最大となるが，金ナノ粒子上に結合したチオール(b)，およびナノ粒子配列で被覆された樹脂上のチオール(c)はそれよりも高い217℃で最大となった。このことはデカンチオールがAuNPに強く結合していることを示す。一方，デカンチオールを吸着させたマイクロビーズも160℃でピークを生じており，樹脂—チオールの結合も生じていることが分かる。このようにチオール分子はAuNP,

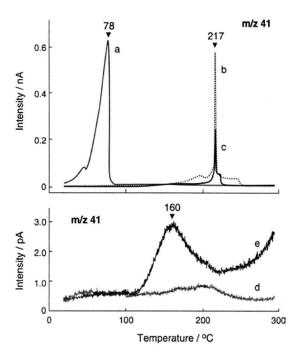

図4　TG/MSによる樹脂ビーズ　ナノ粒子相互作用の解析
(a)デカンチオール，(b)デカンチオールで保護されたAuNP, (c)AuNPを固定した樹脂マイクロビーズ，(d)未処理樹脂ビーズ，(e)デカンチオールを吸着させたマイクロビーズ。© 2011 The Electrochemical Society, Inc.

樹脂表面の両方に強く結合しており，バインダとして機能していることが分かる。

図3Bに示すように樹脂上のナノ粒子はアルカンチオールで隔てられており，従って，導電性に関して，チオールは障壁となる。このため，電子材料への応用を考える場合にはバインダの選択に十分注意する必要がある。図5に示すようにナノ粒子配列の抵抗率は用いたチオールの長さにより大きく変化した。ブタンチオール（C4）の場合にはバルクの金とほとんど変わらない導電性が得られたが，それより長いチオールでは導電性は急激に低下した。抵抗率の対数はチオールの長さに対して単純増加しており，この直線の傾きを解析することにより，チオール鎖が相互に重なって配列を形成していることが示唆された[7]。

6.2　電子材料としての応用

本法では樹脂上にメッキが簡単にできることから，電子材料への応用を考えた。この場合，バルク金属並みの導電性が要求されることになるが，本法ではバインダがナノ粒子間に介在するため，導電性の点では金属メッキ法に比べて不利になることがある。バインダ長が十分に短い場合には大きな問題にはならないが，ブタンチオールは揮発性が高く作業性が悪いので，実用的には

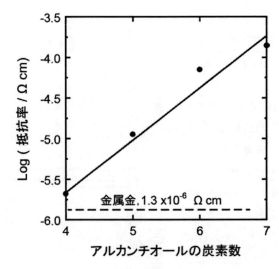

図5 バインダ分子の長さと抵抗率の関係

より長いチオールを使用することが望ましい。この場合には導電性が低くなるので，ナノ粒子間を金属で充填する必要がある。我々はナノ粒子配列層を1次メッキ，ナノ粒子間を充填するメッキを2次メッキと称している。この2次メッキも金属イオンと安全性の高い還元剤（アスコルビン酸など）を用い，また，金属は100％樹脂上に移行するのでるので，全体として環境負荷は極めて小さい。

上に述べた手順を用いて樹脂マイクロビーズの金属メッキを行った（図6A）。金属メッキ樹脂ビーズは異方性導電成膜（ACF）として利用されている（図6B）。ACFは高分子フィルムなどの絶縁材料中に導電性ビーズを分散したもので，上下電極間でのみの導電性を発現する。この性質から液晶パネルと基板の多点一括接続に現在多用されている。

このような用途を想定してメッキ操作を行ったところ，表1のような性能のビーズが得られた[7]。このマイクロビーズの耐久性，安定性を検討したところ，図7に示す結果が得られている[6]。図の(i)はビーズの変形に対する耐性を試験したもので，ACF用として市販されているビーズは1サイクル目から導電性の劣化が生じており，9回目でメッキ層が完全に破壊された。これは無電解メッキ法では通常Niを下地として金メッキするが，堅いNi層は変形に対して破断しやすく，導電性が劣化するためである。これに対して，ナノ粒子メッキ法では繰り返し変形に対して極めて安定しており，金メッキ層は極めて柔軟であることが示された。図7(ii)は熱負荷試験の結果を示したもので，熱サイクルを連続的に負荷した場合でも市販マイクロビーズに比べて安定な導電性が得られている[6]。

このように本法は極めて良好な金属性被膜を省工程，低環境負荷で作製できるが，応用はACFマイクロビーズだけでなく，フレキシブル基板などの導電経路の作製にも使用することができる。図8は樹脂フィルムへの導電化を行ったもので，レーザプリンタによるパターニングに

第2章　周期構造形成

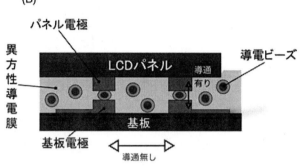

図6　ナノ粒子メッキのACF材料への応用
(A) 2次メッキ後の金メッキ樹脂マイクロビーズの光学顕微鏡写真（直径6μm）.
(B) ACFの導電性発現原理

表1　ナノ粒子メッキ樹脂マイクロビーズの電気的特性[A]

2次メッキ金属	抵抗/Ω			抵抗率/Ωcm
	1次メッキ後	2次メッキ後	バルク金属	バルク金属
Au	3.8×10^6	0.5	10.4×10^{-3}	2.21×10^{-6}
Ni	4.9×10^6	8.1	32.9×10^{-3}	6.99×10^{-6}
Ag	4.2×10^6	11.3	7.5×10^{-3}	1.59×10^{-6}
Cu	5.7×10^6	1.2	7.9×10^{-3}	1.68×10^{-6}

A. ブタンチオールをバインダとする；ビーズはアクリル樹脂（早川ゴム製
M-11N, 直径6μm）を使用。

より簡単に導電回路が作製できた。微細導電経路はプリンテッド・エレクトロニクスへの観点から極めて活発に研究開発が進んでおり，銀ナノ粒子を含有したインクを塗布するインクジェット方式が注目されている[8]。しかし，このようなインクでは塗布した回路の導電化に熱処理が必要であり，樹脂フィルムの変形などが生じやすい。また，銀ナノ粒子を用いることから，印刷後に銀の拡散が生じる問題も指摘されている。これに対して本法では，ナノ粒子メッキを行った後，銅など経済性に優れた金属で導電化が可能であるので，インクジェット法で指摘されている問題は生じない。導電経路の微細化はマスクとして用いるレーザプリンタの解像度によるが，現状でも100μm程度の線幅は作製できる。

プラズモンナノ材料開発の最前線と応用

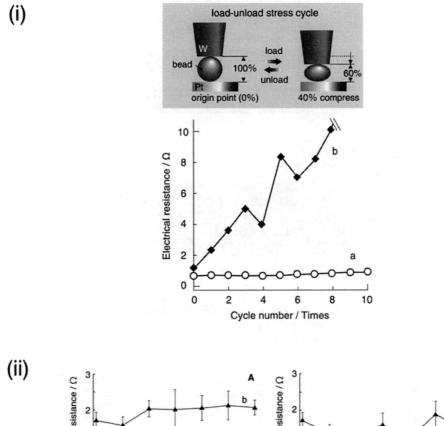

図7 ナノ粒子メッキビーズの耐久性試験
(i)力学的負荷試験の結果；(ii)連続熱負荷試験(A)85℃，(B)-50℃；熱サイクル負荷試験(C)-50℃⇌85℃。
a) ナノ粒子メッキビーズ，b) 市販メッキビーズ；いずれも単一ビーズの測定結果 ⓒ 2011 The Electrochemical Society, Inc.

第2章 周期構造形成

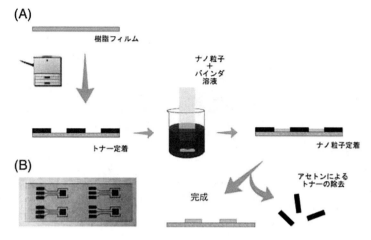

図8 レーザプリンタによるパターン作製方法
(A)マスクの作製と除去,(B)金属層作製例

6.3 化学センサ電極としての応用

これまで電子材料への応用の観点から導電性の高い金属層について議論してきたが,長いバインダを用いた抵抗性配列が利用できる用途も存在する。図9はDNAセンサとしての例を示す。この場合,ガラス基板上にデカンジチオールで1nm程度の空間をナノ粒子間に意図的に作製している。このようにして2次元配列を作製すると数百Ωから数kΩ程度の表面抵抗を有するガラス基板を作ることが可能である。ナノ粒子ギャップ間に末端をチオール化したDNAをプローブとして固定すると(図9B),プローブと塩基配列が一致するDNA試料のみで大きな抵抗変化が現れた[9~12]。最近の分子導電性の研究結果から,DNAなどの分子はわずかならが電流を流すことが報告されており,我々の研究においても塩基がマッチするDNAでは抵抗値の低下が観測された。興味深いことに,この導電性の変化は塩基のミスマッチに非常に敏感であり,1塩基多型を検出する極めて選択性に優れた高感度センシング手法となった。さらにこの方法では蛍光試薬などを必要とせず,安価な電流計測装置でシステムが構築できる特徴がある。

おわりに

本節では金のナノ粒子を用いた表面金属化技術について著者らの研究を中心に解説した。ナノ粒子の応用技術は現在活発に研究開発が進んでいるが,実用的なレベルでの研究はそれほど多くない。本節ではナノ粒子を用いるメッキにより電子材料を作製する技術について解説したが,無電解メッキには見られない性質を有することから新しい用途を想定した研究開発を現在進めている。

プラズモンナノ材料開発の最前線と応用

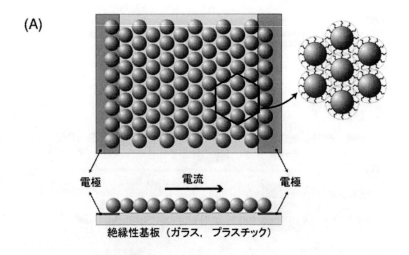

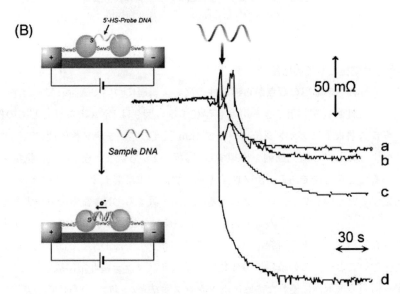

図9 ナノ粒子配列の化学センサへの応用
(A)ナノギャップを有する配列の模式図，(B)ナノギャップ配列を利用したDNAセンサの例
(プローブ長12塩基)；添加試料(a)11塩基ミスマッチDNA，(b)4塩基ミスマッチDNA，
(c)1塩基ミスマッチDNA，(d)相補的DNA

文　　献

1) G. Schmid, "Nanoparticles − From Theory to Application", VILEY-VCH (2004).
2) T. Nagaoka, H. Shiigi, "Environmentally Harmonious Chemistry for the 21st Century", M. Anpo, K. Mizuno (Eds.), p. 163, Nova Science Publishers (2009).

第 2 章　周期構造形成

3)　長岡　勉, 材料の表面機能化設計テクノロジー, p. 32, 産業技術サービスセンター （2010）.

4)　S. Tokonami, Y. Yamamoto, H. Shiigi, T. Nagaoka, *Anal. Chim. Acta*, **716**, 76 （2012）.

5)　S. Tokonami, H. Shiigi, T. Nagaoka, "Nanostructured Thin Films and Surfaces" in Nanomateirals for the Life Science, C.S.S.R. Kumar （Ed.）, p. 175, WILEY-VCH （2010）.

6)　S. Tokonami, S. Shirai, I. Ota, N. Shibutani, Y. Yamamoto, H. Shiigi, T. Nagaoka, *J. Electrochem. Soc.*, **158**, D689 （2011）.

7)　Y. Yamamoto, S. Takeda, H. Shiigi, T. Nagaoka, *J. Electrochem. Soc.*, **154**, D462 （2007）.

8)　菅沼克昭, 棚網　宏, プリンテッド・エレクトロニクス技術, 工業調査会 （2009）.

9)　H. Shiigi, S. Tokonami, H. Yakabe, T. Nagaoka, *J. Am. Chem. Soc.*, **127**, 3280 （2005）.

10)　T. Nagaoka, H. Shiigi, S. Tokonami, *Bunseki Kagaku*, **56**, 201 （2007）.

11)　S. Tokonami, H. Shiigi, T. Nagaoka, *Anal. Chem.*, **80**, 8071 （2008）.

12)　S. Tokonami, H. Shiigi, T. Nagaoka, *J. Electrochem. Soc.*, **155**, J105 （2008）.

111

第3章　加工・組織化技術とプラズモニック機能

1　金ナノ粒子配列構造の作製と微細パターン化：自己集積化単分子膜による界面相互作用の制御

杉村博之[*]

はじめに

　金属・半導体のナノ粒子・ナノ構造体では，量子効果の顕在化や比表面積の増大，局在プラズモン効果など，極微化による特異な機能発現が報告されている[1~7]。さまざまな金属ナノ粒子が作られているが，化学的に安定で取り扱いが容易な金ナノ粒子は，そのプラズモン活性が注目されていることもあり，広範囲での研究対象となっている。金ナノ粒子には，その表面を有機イオウ分子で物質選択的にかつ容易に単分子膜被覆できるという利点があり，表面化学修飾した金属ナノ粒子という観点での研究が進めやすいという利点がある。

　ナノ粒子単独での機能発現も興味深いが，ナノ粒子を配列化・集積化し，高次階層構造をつくることでさらなる機能発現が期待される。リソグラフィ技術を駆使して金ナノ構造―金ナノ粒子を作製する場合には，粒子形成と同時に配列構造を形成することも可能であり，実際にその方向で研究が進められている[3,6]。しかし多くの場合，金ナノ粒子は化学合成によって作製されている。化学合成では，サイズ制御性をシングルナノメートルレベルで維持したまま，量産することが可能である。ナノ粒子の階層構造形成には，自己組織化によるアプローチが有効である[8]。ナノ粒子間の相互作用を巧妙に制御し，自己組織化によってナノ粒子を2次元配列化，3次元配列化することは，十分可能である。しかし，自己組織化には，周期構造以外の構造形成が困難であるという弱点がある。くり返し構造をミクロなスケールで再現性良く構築することができるが，

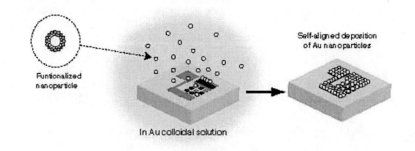

図1　パターン化基板上への金ナノ粒子の自発的配列化

＊　Hiroyuki Sugimura　京都大学　大学院工学研究科　材料工学専攻　教授

第3章　加工・組織化技術とプラズモニック機能

自己組織化だけでは，集積回路の配線パターンやマイクロ流路のような，規則的であるがくり返し構造ではない微細構造を構築することは，事実上不可能である。ナノ構造形成原理として自己組織化を用いるのであれば，リソグラフィ技術の支援により，あらかじめ固体基板上に自己組織化の反応場をパターン化しておき，そのパターンをガイドに構造形成する Pattern-Directed Self-Assembly が，一つの解決策である[9]。

本稿では，金ナノ粒子をビルディング・ブロックとするナノ構造構築について解説する。金ナノ粒子の基板上への自発的化学吸着過程を介して，1次元・2次元粒子配列を構築した。金ナノ粒子のどちらかもしくは双方の表面を，自己集積化単分子膜（Self-Assembled Monolayer, SAM）で被覆し，吸着界面での基板—粒子間相互作用・粒子間相互作用を制御しつつ，ナノ粒子の集積化を図った（図1）。光学的応用を考える上で重要な，ITO基板上への集積化を中心に解説する。

1.1　酸—塩基相互作用による金ナノ粒子の吸着

市販の金コロイド溶液は，クエン酸還元によって合成された金ナノ粒子を含んでおり，この金ナノ粒子表面にはクエン酸イオンが吸着しているため，塩基性表面と親和性がある。金コロイド溶液［Aldrich-Sigma, ϕ20 nm の金ナノ粒子を含有］に，表面をアミノ基で終端化したITO基板を浸漬し，金ナノ粒子の吸着挙動を調べた。3-aminopropyltrimethoxysilane（APS）を原料に，気相法でITO基板を処理し，表面に APS-SAM を形成した試料を用いた。基板表面の APS 分子密度は 2～3 アミノ基 /nm^2 であった[9]。金コロイド溶液の pH は約 6.2 であり，含有する金ナノ粒子のゼータ電位は －44 mV であった。クエン酸分子のカルボン酸からプロトンが脱離し，$-COO^-$ となっていると考えられる。一方，APS-SAM のゼータ電位は，＋45 mV（at pH 6.1）であった。弱酸性領域では，アミノ基にプロトン付加し $-NH_3^+$ となっているためと考えられる。したがって，このケースでは，図2A に模式的に示すように，負に帯電した金ナノ粒子と正に帯電したアミノ基終端化基板との間には，親和的な静電相互作用が働き，金ナノ粒子が基板表面に吸着する。酸と塩基で塩を形成し，基板表面に金ナノ粒子が沈殿したと考えても良い。

図2B に，各浸漬時間ごとの FE-SEM 像を，図2C にそれぞれの試料の光吸収スペクトルを示す。浸漬時間が長くなると，堆積粒子数が増加していることがわかる。金ナノ粒子は負に帯電しているため，ナノ粒子間には反発力が働き，吸着の初期状態ではほとんどすべてのナノ粒子が離散した状態で吸着している。光吸収を見ても，波長 520 nm に単独の吸収ピークがあるだけである。浸漬時間を長くすると，FE-SEM 像からわかるように吸着粒子数が増加する。吸光度も同様に増加する。その大部分は，孤立した状態で吸着し，波長 520 nm に吸収ピークを持つ。近接した状態で吸着している粒子も，若干存在している。粒子間距離が短くなると，プラズモン共鳴が粒子ペア全体に広がり，吸収波長がレッドシフトすることが知られており[10]，これが浸漬時 2 時間以上の試料に現れる，波長 600～700 nm の吸収ピークの原因と考えられる。

基板の表面がある程度の密度で金ナノ粒子で覆われると，アミノ化基板の正電荷が金ナノ粒子

プラズモンナノ材料開発の最前線と応用

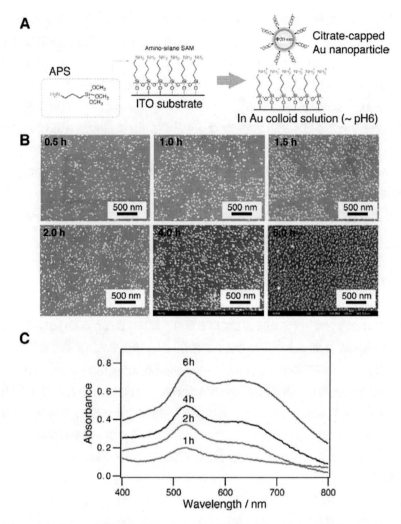

図2 アミノシラン被覆 ITO 基板への金ナノ粒子の固定化。A) ITO 基板の APS-SAM 被覆とクエン酸被覆金ナノ粒子の固定化，B) 固定化された金ナノ粒子の FE-SEM 像：浸漬時間依存性，C) 金ナノ粒子固定化試料の吸収スペクトル。

の負電荷によって遮へいされ，それ以上，金ナノ粒子は吸着しなくなる。石英基板での実験では，飽和粒子密度は約 500 個/μm^2 であった。この値は，被覆率約 25% に相当する。

1.2 アミノシラン SAM のパターニングと 2D 金ナノ粒子アレイの構築

マイクロ構造化した APS-SAM をテンプレートに，パターン上の特定のエリア（APS-SAM で被覆された領域）だけに，空間選択的にクエン酸被覆金ナノ粒子を集積化することができる。ここでは，真空紫外光（Vacuum Ultra-Violet, VUV）により SAM をパターニングする金ナノ粒子集積化例を紹介する[12～14]。図3に模式図を示す。パターン集積には，フォトマスクのパター

第3章 加工・組織化技術とプラズモニック機能

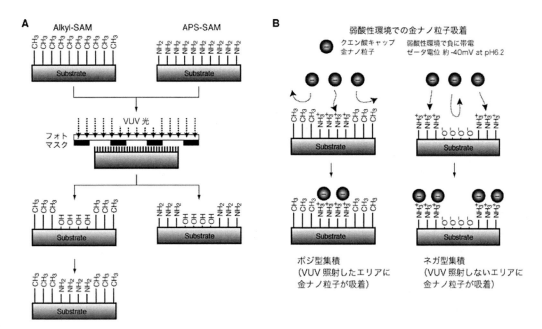

図3 VUVマイクロ加工による金ナノ粒子パターン化集積：ポジ型プロセスとネガ型プロセス。

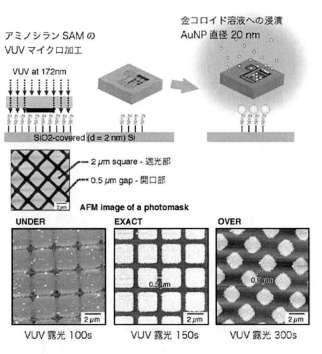

図4 ネガ型プロセスによる金ナノ粒子パターン化集積

ンに対してポジ型（光が照射された領域にナノ粒子が付着）になるプロセスとネガ型（非照射領域にナノ粒子が付着）になるプロセスがある。どちらのプロセスでも，APS-SAM に被覆されていないエリアは，金ナノ粒子に対し反発性の静電相互作用を示す表面であることが重要である。

　はじめに，プロセスステップ数が少なく，ポジ型よりも簡単なネガ型プロセスから説明する。酸化シリコン SiO_2 は pH 6.1 の弱酸性環境で，クエン酸被覆金ナノ粒子と同じ負のゼータ電位 −45 mV を示し，吸着選択性が得られる条件を満たす。そこで，APS-SAM と SiO_2 からなる複合表面構造を光パターニングで形成し，金ナノ粒子のパターン化集積を試みた。実験手順と結果を図 4 に示す。図 4A に示すように，光パターニングには波長 172 nm の Xe エキシマランプ光を用いた[12, 14]。波長 175 nm 以下の真空紫外光（Vacuum Ultra-Violet, VUV 光）は，酸素分子を解離励起し原子状酸素を発生させる。原子状酸素は強力な酸化力を持ち，酸素残留雰囲気で VUV 光照射すると試料表面が酸化される。有機分子材料の場合は，酸化によって分解・エッチングされる[15]。APS-SAM を被覆 SiO_2 基板をフォトマスク越しに VUV 照射すると，露光エリアで APS-SAM が分解除去され基板の SiO_2 が露出する。その結果，APS-SAM と SiO_2 の 2 領域からなるマイクロパターンができる[16]。この試料を，金コロイド溶液に浸漬すれば，APS-SAM の残留しているエリア上だけに金ナノ粒子が吸着し，金ナノ粒子の吸着パターンができる。この例では，遮光部 2 μm 角―露光部 0.5 μm 幅のフォトマスクを実験に用いた。露光時の雰囲気圧力は 1000 Pa（酸素分圧 200 Pa）に設定した。VUV 露光によって，線幅 0.5 μm のストライプ状の SiO_2 領域で分離された 2 μm 正方の APS-SAM パターンが作製される。露光後に金ナノ粒子吸着させた試料の FE-SEM 像を，図 4 に示す。最適露光条件で，フォトマスクと同じサイズのパターン（線幅 0.5 μm の sub-μm パターン）が転写されている。酸化シリコン表面（酸化膜付きシリコン基板）での例をここでは示したが，ITO 基板でも表面粗さがシリコン基板の 10 倍以上あるためパターンエッジの鮮鋭さにやや欠けるが，同様の結果が得られる。測定手法の都合で導電性のある ITO 基板のゼータ電位は測定できなかったが，酸化シリコンと同様に弱酸性環境で負のゼータ電位を有すると考えられる。

　フォトマスクのかわりにアルミナ・ナノホールアレイを用いることで，フォトマスクよりもさらに微細な VUV 加工が可能になる[17]。図 5 に，ナノホールアレイによるポジ型プロセス微細加工の例を示す[18]。加工開始試料には，アルキルシラン SAM を被覆した ITO 基板を用いた。n-octadecyltrimethoxysilane（ODS）を原料分子に，気相法によって被覆した[19]。以下，ODS-SAM と呼ぶ。まず，試料表面にアルミナ・ナノホールアレイを置き，その上から VUV 露光し，VUV 励起酸素によって ODS-SAM を露光領域で局所的に分解除去する。この試料を気相法で APS で処理すると，APS は露光領域（酸化シリコンが露出している）に化学吸着する。ODS-SAM 上へはほとんど吸着しないため，APS-SAM が露光領域だけに形成されパターン化される。詳細については次節で説明するが，望ましくない ODS-SAM 上への APS 吸着を極小化するために，ODS-SAM の欠陥修復を行っている。ODS-SAM は，ゼータ電位 −28 mV（pH 6.1）を示し，

116

第3章 加工・組織化技術とプラズモニック機能

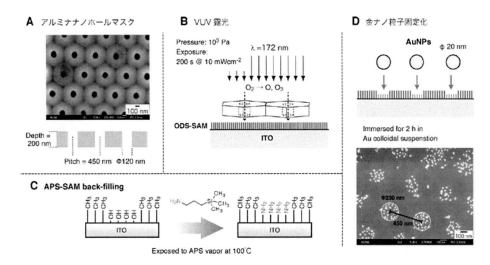

図5 アルミナ・ナノホールアレイによるVUV微細加工とポジ型金ナノ粒子集積。A）アルミナナノホールマスクのFE-SEM像と構造，B）ナノホールマスクによるVUV露光，C）APS-SAMのback-filling，D）金ナノ粒子の固定化と金ナノ粒子アレイのFE-SEM像。

金コロイド溶液中では金ナノ粒子と静電的に反発する。したがって，パターン化したAPS/ODS-SAM基板を金コロイド溶液中に浸漬すると，ちょうどナノホールのあった場所，すなわちAPS-SAMで被覆された領域に金ナノ粒子が選択的に集積化する。作製した金ナノ粒子アレイのFE-SEM像を，図5Dに示す。金ナノ粒子が吸着した円形領域が，六角形に配置している。それぞれの円形領域の間隔は450 nmであり，ナノホールアレイの間隔と一致していることから，これらの円形領域が，ナノホール由来であることがわかる。しかし，加工領域の大きさは230 nmあり，ナノホールの直径120 nmよりも広がっている。これは，VUV励起によって発生した活性酸素（オゾンや原子状酸素）が，ナノホールの端面からSAMを酸化分解しながらナノホールの外側へと拡散したため，すなわちサイドエッチング現象によるものである。

酸化アルミニウムは波長200 nm前後に吸収端があり，波長200 nm以下では急激に光透過率が減少するが，波長172 nmに於てもある程度の透過率（板厚1 mmのサファイア基板で50%程度の透過率がある）を有している。実験に用いたアルミマスクは膜厚200 nmであり，この膜厚での吸収は無視できるほど小さい。したがって，ナノホール内部だけでなく，表面反射による損失はあるもののナノホール周辺のアルミナマトリックスの部分でも，VUV光はアルミナ膜を透過しODS-SAM表面は実質的にVUV照射されていると考えて良い。ODS-SAMがVUV励起だけで分解することはなく，VUV励起により発生する活性酸素との反応によって分解する[20]。ナノホールシートの表面に届くVUV光の強度を1/1000にし，実質的にはVUV光では照射されないが活性酸素だけをホール内部へ供給する条件で実験を行った結果でも，図5Dと同様の結果がえられることを確認した。ナノホールアレイは実際はフォトマスクとして機能したのではなく，物質供給マスクとして機能したと考えて良いことになる。したがって，アルミナナノ

117

ホールマスクによる VUV 加工では，光の透過は不要で活性酸素がホールを通過すれば微細加工ができることになり，光の回折限界以下の微細加工―ナノ加工―の実現も期待できる。

1.3 ナノプローブ加工による一次元粒子配列の作製

走査型プローブ顕微鏡によるナノスケールのパターン描画によって，単粒子幅の金ナノ粒子配列を作製した（図6）。基本的には前節のポジ型プロセスと同様の金ナノ粒子集積化工程にである。まず，ITO 基板を ODS-SAM で被覆する。次に，この ODS-SAM/ITO 基板に，金ナノ粒子直径と同程度の線幅のパターン（局所的に ODS-SAM を分解・剥離したパターン）を形成する。AFM プローブを可動電極とする局所陽極酸化加工を用いた。図7A に，ODS-SAM/ITO

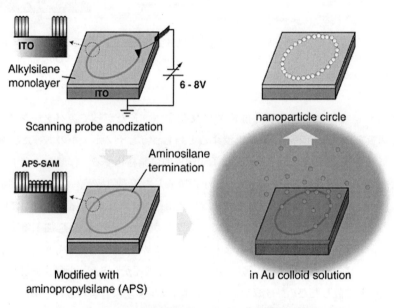

図6 ナノプローブリソグラフィによる金ナノ粒子1D配列の作製

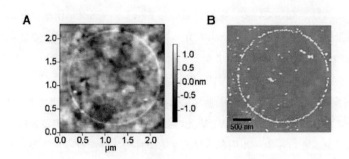

図7 ODS-SAM/ITO へのサークルパターン描画と金ナノ粒子集積。A) 描画パターンの AFM 像），B) 金ナノ粒子集積結果の AFM 像。ODS-SAM の欠陥により選択制の破れが生じている。

118

第3章　加工・組織化技術とプラズモニック機能

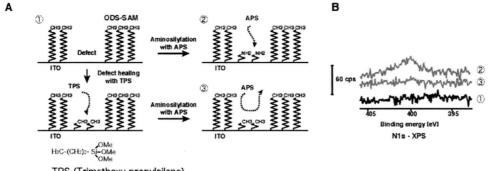

図8　ODS-SAMの欠陥修復。A）欠陥修復プロセス　①ODS-SAMの欠陥とTPSによる欠陥修復，②欠陥へのAPS分子の侵入，③欠陥修復ODS-SAMによるAPS吸着の防止，B）APS処理ODS-SAMのN1s-XPSプロファイル，欠陥修復によりODS-SAMへのAPS分子吸着が防止された。

上にパターン描画した直径2μmのサークル（この領域でODS-SAMが分解されている）のAFM像を示す。このサークルをアミノシリル化しその上にクエン酸被覆金ナノ粒子を固定化した。ところが，図7Bからわかるように，サークルパターン上以外にも金ナノ粒子の堆積が見られる。これは，ODS-SAMに内在する微小欠陥のためである。自己集積化したODS分子の間に，分子鎖の長いODS分子が入り込めない小さな空隙が残ってしまうために，生じる欠陥である。ODSより小さなAPS分子は欠陥に入り込むため，そこにAPS分子が吸着し金ナノ粒子の固定化サイトとなってしまう。そこで，欠陥をAPS分子よりやや小さいアルキルシラン分子，トリメトキシプロピルシランによって埋めることで，欠陥を修復した（図8）。欠陥を修復していないODS-SAMは，APS処理を行うとアミノ基由来の窒素がX線光電子分光で検出されるが，APS処理しても欠陥修復後は検出されなかった。すべての欠陥をこの方法で修復することはできないが，少なくともAPS分子が入り込める大きさの欠陥はTPS分子によって修復できたと考えられる。この欠陥修復SAMを使って作製した金ナノ粒子一次元アレイを，図9に示す。良好な吸着選択性が得られている。AFM像では粒子が接触しているように見えてしまうが，FE-SEM像からは，粒子がほぼ離散して一次元配列していることがわかる。

1.4　金ナノ粒子アレイの再構造化

クエン酸被覆金ナノ粒子がAPS-SAM上に吸着する際，負に帯電したナノ粒子同士に働く静電反発力によって，大多数の粒子が離散して配置される。図9Aは，できるだけ分散した状態で金ナノ粒子が配置されるように作製した試料（APS-SAM/ITO基板）の，FE-SEM像である。この金ナノ粒子が離散的に吸着した試料を，さらに10 mM dodecanethiol（DDT）-EtOH溶液に2時間浸漬した。浸漬後の試料表面のFE-SEM像を，図9Bに示す。分散していた金ナノ粒子の多くが，島状の集合体を作っている[22]。

119

DDT分子の-SH基は,クエン酸分子よりも金表面との結合力が強く,金ナノ粒子表面のクエン酸分子はDDT分子によって置換される。その結果,金ナノ粒子表面はDDT単分子膜(DDT-SAM)によって被覆される。金ナノ粒子は負電荷を失い中性化するため,粒子間の静電反発力が無くなる。一方,DDT-SAMで被覆された金ナノ粒子間には,疎水性相互作用による親和力が働くようになる。その結果,ナノ粒子集合体が形成されたものと考えられる(図9C)。

図9Bに見られるように,再構造化によって粒子が島状に集合化したことにより,比較的面積

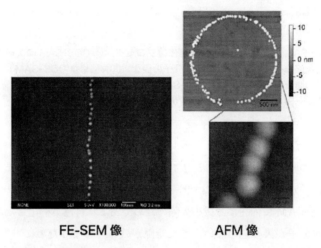

図9 欠陥修復ODS-SAMを用いた金ナノ粒子一次元集積

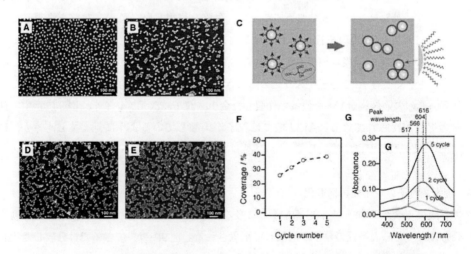

図10 金ナノ粒子の吸着と再構造化。A) APS-SAM/ITO上に離散して吸着した金ナノ粒子,B) 離散吸着金ナノ粒子試料をDDTエタノール溶液に浸漬し再構造化した試料,C) 再構造化の模式図,D) 吸着(A)―再構造化(B)のプロセスサイクルを2回繰り返した試料。E) 吸着―再構造化サイクルを5回繰り返した試料。F) サイクル数と被覆率の関係,G) 各試料の吸収スペクトル。

第3章 加工・組織化技術とプラズモニック機能

の広い空隙ができる。この試料を再び金コロイド溶液に浸漬すれば，堆積金ナノ粒子は負に帯電していないので静電反発もなく，空隙に顔を出したAPS-SAM上に新しく金ナノ粒子が静電吸着する。図9Dおよび9Eは，金ナノ粒子再堆積とDDT置換処理を2回および5回繰り返した試料のFE-SEM像を示す。図9Fに，繰り返し回数と被覆率の関係をまとめた。

島状構造の金ナノ粒子集積アレイでは，プラズモン共鳴がそれぞれの島全体に広がるため，粒子単独でプラズモン共鳴する離散型金ナノ粒子アレイと比較すると，吸収ピークが長波長側にシフトする（図9D）。離散型金ナノ粒子アレイは，図2の浸漬時間1時間の試料とほぼ同じ，波長517 nmに吸収ピークを示したが，堆積―集合化サイクルを繰り返し金ナノ粒子を寄せ集めることで，吸収ピークは566, 604, 616 nm（それぞれ，1, 2, 5サイクル）へ移動した。図2の例と異なり，孤立した金ナノ粒子の数が少ないため，全体では，単一の吸収ピークを示す。

この再構造化プロセスを，パターン化された金ナノ粒子アレイに適用するとどうなるであろうか？そこで，図6のプロセスで，直線上に並んだ金ナノ粒子アレイをITO基板上に作製し，さらに金ナノ粒子堆積再―構造化のサイクルを適用してみた（図11A）[23]。図11Bには，金ナノ粒子一次元配列のFE-SEM像と，ナノ粒子堆積（金コロイド浸漬―12時間）―再構造化（DDT溶液浸漬12時間）のサイクルを2, 3, 4回行った試料のFE-SEM像を示す。サイクル数が増

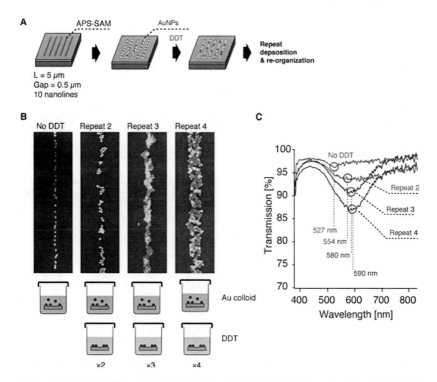

図11 金ナノ粒子吸着，再構造化による金ナノ粒子間隔の制御，A) 金ナノ粒子1D配列の作製とその再構造化，B) 吸着―再構造化サイクルによる金ナノ粒子充填構造の変化（FE-SEM像），C) 各試料の透過スペクトル。

えるにしたがって，吸着粒子数が増加し，さらに離散した粒子吸着が疎水性相互作用によって近接化し，最終的にはベルト状の金ナノ粒子アレイが形成された。図11C には，透過スペクトルを示す。長さ5μm のラインを10本，0.5μm 間隔で描画し，その上に金ナノ粒子を堆積し再構造化た試料の透過スペクトルを，顕微分光装置で計測した。DDT による再構造化をしていない試料の吸収ピークは527 nm にあり，これは ITO 基板上に離散して吸着した金ナノ粒子の吸収スペクトルとほぼ一致する。吸着—再構造化のサイクルを繰り返すと，吸着金ナノ粒子数の増加にしたがって吸収量も増加する。金ナノ粒子同士が近接することによって，プラズモン共鳴が複数のナノ粒子へ広がったことにより吸収ピークは，554，580，590 nm へと長波長側にシフトした。

まとめ

弱酸性環境ではカルボン酸は負に電離し，アミノ基はプロトン化し正イオンとなる。この酸と塩基間の静電相互作用を介して，市販のクエン酸安定化金コロイド溶液中の金ナノ粒子（直径20 nm）を，アミノ基 SAM 被覆 ITO 基板表面に固定化した。さらに，ITO 基板の SAM による表面修飾，VUV 光を用いる sub-μm クラスの，あるいはナノプローブを用いた 10 nm クラスの微細加工技術により，APS-SAM の微細パターンを ITO 基板上に形成し，金ナノ粒子の微細構造化配列を作製した。条件が整えば単一ナノ粒子幅の1次元配列が作製可能である。固定化されたクエン酸被覆金ナノ粒子は，ナノ粒子同志の静電反発のために概ね離散して固定化されるが，一旦固定化された金ナノ粒子の表面層を疎水性 SAM で置換することで，粒子の電荷を中和され粒子間に親和的疎水性相互作用が誘起される。その結果，離散粒子系から近接粒子系へと金ナノ粒子配列の再構造化が行われることを示した。金ナノ粒子吸着—再構造化によって金ナノ粒子集積密度と粒子間距離が変わるため，プラズモン吸収ピークは 500 nm 台前半から 600 nm 台前半まで変化した。金ナノ粒子アレイの光学的性質の制御への展開が期待できる。さらに，この再構造化プロセスを金ナノ粒子1次元ラインに適用し，金ナノ粒子が充填されたベルト状の 2D 金ナノ粒子アレイを構築した。

文　　献

1) A. N. Shipway, E. Katz and I. Willner, *ChemPhysChem*, **1**, 18 (2000).
2) K. Kneipp, H. Kneipp and J. Kneipp, *Acc. Chem. Re*s., **39**, 443 (2006).
3) K. Ueno, S. Juodkazis, T .Shibuya, Y. Yokota, V. Mizeikis, K. Sakai and H. Misawa, *J. Am. Chem. Soc.*, **130**, 6928 (2008).
4) K. Sugawa, T. Akiyama, H. Kawazumi, and S. Yamada, *Langmuir*, **25**, 3887 (2009).

5) T. Kondo, K. Nishio, and H. Masuda, *Appl. Phys. Express*, **2**, 032001 (2009).

6) K. Ueno, S. Takabatake, Y. Nishijima, V. Mizeikis, Y. Yokota, and H. Misawa, *J. Phys. Chem. Lett.*, **1**, 657 (2010).

7) M. Rycenga, C. M. Cobley, J. Zeng, W. Li, C. H. Moran, Q. Zhang, D. Qin, Y. Xia, *Chem. Rev.*, **657**, 3669 (2011).

8) M.-H. Lin, H.-Y. Chen and S. Gwo, *J. Am. Chem. Soc.*, **132**, 11259 (2010).

9) 杉村博之, マテリアルインテグレーション7月号, 35 (2008);杉村博之, プラズモンナノ材料の最新技術(監修・山田淳, シーエムシー出版, 2009) 第6章 パターン形成・加工技術, 1. 単分子膜リソグラフィによる微細加工:金ナノ粒子の選択配置214-226.

10) H. Sugimura, T. Moriguchi, M. Kanda, Y. Sonobayashi, H. M. Nishimura, T. Ichii, K. Murase and S. Kazama., *Chem. Commum.*, **47**, 8841 (2011).

11) T. Iida, *J. Phys. Chem. Lett.*, **3**, 332 (2012).

12) O. P. Khatri, K. Murase and H. Sugimura, *Jpn. J. Appl. Phys.*, **47**, 5048 (2008).

13) O. P. Khatri, H. Sano, K. Murase and H. Sugimura, *Langmuir*, **24**, 12077 (2008).

14) O. P. Khatri, J. Han, T. Ichii, K. Murase and H. Sugimura, *J. Phys. Chem. C*, **112**, 16182 (2008).

15) H. Sugimura, K. Ushiyama, A. Hozumi and O. Takai, *Langmuir*, **16**, 885 (2000).

16) K. Hayashi, A. Hozumi, N. Saito, H. Sugimura and O. Takai, *Surf. Sci.*, **532-535**, 1072 (2003).

17) M. Harada, S. Murata, T. Yanagishita, H. Sugimura, K. Nishio and H. Masuda, *Chem. Lett.*, **36**, 1266 (2007).

18) J. Yang, T. Ichii, K. Murase, H.ugimura, T. Kondo, and Hi. Masuda, *Chem. Lett.* **41**, 392 (2012).

19) H. Sugimura, A. Hozumi, T. Kameyama and O. Takai, *Surf. Interf. Anal.*, **34**, 550 (2002).

20) 杉村博之, 表面技術, (2012) 印刷予定

21) J. Yang, T. Ichii, K. Murase, and H. Sugimura, *Appl. Phys. Exp.*, **5**, 025202 (2012).

22) O. P. Khatri, K. Murase and Sugimura, *Langmuir*, **24**, 3787 (2008).

23) J. Yang, T. IIchii, K. Murase, and H. Sugimura, *Langmuir*, **28**, 7579 (2012).

2 多元組織化と光機能

玉田 薫*

はじめに

金属ナノ微粒子をはじめとするナノ材料は，ナノサイズに由来する特有の光学的および電気的特性により，さまざまなデバイス応用が期待されている。中でも金属ナノ構造体による局在プラズモン共鳴（Localized surface plasmon resonance（LSPR））は，基礎と応用の両方において，近年進展がめざましい研究分野である。金属ナノ構造体形成法には，リソグラフィーによるトップダウン法[1~3]と化学合成によるボトムアップ法[5~8]があるが，金属微粒子間ナノギャップ構造形成には空間位置制御が容易なトップダウン法が有利であり，ボトムアップ型微粒子によるナノギャップ構造形成に関する研究例はそれほど多くない。本節では，気水界面において自己組織化法により作製した金属ナノ微粒子巨大2次元結晶シートならびに3次元積層膜のプラズモン特性に関する最新の話題について紹介する。

2.1 銀ナノ微粒子による二次元結晶膜の作製

我々の研究グループでは，粒径の揃った銀ナノ微粒子のグラムスケール合成と[9]，気水界面自己組織化による巨大二次元結晶形成法を確立し[10]，一連のプラズモニクス研究を進めている。図1は銀ナノ微粒子合成経路，図2は走査型電子顕微鏡（SEM）像および銀微粒子シートの透過吸収スペクトルである。SEM像からわかる通り，保護剤であるミリスチン酸分子が入れ子構造を形成することで，粒子間距離が厳密に揃ったヘキサゴナル構造がシート全面にわたって形成されている[17]。銀微粒子シートの透過吸収スペクトルは，トルエン分散液中での共鳴ピーク位置から大きく長波長シフトするとともにピークの精鋭化を示した。すなわち，2次元結晶シート内では微粒子のLSPR場が均一に結合し，プラズモンナノアンテナと呼ばれる構造（粒子間距離で共鳴波長を厳密に制御し，特定の光のみをナノ領域に取り込む）が形成されたことが示唆された。転写表面圧によらず共鳴ピーク位置が一定であったことから，ミリスチン酸分子の入れ子構造は圧

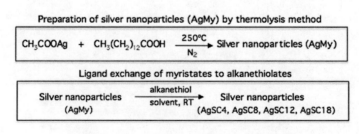

図1 熱分解法による銀ナノ微粒子のグラム合成法

---

*　Kaoru Tamada　九州大学　先導物質化学研究所　教授

第3章　加工・組織化技術とプラズモニック機能

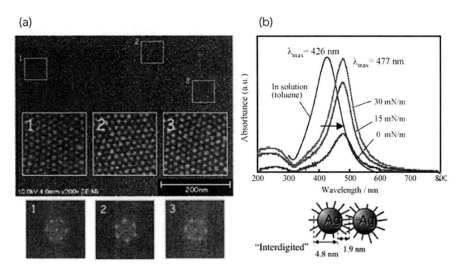

図2　銀微粒子ナノシートのSEM像(a)と透過吸収スペクトル(b)

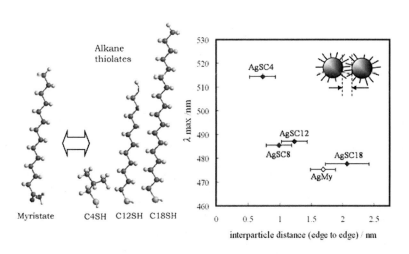

図3　キャッピング分子による粒子間距離の制御とLSPR共鳴ピークシフト（実験値）

縮操作によるものではなく，水面展開直後にアルキル鎖間の疎水相互作用により自発的に形成されたものであることがわかる。

　図3は，キャッピング分子をミリスチン酸からアルカンチオールに置換し，粒子間距離と共鳴波長シフトの関係について調べた結果である[10]。用いたアルカンチオール分子はイソブタンチオール（C4SH），オクタンチオール（C8SH），ドデカンチオール（C12SH），オクタデカンチオール（C18SH）である。図3の通り，粒子間距離が狭まるにつれて共鳴波長は大きく長波長シフトした。粒子間距離と共鳴波長シフトとの関係について，El-saydらはUniversal scaling rules（plasmon ruler equation）を提唱している[11,12]。これによると，プラズモン共鳴波長シフト率（$\Delta\lambda/\lambda_0$）はギャップ間距離（ID）を粒子直径（d）で規格化した値（ID/d）に対して指数関数

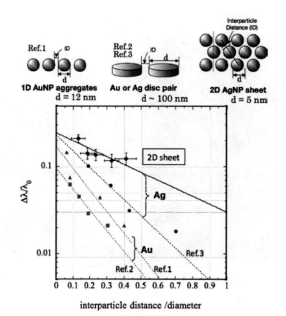

図4 Plasmon Ruler equation による粒子間距離と LSPR 共鳴ピークシフトの相関プロット（実験値）

的に変化する。この関係に従い，図3を再プロットしたのが図4である。図4では比較のために他の研究グループのデータ（金および銀ナノディスクペア（2粒子対）[11,13]および金ナノ粒子1次元会合体[6]）を合わせてプロットしてある。ここで興味深いのは，銀微粒子2次元シートのプロットの近似直線の傾きが，他の1次元系の結果に比べて極めて緩やかな点である。すなわち，2粒子系では粒子間距離が粒径以上に離れるとLSPRカップリングによる効果がほとんど現れなくなるのに対し，2次元シートでは粒子間の相互作用距離が大幅に伸び，粒径から数倍離れた位置にある粒子間でも相互作用する傾向が現れる。

この実験結果の検証のために，FDTD 計算を行った結果が図5である[10]。ここでは銀ナノ微粒子（粒径5nm）をモデルとして用い，2粒子対と2次元シートのそれぞれについて，LSPRピーク位置ならびに励起電場強度（電場強度計測位置は粒子中心を結ぶライン上，粒子表層から0.5nmの位置に固定）の粒子間距離依存性について求めた。図4(a)からわかるように，FDTD計算は実験結果をよく再現し，1次元系および2次元系における直線近似の傾きの違いが明確に現れた。これによると，たとえば銀微粒子を2次元シート化することにより，2粒子対に比べて約5倍離れた位置にある粒子とも相互作用できることになる。我々のシートにおいて，結晶軸はそろっておらず，欠陥やドメインバウンダリーが多数存在するにも関わらず，急峻な共鳴吸収ピークが得られたのは（図2），ひとつにはこの局在プラズモン間の長い相互作用距離によって，

第3章　加工・組織化技術とプラズモニック機能

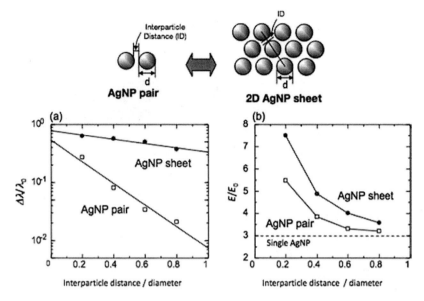

図5　粒子間距離と(a)LSPR共鳴ピークシフトおよび(b)励起電場強度との相関
　　（FDTD計算）：2粒子対と2次元シートとの比較

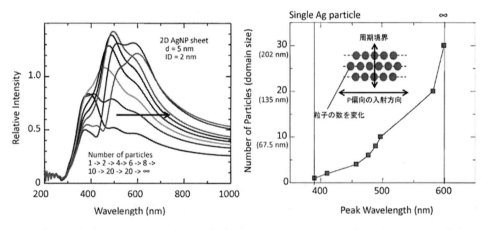

図6　銀ナノ微粒子シートの粒子会合数（ドメインサイズ）とLSPR共鳴ピークシフトとの相関：
　　(a)FDTD計算で求めたスペクトル(b)粒子会合数とLSPR共鳴ピーク位置との相関

面内で均一な電場励起が実現されたためと考えられる。さらに我々の二次元シートの単結晶ドメインのサイズは，SEM像によると200nm程度以上であったが，FDTD計算の結果，ドメインがこのサイズに成長すると，ドメインのサイズ効果による長波長シフトが飽和値に達する（無限大サイズとみなされる）ことがわかった（図6）。これが急峻な共鳴吸収ピークが得られたもうひとつの理由である。

では，ドメインサイズが200nm以上の時，長波長シフトが飽和に達するのはなぜか。図7は

プラズモンナノ材料開発の最前線と応用

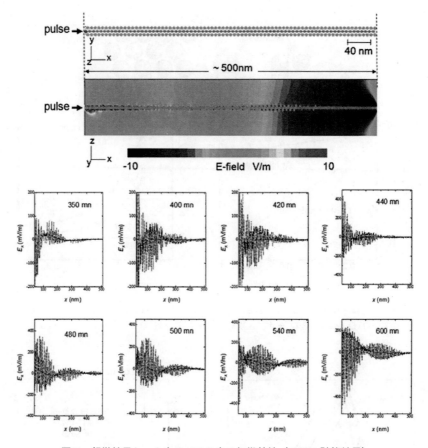

図7 銀微粒子シート中のパルス光の伝搬特性（FDTD 計算結果）

その理由を示唆する FDTD 計算結果である。ここでは銀ナノ微粒子二次元シートを XY 面におき（Y 方向は無限大繰り返し周期を仮定），Z 軸方向からパルス波を入射，シート内での電場励起の状態をシミュレーションしている。入射パルスは局在プラズモンを励起しながら微粒子シート内を X 方向に伝搬し，その際，低周波の新たなモード（伝搬モード）をシート内に励起する。粒径 5nm，粒子間距離 2nm の二次元結晶の場合，この伝搬モードの半波長は 200nm 程度であった。すなわち，ドメインが 200nm 以上の場合には，伝搬モードの局在モードへの影響が一定となり，ドメインサイズによる共鳴波長シフト幅のばらつきがなくなる。その結果，急峻な共鳴ピークが得られたものと考えられる。

以上の結果から，金属ナノ微粒子の自己組織化と局在プラズモン共鳴に関する研究において，これまで共鳴ピークの精鋭化等の報告がなされなかったのは，微粒子粒径や粒子間距離のばらつきが原因ではなく，むしろ結晶ドメインサイズが原因であったと考えられる[7]。金属ナノ微粒子の自己組織化構造を評価・確認しようとした時，一般に電子線顕微鏡や走査型プローブ顕微鏡が評価手法として使用される[5,14]。これらの高空間分解能イメージング法では，測定範囲そのもの

第3章 加工・組織化技術とプラズモニック機能

が局所になるため,巨視的構造についてはあまり注意が払われない。一方で,光学(電磁気的)物性の場合,局在プラズモンのような近接場現象であっても,光の波長程度の広域構造がこれに影響を及ぼすことは十分に考えられる。金属ナノ微粒子の自己組織化構造のプラズモン特性について議論する場合,近接場と遠方場の両方の効果を常に念頭におき議論を進めることが必要である。

2.2 銀ナノ微粒子による三次元積層膜の作製

銀ナノ微粒子シートに関する最新の研究成果として,3次元積層構造で実現したフルカラーコーティングについて述べる。石英やガラスなど透明基板に多層積層した場合透明淡黄色の銀微粒子シートが,金基板上では積層数に応じてオレンジ〜赤〜ピンク〜紫〜青と鮮やかに呈色する光学現象を発見した(図8)[15]。厚さわずか5〜10nmの金属微粒子層を1層積層するごとに吸収スペクトルが非線形的に大きく変化すること,この現象が金属基板上でしか現れないことなどから,従来のブラッグ反射による2次元フォトニックバンドギャップ構造形成とは明らかに異なる現象が界面で生じているのがわかる[16]。この原理について,まだ完全に解明できていない部分もあるが,FDTD計算の結果から以下のように考察している。

銀ナノ微粒子シートに表面から照射した光は,面内で均一な局在プラズモン場を励起しながら

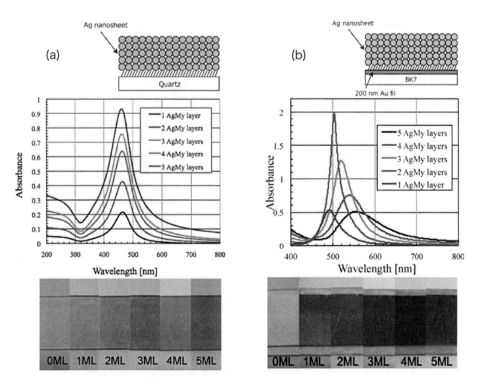

図8 銀ナノ微粒子積層膜による呈色:(a)石英基板上(b)金基板上

プラズモンナノ材料開発の最前線と応用

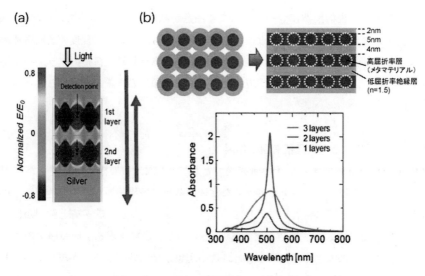

図9　金属基板上銀ナノ微粒子積層構造への光照射によって生じる
(a) Near-Field 効果および(b) Far-Field 効果

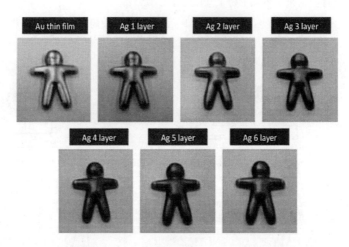

図10　曲率のある材料への銀ナノ微粒子シートによるフルカラーコーティング例

膜を透過し，金属基板で反射する。反射された光は背面から微粒子シートに再び入射する。第一照射光により励起された局在プラズモンにわずかな時間差をもって位相が反転した第二光が照射されることにより，元来弱い相互作用しか持たなかった局在プラズモンシート層間の相互作用が強まり，吸収ピークは層数に応じてさらなる長波長シフトを呈する（Near-Field 効果：図9(a)）。一方，これら銀ナノ微粒子シートの金属コア部分は，ある特定の波長において極めて大きなプラズモン吸収（実効誘電率）を持つ。すなわち狭い波長域において屈折率が大きく変化するメタマテリアル的性質を有する。それが同じくナノ厚みの低屈折率絶縁体層（キャッピング層）と積層

第 3 章 加工・組織化技術とプラズモニック機能

構造をなすとき，背面から再入射した光のうち，プラズモン共鳴ピーク波長の光だけがナノ積層構造の中に強く閉じ込められる（Far-Field 効果：図 9(b)）。この Near Field と Far Field の相乗的光学効果によって，金属基板上金属ナノ粒子層は層数に応じて特有の非線形的なスペクトル変化を示すと考えられる[17]。このプラズモン 3 次元規則構造による光吸収は，従来の局在プラズモン由来の光吸収に比べて非常に強く（図 8 の 2 層積層膜では，500nm の光の透過率は 1% 以下である），その結果ナノ厚みで鮮やかに呈色する。銀ナノ微粒子シートは，材質が貴金属なので安全性に優れているほか，自己組織化による構造形成のため低環境負荷である。表面が疎水性であれば，曲率のある複雑な形状の基板にも簡便に転写することができる（図 10）。1 種類の金属微粒子で，多色コーティングが可能であることも応用上有利な点である。

おわりに

金属ナノ材料表面に局在するプラズモンは，その集合構造により複雑な電磁場相互作用を励起し，これまでにない新奇な材料特性を生む可能性を秘めている。ボトムアップ型ナノテクノロジーにより合成された数 nm の形状・粒径の揃った金属ナノ材料を距離および位置制御しながら自在に空間配置し，そこから現れる新たな物性を引き出す研究は，今なお極めてチャレンジングな課題である。その鍵となるのが自己組織化技術である。粒子数個であるならばナノマニュピュレーション技術による構造形成が可能であるが，これが数千個，数万個の集合体となると自己組織化が唯一の長距離規則構造形成法となる。さまざまなナノ材料のハイブリッド自己組織化と新規デバイス開発は今後さらに発展する研究分野であると確信する。今回紹介した多次元・複雑系プラズモニクスの研究はまだ始まったばかりであるが，微粒子集合体のメタマテリアル的性質を考えると，今後さまざまな新しい素子構造やその応用研究が提案されていくものと期待される。

謝辞

本研究は九州大学先導物質化学研究所岡本晃一准教授との共同研究の成果である。本研究は，次世代・最先端研究開発支援プログラムおよび JST さきがけの助成を受けて行われたものである。

文　献

1) Jain P. K. *et al*, *Nano Lett.*, **7**, 2080-2088 (2007).
2) Huang W. *et al*, *Nano. Lett.*, **7**, 3227 (2007).
3) Haes. A., *et al*, *J. Phys. Chem. B*, **108**, 109 (2004).
4) Alegret J. *et al*, *J. Phys. Chem. C*, **112**, 14313 (2008).
5) Li X. *et al*, *J. Phys. Chem. B*, **110** (32), 15755-15762 (2006).

6) Sendroiu I. E. *et al*, *Phys. Chem. Chem. Phys.*, **8**, 1430-1436 (2006).

7) Taleb A. *et al*, *J. Phys. Chem. B*, **102**, 2214-2220 (1998).

8) Pileni M. P. *J. Phys. Chem. C*, **111**, 9019 (2007).

9) Keum C. D. *et al*, *J. Nonlinear Opt. Phys.& Mat.* **17**, 131 (2008).

10) Toma M., *et al*, *Phys. Chem. Chem. Phys.* **13**, 7459 (2010).

11) Jain P. K. *et al*, *Nano Lett.* **7**, 2080 (2007).

12) Huang W. *et al*, *Nano. Lett.* **7**, 3227 (2007).

13) Gunnarsson L. *et al*, *J. Phys. Chem. B*, 1079 (2005).

14) (a) Salzemann C. *et al*, *J. Phys. Chem. Lett.*, **1**, 149 (2010). (b) Klecha E. *et al*, *J. Phys. Chem. Lett.* **1**, 1616 (2010).

15) Okamoto K. *et al*, submitted to Plasmonics (2012).

16) Lin M. H. *et al*, *J. Am. Chem. Soc.*, **132**, 11259 (2010).

17) Pinchuk A. *et al*, *Mater. Sci. & Eng. B*, **149**, 251 (2008).

3　無機固体の光加工・改質

橋本修一[*]

はじめに

本節ではリソグラフィー的方法とは異なる観点から光，特にパルスレーザーを用いたナノ加工について概説する。高強度パルスレーザーを材料に集光照射することによって，ナノメートルスケールに迫る高い空間分解能で光加工を行うことが可能である。加工原理はレーザーアブレーション（laser ablation）である[1]。高強度のパルスレーザーに曝されると被照射部が瞬間的に高温高圧になり，原子・分子状物質や塊状のクラスター（cluster）を放出したり，高温のプラズマ状態になることによって加工・改質が実現される。パルスレーザーの場合，パルス時間幅によって尖頭出力が大きく左右されるため，改質の程度が著しく異なる。例えばフェムト秒（10^{-15} 秒）パルスレーザーでは尖頭出力が 10^{13} W cm^{-2} 程度になると材料の絶縁破壊（breakdown）を引き起こし，材料は瞬時に吹き飛ぶ。これに対し，安価で一般に普及しているナノ秒（10^{-9} 秒）パルス時間幅のレーザーでは，材料に吸収されるレーザーエネルギー（10^{6}–10^{9} W cm^{-2}）のほとんどが熱エネルギーに変換され，材料を加熱し融解・蒸発によって加工を行う。レーザー加工ではレーザーエネルギー，パルス時間幅，パルス周波数，および照射積算時間を制御することによって高精度・高スループットの加工を実現する。

加工精度を決める要因は光学系にある。通常，レンズを用いて光線を絞り込む場合，光は回折限界のためある大きさのスポット以下にはならない。例えば，波長 λ の平行光線を開口数 NA（numerical aperture）のレンズで集光する場合，最小スポット半径 R は $R = 0.61\lambda/NA$ で表わされる[2]。レーザー光のようなガウス型の強度分布をもつ光の場合は，厳密にはこの式には従わないためおおよその目安である。例えば，波長 800 nm の光を NA=1.3 の対物レンズで絞り込む場合は R = 375 nm でおよそ波長の半分になる。高強度フェムト秒レーザーを用いる場合，多光子吸収を利用して集光スポットの更に中心部の高光強度部分のみで加工することも可能である。この場合，回折限界以下の加工分解能が実現できるわけだが，加工サイズの制御はパルスエネルギー，周波数にも依存するため容易ではない。

最近，光の回折限界を根本的に上回る加工分解能の探求が行われるようになった。一つの指導原理としては近接場光（near-field light）の利用が考えられている[3]。近接場光は光ファイバーの先端を尖らせた開口にまとわりついた伝搬しない光のことである。近接場光は発散しにくい。開口の大きさにも依存するが 100 nm 以下の分解能も可能と考えられる。近接場光は貴金属薄膜に全反射するように入力した光，貴金属ナノ粒子による増強電場でもつくることができる。以下，近接場光を利用したナノ加工の現状を紹介する。

---

[*]　Shuichi Hashimoto　徳島大学　大学院ソシオテクノサイエンス研究部　教授

プラズモンナノ材料開発の最前線と応用

3.1 シリコン基板の表面加工

2006年，Nedyalkovらはシリコン基板上に直径200 nmの球形金ナノ粒子を配置し，これに波長800 nmのフェムト秒レーザーを60-140 mJ/cm^2 のエネルギー密度（単位面積当たりの照射エネルギー：フルエンス (fluence)）で照射することにより，表面に直径40 nmの窪（ナノホール）を形成できることを報告した[4,5]。フェムト秒レーザーを用いてシリコンを直接レーザーで加工するためには200-400 mJ/cm^2 のフルエンスを必要とした。Nedyalkovらは，金ナノ粒子による近接場増強効果により，シリコンの加工限界以下のレーザーエネルギーでの加工が可能であると考えた。金ナノ粒子による近接場増強の概念を図1に示す。貴金属ナノ粒子に光を入射させた時，特定の波長で光と金属の自由電子が共鳴的に相互作用して粒子のごく近傍で電場が増強される。例えば屈折率1.33の媒体中で，直径60 nmの球形金ナノ粒子に波長532 nmの直線偏光を入射させると，偏光方向で最大約6倍の増強効果が得られる。ここでシリコンを研究対象として選んでいるのはシリコンが現代の半導体材料において中心的役割を果たしているからに他ならない。リソグラフィー技術によるシリコンの加工分解能は既に20 nmのレベルであり，今後は10 nm以下の精度をもつ新たな技術が必要となる。また，近接場増強度は媒体屈折率に依存するため，屈折率が大きいシリコン（波長800 nmにおいて3.69）ではより大きな増強効果が期待できると考えられた。

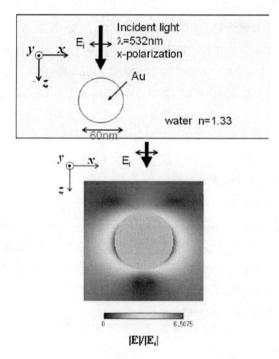

図1 Mie理論を用いて計算した直径60 nm球形金ナノ粒子に対して直線偏光（波長532 nm）を入射させた場合の電場分布（電場強度は入射電場強度に対する比 $|E|$ と $|E_i|$ で表示，媒体屈折率：1.33）。

第3章 加工・組織化技術とプラズモニック機能

Nedyalkov らによれば，ナノホールは図2に示すような入射光の偏光方向にのびた楕円形状で，深さは最大 30 nm であった[4,5]。電磁場計算法の1つである FDTD 法（Finite-difference time-domain method，時間領域差分法）により計算した Si 基板上の電場分布はレーザーの偏光方向に伸びた形状をしており，実験で得られたナノホールの形状をよく再現した。このことから，ナノホールは近接場増強電場によって形成され，電場強度分布に従うと結論された。金ナノ球中の自由電子の振動方向は双極子振動の場合入射光の電場ベクトルの方向と一致するからである。しかし，直径 200 nm の金では双極子振動に加えて4重極子振動や高次の多重極子振動の寄与も大きいことを指摘しておく必要がある。また，増強電場を最大限利用するためには基板に対して垂直に照射するよりも水平に照射したほうが明らかに有利である（図1参照）。この観点から，Ben-Yaker らは Si 上の直径 150 nm 金粒子に対して 45 度方向から直線偏光の 780 nm のフェムト秒レーザー照射を試みた[6]。その結果，アブレーションしきい値は 190 mJ/cm^2（垂直照射）から 8 mJ/cm^2 に著しく減少し，増強効果が大きいことを示した。

先に提唱された近接場レーザーアブレーションの原理は不明な点が多いと考えた Ben-Yaker らは，棒状粒子である金ナノロッドを用いて Si の表面加工について検討した[7]。非球形（非対称）ナノ粒子では球形ナノ粒子に比べてより大きな近接場増強が期待される。また，球形ナノ粒子では電場増強と電場のほかに磁場の寄与も含めたポインティングベクトル増強との区別がつきにくい。これらの点から，ナノロッドを用いることで近接場増強の理解が各段に進むと考えられた。近接場増強は通常入射レーザー強度に対する近接場強度の比で表される。平面波に対して電場と磁場の強度比は一定なので，光強度は電場の2乗 $|E|^2$ で表される。一方，光強度のもう一つの表し方として電場と磁場の外積であるポインティングベクトルがある。ポインティングベクトルは電磁場エネルギー密度（$|P|$）の大きさを表す。近接場においては $|E|^2$ と $|P|$ とが一致しな

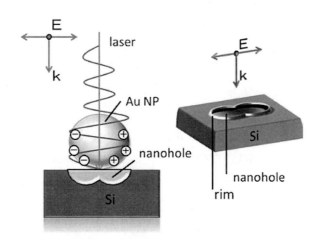

図2 Si 基板上の球形金ナノ粒子へのフェムト秒パルスレーザー照射による Si 表面へのナノホール形成。E はレーザー（直線偏光）の電場方向，k はレーザーの伝搬方向を示す。

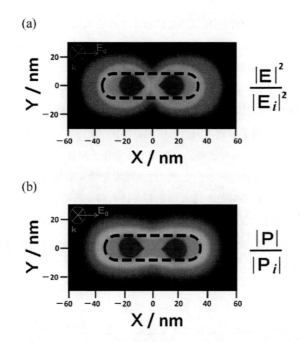

図3 金ナノロッドに直線偏光を入射させた場合のシリコン基板上の近接場増強度分布のDDA法 (discrete dipole approximation) による計算結果。(a)：$|E|^2$と増強 (b) $|P|$増強。点線はナノロッドの形状を表す。レーザー光は上から垂直照射。レーザーの電場方向はロッドの長軸方向。

いことがある。Ben-Yakerらのナノロッドのフェムト秒レーザー励起による結果は以下のようであった。ナノホールを形成する最小レーザーフルエンスはシリコンのアブレーションしきい値（420 mJ/cm²）の1/8であった。そして，特筆すべき点は，Si 表面に形成されるナノホールはナノロッドと同じ形状であった。このことから，ポインティングベクトル増強のほうが，アブレーションによる形態変化および増強の程度に関して，より正確にプラズモン増強アブレーションの実像を表すことができると結論した（図3参照）。しかし，この結論に対しては異論が唱えられた。MeunierらのグループはフェムトレーザーによるSi基板の金ナノロッド存在下でのプラズモン増強アブレーション形状は，2つの丸穴が横につながったようなdouble-crater shaped holeであるとする異なる実験結果を示した[8]。Meunierらは，この形状は$|E|^2$増強で説明できるとした。現状ではこの2つの対立する議論は決着がついていない。なお，先のNedyalkovらおよび金ナノ粒子自体の近接場増強アブレーションを主張するPlech[9,10]らは$|E|^2$増強の立場で議論している。

3.2 ガラス基板表面加工

橋本らは，金ナノ粒子（直径47 nm）で表面修飾したホウケイ酸ガラス基板に対して，金ナノ粒子の表面プラズモンバンドを励起するのに適した波長532 nmのナノ秒レーザーを照射し，ナ

第3章 加工・組織化技術とプラズモニック機能

ノスケールの基板表面加工を試みた[11]。そして，基板表面変化を走査型電子顕微鏡（SEM）および原子間力顕微鏡（AFM）を用いて観察した。単一パルスレーザー照射によって，金ナノ粒子のアブレーションによる微細化が観測された。微細化のしきいレーザーエネルギー（160-170 mJ/cm^2）以上では，ガラス表面に直径 約20 nmで深さ10 nm未満のナノ孔が生成することが分かった。ガラスは石英，サファイヤと共に光学材料，透明材料として有用性が高い。これらの材料はプラスチックと比較するまでもなく，耐熱性，耐薬品性に優れる。加工しにくい点は逆に加工後の耐久性が高いことを意味する。ナノ加工を行う意義としては，透明基板としての用途に加えて表面にパターン形成を行うことにより精密な電子材料，光学材料としてのより高い有用性が開けると考えられている。

ガラス基板に金ナノ粒子を固定化するためには，まずガラス表面をシランカップリング剤の1つである3-aminopropyltrimethoxysilane（APTMS）で修飾する（図4参照）。シランカップリグ剤はガラス表面の-OH基と脱水反応を起こして強固な共有結合をつくる性質がある。ここでは，金ナノ粒子は水溶液中でクエン酸還元により作製してあるため，表面が負に帯電している。APTMSのアミノ基（-NH$_2$）はプロトン化して正に帯電する（-NH$_3^+$）ため，金ナノ粒子が静電相互作用によりAPTMSを介してガラス基板に固定化されると考えられる。なお，3-aminopropyltrimethoxysilaneの代わりに3-mercaptopropyltrimethoxysilaneを用いると金とチオール基（-SH）のS原子が共有結合をつくるため，より強く固定化されることも知られている。APTMS修飾ガラス基板では，負に帯電した金粒子同士の静電反発のため金粒子は比較的会合しにくい（図5上段）。こうして作製した基板にレーザーフルエンスを変化させて単発照射を行うと，まず，金粒子の融解（融点：1064℃）に伴う形状変化が見られた。すなわち，化学合成で作製した金ナノ粒子は立方8面体や20面体結晶構造に基づいた角ばった形状だが，低エネルギーのレーザー照射によって真球形状になる。更にフルエンスを上げていくと，先に述べたように金の微細化と同時にナノ孔形成が起こった。図5中段にナノ孔のSEM（左）およびAFM（右）像を示す。また，単一パルス照射の代わりに多重照射を行うと，ナノ孔の大きさがショット数に応じて大きくなる現象が見られた[12]。図5の下段，左はその1例として500ショットのと

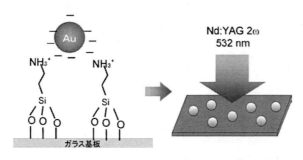

図4 シランカップリング剤（APTMS）を介した金ナノ粒子のガラス基板への固定化と532 nmナノ秒パルスレーザー照射

プラズモンナノ材料開発の最前線と応用

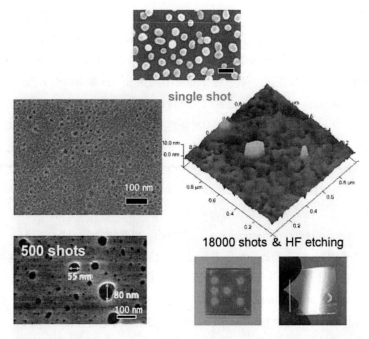

図5 金ナノ粒子修飾ガラス基板へのレーザー照射によるナノ孔形成の様子。上段：金ナノ粒子修飾ガラス基板のSEM写真（スケールバー：100 nm），中段（左）：単一パルス照射によるナノ孔のSEM写真，中段（右）：単一パルス照射によるナノ孔のAFM画像，下段（左）：500ショット照射後のSEM画像，下段（右）：1800ショット照射後の基板とフッ酸によるエッチング後の様子。

きの基板表面の様子を示す。ナノ孔の大きさにはばらつきがあるが，50-100 nmの溝形状が明確に観測された。更に興味深いことは，多重照射したガラス基板をフッ酸に浸漬すると，レーザー照射部分のみがエッチングされて目視で凹形状が観察できるようになった（図5下段，右）。このことは金ナノ粒子修飾ガラス基板にマスクを用いて多重レーザー照射を行うことにより，マイクロメートルスケールの溝形状を掘ることが可能なことを示す。産総研の新納らはすでにレーザー誘起背面湿式加工法（laser-induced backside wet etching, LIBWE法）を開発し，たとえばグレーティングのような溝形状パターンを石英ガラス等に作製できることを示した[13]。彼らの方法は，濃厚色素溶液を基板に接触させながらレーザー照射を行うことにより，直接基板加工を行うものである。金ナノ粒子修飾基板を用いる方法ではレーザー照射とエッチング工程は別々になるが，レーザー照射工程がより簡便であるといえる。

ナノ秒パルス照射によるガラス基板上のナノ孔にはいくつかの特徴が見られた。第一に，ナノ孔の形成場所は特定しにくい。すなわち，金ナノ粒子の存在した場所に生成するとは考えにくく，不特定の場所にできる。また，生成するナノ孔の数にはレーザーフルエンス依存性が見られた。加工しきい値付近では金粒子の数よりも明らかに少なく，フルエンスの上昇と供に増加し，最終的には初めの金ナノ粒子の数の2.5～3倍で飽和した。この特異な挙動は後述するフェムト秒パ

138

第3章 加工・組織化技術とプラズモニック機能

ルス照射では見られない。ナノ孔形成は金ナノ粒子の微細化と密接に関連していると思われる。すなわち，レーザーフルエンスの増大とともに分裂する金ナノ粒子の数が増え，それと同時にナノ孔の数も増加するからである。このような特徴に基づいて，形成メカニズムの考察がなされた。

ガラスを用いたナノ孔形成の研究に先立って，金ナノ粒子を配置したポリマーフィルムにレーザー照射する研究が行われた。坪井らは，ガラス基板に金ナノ粒子（直径20 nmおよび40 nm）を組織化し，その上に更に厚さ20 nmのポリメチルアクリレート膜をコートした[14]。そして，波長532 nmのナノ秒パルスレーザーを500-1000 mJ/cm^{2}のフルエンスで照射したところ，ナノ粒子のあった場所に＜100 nmのナノホール形成を確認した。彼らの研究によれば，金ナノ粒子はレーザー光の吸収によりその温度が著しく上昇して沸点（2900℃）を超え，爆発的に蒸発すると考えられた。金ナノ粒子は蒸発により消えて，周りのポリマーの一部も吹き飛んでナノホール（＜100 nm）形成に至るとした。坪井らの考えるメカニズムは，Siにおいて提唱されたプラズモン増強アブレーションではなく，光熱機構といえる。この違いはフェムト秒パルスとナノ秒パルスのエネルギー付与の仕方が本質的の異なることに起因する。図6はフェムト秒パルスとナノ秒パルスを照射した場合の金ナノ粒子の温度変化の時間挙動のシミュレーションを示す。ナノ秒パルス励起（図6a）ではパルス時間幅が長いため，粒子温度はナノ秒時間スケールで徐々に上昇し，最終的に金の沸点に到達する。これと同時に媒体への熱移動が起こる。よって，沸点を超えることで粒子の蒸発がおこり，これが粒子のアブレーションの原因となる。ナノ秒パルス励起ではこのような光熱過程が支配的と見て間違いない。

これに対して，フェムト秒パルス励起（図6b）では，まず電子系の励起と高速の電子−電子緩和による電子温度の上昇が格子（粒子）温度と非平衡に起こり，後に電子温度と粒子温度（格子温度）が平衡化する。アブレーションは時間的に粒子温度が上昇する前に起こると考えられる。フェムト秒パルスをガラス表面の金粒子に照射した場合，ナノ秒パルス励起と全く異なった様相

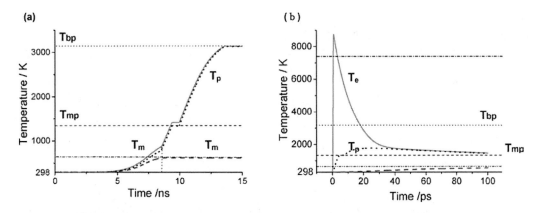

図6 5ナノ秒パルス（a）および300フェムト秒パルス（b）照射における金ナノ粒子の温度の時間挙動のシミュレーション（実線：電子温度T_e，点線：粒子温度T_p，破線：媒体温度T_m）。T_{bp}：金の沸点（2900℃），T_{mp}：金の融点（1064℃）。

プラズモンナノ材料開発の最前線と応用

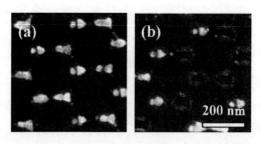

図7 ナノスフェア・リソグラフィーにより作製した金ナノ構造（左）と波長800 nmフェムト秒レーザー照射後のナノ孔パターン形成（右）。

を呈した[15,16]。図7はナノスフェア・リソグラフィー（nanosphere lithography）によって作製した金ナノ構造に対して，波長800 nmのフェムト秒パルスを単発照射した場合のガラス表面でのパターン形成の様子を示す。この場合，金ナノ構造が消失し，そこにナノ構造形状を反映した深さ<10 nmのナノクレーターパターンが形成された。すなわち，金ナノ構造の消失とクレーターの形成は1:1の関係となった。なお金ナノ粒子を用いた場合も同様に粒子のあった場所にナノホールが形成され，ナノ秒パルス励起と異なることが示された。ガラス基板に対してフェムト秒レーザー照射した場合も，はたしてプラズモン増強（近接場増強）アブレーション機構で加工が起こるか，という点は興味深い。Nedyalkovらはガラス（石英）基板の場合も近接場増強アブレーションであると考えた[17]。彼らの計算によれば200 nm金粒子に対してSiでは光強度の増強，$|E|^2/|E_i|^2 = 24100$であり，SiO_2では$|E|^2/|E_i|^2 = 35$であった。彼らのSiO_2のナノホール形成しきいレーザーエネルギーは6.3 J/cm^{2}であった。しかしながら，この値が直接加工のしきい値の4-5 J/cm^2（文献7））とさほど変わらないことは近接場増強機構に対する疑問を呈する。橋本らはホウケイ酸ガラスに対して，金ナノ粒子やナノ構造を作製しフェムト秒レーザー照射することにより，1桁以上低いアブレーションしきい値を得たが，必ずしも増強効果のためと考える必要は無いとした[15,16]。すなわち，透明材料に比べて著しく吸収断面積の高い金ナノ粒子がアブレーションされ，これに伴ってナノクレーターが形成すると考えた。

今後の展望

非常に限られた範囲ではあったが，無機材料の光ナノ加工に関して研究の現状を紹介した。現在のところ，基礎検討の段階を脱し切れておらず，基板に凹凸をつくる，パターンを作製するという段階にとどまっている。また，メカニズムに関する議論も更なる深化の必要性が感じられる。貴金属ナノ粒子やナノ構造のプラズモン吸収および近接場増強を利用したレーザーアブレーション法は，ナノメートルスケールの開口の距離を制御して描画する近接場加工法に比べると空間分解能は劣るが，スループットははるかに高い。しかし，貴金属ナノ粒子を比較的大面積に位置を制御して効率よく配置する方法は現在のところナノスフェア・リソグラフィーくらいしか見当たらない。電子線リソグラフィーを用いる作製法でもパターンの描画に時間を要する。自己組織化

第 3 章　加工・組織化技術とプラズモニック機能

などに基づく簡便な配置法・配列法の開発が望まれる。それと同時に，今後，ナノスケールで意味のある構造物作製が望まれる。

文　　献

1)　佐藤博保，レーザー化学，化学同人（2003）
2)　永田信一，レンズがわかる本，日本実業出版社（2002）
3)　河田聡編，光とナノテクノロジー，クバプロ（2002）
4)　Nedyalkov, N. N.; Takada, H.; Obara, M. *Appl. Phys. A*, **85**, 163-168 (2006)
5)　Nedyalkov, N. N.; Sakai, T.; Mianishi, T.; Obara, M. *J. Phys. D: Appl. Phys.*, **39**, 5037-5042 (2006)
6)　Eversole, D. Luk'yanchuk, B.; Ben-Yaker, A. *Appl. Phys. A*, **89**, 283-291 (2007)
7)　R. K. Harrison, A. Ben-Yaker, *Opt. Express*, **18**, 22556-22571 (2010)
8)　Boulais, E.; Rabitaille, A; Desjeans-Gauthier, P.; Meunier, M. *Opt. Express,* **19**, 6177-6178 (2011)
9)　Plech, A.; Kotaidis, V.; Lorenc, M.; Bonberg, J. *Nature Phys.* **2**, 44-47 (2006)
10)　Plech, A.; Leiderer, P.; Boneberg, J. *Laser Photon. Rev.* **3**, 435-451 (2009)
11)　Hashimoto, S.; Uwada, T.; Hagiri, M.; Shiraishi, R. *J. Phys. Chem. C*, **115**, 4986-4993 (2011)
12)　Hashimoto, S.; Uwada, T.; Hagiri, M.; Takai, H., Ueki, T. *J. Phys. Chem. C*, **113**, 20640-20647 (2009)
13)　新納弘之他，レーザー研究，**40**, 106-110 (2012)
14)　Yamada, K.; Itoh, T.; Tsuboi, Y. *Appl. Phys. Express*, **1**, 087001 (2008)
15)　羽切正英他，日本化学会第 91 春季年会講演予稿集，2PB-110 (2011)
16)　橋本修一，電気学会研究会資料，QDD-11, 21-24 (2011)
17)　Nedyalkov, N. N.; Atanasov, P. A.; Obara, M. *Nanotechnology*, **18**, 305703 (2007)

【第Ⅱ編　計測・センシング応用技術】

第4章　MAIRS スペクトル測定による金属微粒子薄膜の光学異方性解析

長谷川　健[*]

はじめに

金属微粒子や表面粗さ（surface roughness）をもつ金属表面は，空間的に局在化したプラズモン（LSP）を光励起できる点に特徴がある[1]。とりわけ Fleischmann ら[2]による表面増強ラマン散乱（SERS[3]）の発見を契機に LSP の理解は加速し，もともと固体物理の一分野に過ぎなかった LSP が，今では分光や無機材料化学などの広い分野にインパクトを与えている。SERS が契機なだけに，基礎的な研究は実験・理論のいずれも 1980 年代にはほぼ完了しているが，その後のプローブ顕微鏡や微粒子合成技術，微粒子配列技術，さらには誰でも使える電磁場シミュレーションソフトの急速な発展と普及に伴い，近年，プラズモニクスと名を改めて早くもルネッサンス期を迎えている。

SERS 発現には表面粗さだけでほぼ用が足りるため，もともとは "荒れた表面" や "乱雑な微粒子集合系" で LSP は十分励起できると考えられていた。しかし，最近は物理的モデルとなりやすい "良く規定された（well-defined）" 微粒子集合系が研究の対象となることが多い。とくに，FDTD 法による電磁場計算の普及により，楕円近似の微粒子を配列したモデル系から材料の光学物性を具体的な電場イメージを通じて理解することが容易となった。とりわけ，ホットスポット[4]と呼ばれる微粒子間隙での巨大電場強度は再注目され，微粒子の形状制御や配列の工夫によってホットスポットの性質を最大限に生かそうという研究が盛んである。

粒径がナノメートル程度の金属微粒子に光の電場振動が摂動として働き LSP が励起されると，微粒子内部の自由電子がいっせいに揺すられるが，バルクのプラズマとは異なり，揺れの描像は多極子近似で表現でき，大ざっぱに双極子でモデル化しても大きな問題はない。微粒子が敷き詰まった薄膜では，この双極子が膜面内で相互作用を起こし，薄膜としての光物性が決まる。そこで，一般には金属微粒子薄膜に垂直に光を透過させて，膜面に平行な遷移モーメントをスペクトルとして測る。微粒子の配列に二軸性があれば，偏光を使って面内での異方性を解析できる。

本稿では，双極子相互作用の結果を，膜面内だけでなく，膜面に垂直な方向の遷移モーメントをも同時に測定可能な多角入射分解分光法（multiple-angle incidence resolution spectrometry; MAIRS[5~8]）を用いた微粒子薄膜の解析法について述べる。

---

[*]　Takeshi Hasegawa　京都大学　化学研究所　分子環境解析化学研究領域　教授

第4章　MAIRS スペクトル測定による金属微粒子薄膜の光学異方性解析

1　吸収分光法と双極子配向解析

　物質が光を吸収する機構は，量子論と電磁気学による二つの記述法がある。量子論による光吸収機構の説明は，光の電場振動による摂動により，分子の化学結合が双極子として振動励起されることが重要である[9]。時間に依存するシュレディンガー方程式に摂動のハミルトニアン $\hat{H}'$ をあらわに書くと，

$$i\hbar \frac{\mathrm{d}}{\mathrm{d}t} \mid \Psi \rangle = (\hat{H}_0 + \hat{H}') \mid \Psi \rangle \tag{1}$$

となる。この式の一般解は，次式のように独立解の線形結合で与えられる。

$$\mid \Psi \rangle = \sum_{j=1}^{\infty} a_j \mid \phi_j \rangle \exp\left(-\mathrm{i} \frac{E_j}{\hbar} t \right) \tag{2}$$

これが式(1)を満たすことは代入してすぐに確かめられる。これらを組み合わせて計算すると，有名な次のフェルミの黄金律が得られる[9]。

$$\frac{\mathrm{d} \mid u_k(t) \mid^2}{\mathrm{d}t} = \frac{2\pi}{\hbar} \mid \langle \phi_k \mid \hat{H}' \mid \phi_j \rangle \mid^2 \delta (E_k - E_j - \hbar\omega) \tag{3}$$

この式は，励起に伴ってエネルギー準位間隔に相当する（$E_k - E_j = \hbar\omega$）光吸収が起こり，その吸収量の程度（左辺）が，遷移積分 $\langle \phi_k \mid \hat{H}' \mid \phi_j \rangle$ の2乗に比例することを示す。あらゆる分光法の選択律はこの式から得られ，光によるエネルギー遷移の本質を表す。

　摂動のハミルトニアンは，双極子 $\mathbf{p}$ と電場 $\mathbf{E}$ の内積によって $\hat{H}' = \mathbf{p}\cdot\mathbf{E}$ と書ける。電場の波長が双極子に比べて非常に大きいので，遷移積分は

$$\langle \phi_k \mid \hat{H}' \mid \phi_j \rangle = \langle \phi_k \mid \mathbf{p} \mid \phi_j \rangle \cdot \mathbf{E} \tag{4}$$

と書け，遷移モーメント $\langle \phi_k \mid \mathbf{p} \mid \phi_j \rangle$ と電場 $\mathbf{E}$ の内積が，吸収強度を支配することがわかる。こうして，直線偏光 $\mathbf{E}$ を利用した双極子配向解析の原理が理解できる。

　一方，凝縮系による光吸収を理解するには，電磁気学[1]の方が適切である。双極子 $\mathbf{p}$ が集合した誘電体の分極 $\mathbf{P}$ は，誘電率 ε と電束密度 $\mathbf{D}$ を介して強い結びつきがあり，（$\mathbf{D} \equiv \varepsilon_0 \mathbf{E} + \mathbf{P} = \varepsilon \mathbf{E}$; ε_0 は単位合わせの定数），複素誘電率は誘電損失を引き起こし，これが光吸収の機構を電磁気学的に表現する。とくに，分子配向のような構造的に異方性がある系では誘電率にも異方性が生じ，これが実測のスペクトルに明瞭に反映される[10,11]。

143

2 表面選択律

凝縮系の吸収スペクトルは，定量的には誘電率で理解できるが，双極子の配向を議論するときは，フェルミの黄金律に基づいて議論した方が直観的にわかりよい。群論によって予想される遷移モーメントの方向が，グループ振動の方向とよく一致する赤外分光法がわかりやすいので[12]，これを題材に説明する。

偏光の有無にかかわらず，吸収スペクトルはつぎの式に従って得る。

$$T(\lambda) = \frac{I_{\text{sample}}(\lambda)}{I_{\text{BG}}(\lambda)} \tag{5}$$

$$A(\lambda) \equiv -\log_{10} T(\lambda) = \varepsilon(\lambda) cd \tag{6}$$

$I_{\text{sample}}(\lambda)$ は試料スペクトル（図1A），$I_{\text{BG}}(\lambda)$ はバックグラウンドスペクトル（図1B）で，$T(\lambda)$ は透過率スペクトルを，$A(\lambda)$ は吸光度スペクトルを表す。式(6)はランベルト-ベールの式である。

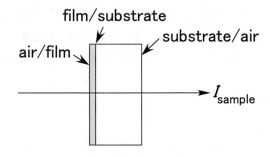

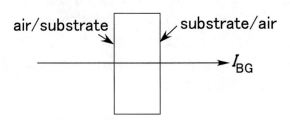

図1 (A)試料と(B)基板の界面の概念図。それぞれ，試料およびバックグラウンド測定に対応する

第4章　MAIRSスペクトル測定による金属微粒子薄膜の光学異方性解析

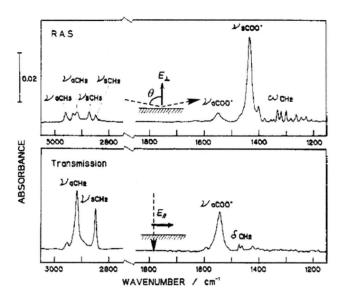

図2　ステアリン酸カドミウム7層LB膜の赤外透過および反射吸収（RA）スペクトル。それぞれ，フッ化カルシウム基板および金基板上で測定。図中の破線は光路を表し，それによって生じる電場を$E_{//}$と$E_\perp$で示している

このやり方を，薄膜測定に当てはめてみよう。図2に，ステアリン酸カドミウムの7層Langmuir-Blodgett（LB）膜を，赤外線に透明なフッ化カルシウム（CaF_2）および金基板上に作製し，それぞれ透過法（図2下）とRA法（図2上）で測定した結果を，光学系の概念図とともに示す。2つのスペクトルは大きく異なる形を示していて，基板と測定法による影響は$I_{BG}(\lambda)$での割り算をした後も色濃く残っている。

このようにランベルト－ベール則が破たんした原因は，ランベルト－ベールの式には，界面がまったく考慮されていないからである。吸収過程を示す式(4)にあるEは，薄膜内部の電場である点に注意が必要である。しかし，分光器で実測する$I_{sample}(\lambda)$や$I_{BG}(\lambda)$と関連のある電場は，膜内部の電場とは大きくかけ離れている。膜内部は，空気／薄膜および薄膜／基板といった界面での反射・透過の性質に強く支配されるため，薄膜のない$I_{BG}(\lambda)$では界面の状況をキャンセルすることが不可能である。

こうした状況を詳しく解析するには，反射率を厳密に計算して電磁気学的にスペクトルを理解するしかない[10,13]。マックスウェル方程式を解くといっても，界面での電束密度および電場の連続条件を整理することが解析の本質である。

幾分面倒な電磁気学的な結果を，定性的にまとめて"表面選択律[10]（surface selection rule）"として整理しておくと便利である：

① 透明基板上の薄膜に垂直に光を入射してスペクトルを測定する方法を"透過法"といい，

このとき膜面に平行な遷移モーメントのみが選択的にスペクトルに現れる。
② 金属基板上に作製した薄膜に p 偏光を斜入射（grazing-angle incidence）し，その反射光を測定すると，膜面に垂直な遷移モーメントのみが選択的にスペクトルに現れる。

ここで，p 偏光とは，入射光と膜法線によって決まる入射面に平行な電場ベクトルをもつ直線偏光のことである。

このように，透過・RA 法は遷移モーメントの異方性，すなわち分子配列の異方性を直接反映する。図 2 を見ると，2850 および 2917 cm^{-1} のバンドが透過スペクトルに強く，RA スペクトルには弱く表れている。これは，CH$_2$ 対称および逆対称伸縮振動モードの遷移モーメント（赤外の場合は単に振動ベクトルの方向）が，いずれも膜面に平行に近いことを意味する。このように，透過と RA スペクトルが揃うと，官能基の配向解析はスペクトルを見ただけで判別がつく。これは，本質的に双極子の配向解析なので，そのままプラズモンの異方性解析に使える考え方である。

3 透過・RA 組み合わせ法から MAIRS 法へ

原理的に構造解析の基本である透過・RA 法の組み合わせ測定だが，金属基板が試料に電子的に大きく影響するので，プラズモン解析にはすぐには適用できない。これを原理的に解決する方法として，多角入射分解分光法（multiple-angle incidence resolution spectrometry; MAIRS）法がある[5～8]。簡単に言うと，透過・RA スペクトルに相当する結果を一つの試料から同時に得られる分光法である。

基本概念を図 3 に示す。図中の IP および OP は，それぞれ膜面に平行（in-plane）および垂直（out-of-plane）の遷移モーメントをとらえたスペクトルであることを示す。もし，この垂直電場が，図 3b に示すような縦波光により実現できたとしたら，図 3a の光学系と同じ光学系で OP スペクトルも測定できる。縦波光という非現実的な光を仮定した話を実現するために，多変量解析のアイディアを使う。

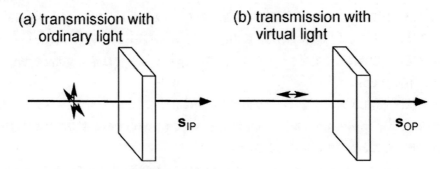

図 3　常光と仮想光を用いて透過光学系で(a)膜面内（IP）および(b)膜面に垂直（OP）な遷移モーメントを測定する模式図。透過光強度をそれぞれ s$_{IP}$ および s$_{OP}$ で表す

第4章　MAIRSスペクトル測定による金属微粒子薄膜の光学異方性解析

4　MAIRS法の構築

多変量解析によるスペクトル解析の基礎式はclassical least squares（CLS）回帰式[14]と呼ばれるもので，ランベルト–ベールの式を，化学成分数と波長点数の両方に拡張したものである。CLSはスペクトル分解にとって強力な手法だが，系を構成する成分数の見積もりが甘いとうまく機能しない[11]。しかし，成分数を偏光に対応させると，偏光の数は自由度だけで決まるから成分数に揺らぎが生じない。

そこで，図3のイメージを，つぎのように表す。

$$\mathbf{s}_{obs} = r_{IP}\,\mathbf{s}_{IP} + r_{OP}\,\mathbf{s}_{OP} + \mathbf{u} \tag{7}$$

ここで，$\mathbf{s}_{IP}$ および $\mathbf{s}_{OP}$ は，図3に示すような透過光強度（吸光度スペクトルではない）を表す。すなわち，ある入射角での透過光強度（図5の $\mathbf{s}_{obs}$）を，図3aおよび3bの二つの測定の線形結合で表現する。

異なる入射角で同様の測定をし，それをまとめてつぎのように書くと，

$$\mathbf{S} = \begin{pmatrix} r_{IP,1} & r_{OP,1} \\ r_{IP,2} & r_{OP,2} \\ \vdots & \vdots \end{pmatrix} \begin{pmatrix} \mathbf{s}_{IP} \\ \mathbf{s}_{OP} \end{pmatrix} + \mathbf{U} \equiv \mathbf{R} \begin{pmatrix} \mathbf{s}_{IP} \\ \mathbf{s}_{OP} \end{pmatrix} + \mathbf{U} \tag{8}$$

CLS回帰式の形になる。重み因子をまとめた行列 $\mathbf{R}$ さえわかれば，$\mathbf{s}_{IP}$ および $\mathbf{s}_{OP}$ がつぎの最小二乗解として，まるで実測できたかのように得られる。

$$\begin{pmatrix} \mathbf{s}_{IP} \\ \mathbf{s}_{OP} \end{pmatrix} = (\mathbf{R}^{\mathrm{T}}\mathbf{R})^{-1}\mathbf{R}^{\mathrm{T}}\mathbf{S} \tag{9}$$

こうして，試料とバックグラウンド測定のそれぞれについて $\mathbf{s}_{IP}$ および $\mathbf{s}_{OP}$ が得られるから，あとはつぎのようにして，最終的な吸光度スペクトルを得る。

$$\mathbf{A}_{IP} = -\log \frac{\mathbf{s}_{IP}^{sample}}{\mathbf{s}_{IP}^{BG}} \tag{10a}$$

$$\mathbf{A}_{OP} = -\log \frac{\mathbf{s}_{OP}^{sample}}{\mathbf{s}_{OP}^{BG}} \tag{10b}$$

なお，行列 $\mathbf{R}$ はつぎに示すとおりである[9]。

$$\mathbf{R} = \left(\frac{4}{\pi}\right)^2 \begin{pmatrix} 1 + \cos^2\theta_j + \sin^2\theta_j\tan^2\theta_j & \tan^2\theta_j \\ \vdots & \vdots \end{pmatrix} \tag{11}$$

ここで，θ_j は j 番目の測定に用いた入射角である。

147

MAIRS 法は，CLS 回帰式の性質を積極的に利用した世界初の計測理論である．MAIRS 法が物理的に正しいということは，マックスウェル方程式によって帰納的に証明されている[13]．

5 可視 MAIRS 法と局在プラズモン吸収の解析

上で述べたやり方は，高屈折率の基板を用いるとうまくいくため[6]，赤外分光法と相性が良い．可視域のように屈折率の低い基板（$n \leq 2.5$）を用いるためには，行列 R をつぎのように変更する[15]．

$$\mathbf{R}_p = \left(\frac{4}{\pi}\right)^2 \begin{pmatrix} \cos^2\theta_j + \sin^2\theta_j \tan^2\theta_j & \tan^2\theta_j \\ \vdots & \vdots \end{pmatrix} \quad (12)$$

これを用いた MAIRS 法を，p 偏光 MAIRS（p-MAIRS）という．可視域では，材料の屈折率が一般に小さいので，必ず p-MAIRS を必要とする[16,17]．

実際に，厚さ 5 nm の金を蒸着したガラス基板上の薄膜を，可視 MAIRS 法で測定した例を示す（図 4）[18]．金属微粒子は，光を当てると LSP が生じる状況になるため[5]，金属としての光物性が大きく失われ，まるで有機物により光が吸収されるかのようになる．

図 4a は膜面に平行な遷移モーメントによる光吸収をとらえた IP スペクトルで，従来の垂直透過法による測定結果と同じで，直観的にわかりやすい結果である．すなわち，金の薄膜を作製直後は 676 nm に吸収極大に合ったものが，18 日後には 548 nm まで大きく短波長シフトしている．実際，目で見て分かるほどの大きな変色が，スペクトルでも確認できる．ここまでは従来法による解析と同じである．

MAIRS スペクトルは 2 つのスペクトルで成り立っており，もう一方である OP スペクトルは，

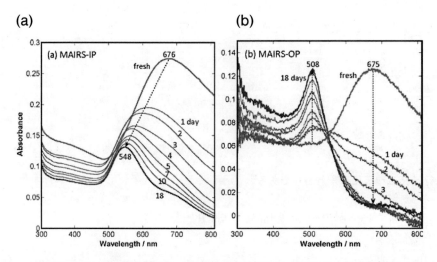

図 4　ガラス金板上に作製した金薄膜の可視 MAIRS スペクトルの時間変化

第4章　MAIRSスペクトル測定による金属微粒子薄膜の光学異方性解析

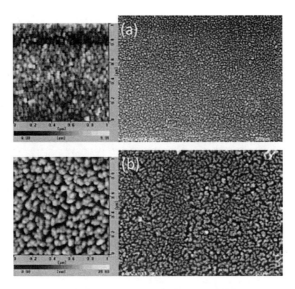

図5　SEM（右）およびAFM（左）による（a）作りたての金薄膜と（b）大気下で10日経過した金薄膜の表面構造観察結果

図4bに示すようにIPスペクトルは大きく異なる。蒸着直後は675 nmに吸収極大波長があり，これはIPスペクトル（676 nm）と同じである。すなわち，蒸着直後は，金薄膜に吸収異方性は見られない。ところが，時間とともにこの吸収ピークは減少し，10日後にはほぼ消失している。

一方，このバンドの消失と同期して新たなバンドが508 nmに出現し，時間とともに成長する。このように，OPスペクトルは2成分系が入れ替わるような変化を示し，IPスペクトルでのシフトとは大きく異なる挙動を見せる。

この試料とほぼ同様のものを作製し，表面形態を観察した結果を図5に示す[18]。SEMおよびAFMの結果はいずれも互いに良く一致している。膜作製直後（図5a）では粒径の小さな粒子が密に詰まった膜になっているのに対し，時間がたつと粒子が寄り集まって（coalesce）肥大化し，代わりに粒子間に隙間ができている。なお，膜の厚みに変化はほとんどない。

こうした形状変化をもとに，MAIRSスペクトルの変化はつぎのように考えられる。

① フィルムから粒子性に光学的な性質が大きく変化し，異方性が強まる。
② 粒子サイズの増加とともに粒子間の隙間が大きくなり，双極子間相互作用が弱まる。
③ 厚み方向には，各粒子の大きさはあまり変わらず，隙間も生じない。

変化①により，フィルム状態に帰属される676 nmのバンドが徐々に減衰する。これに代わって粒子性を反映した吸収ピークが顕著になる。これに変化③が加わると，OPスペクトルでは薄膜‐粒子転移を直接反映したような2成分系のスペクトルが現れる。

一方，粒子間の隙間が広って双極子間相互作用が弱まる結果，長距離相互作用による長波長吸

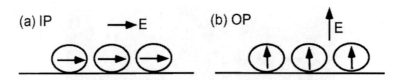

図6 可視MAIRSスペクトルの変化を説明する楕円粒子モデル

収から，短波長吸収に徐々に変わる。また，双極子相互作用のおよぶ距離のばらつきにより，多種類のエネルギー吸収バンドがいっせいに重なって，IPスペクトルに現れるブロードなバンドが理解できる。これは図6によるモデル計算[18]でもよく再現できた。

結言

吸収スペクトルに界面という視点を加え，面に垂直・平行な遷移モーメントに対応する2つのスペクトルが揃っている方が双極子の方向を議論しやすい。これまで，可視域での吸収異方性は膜面内に限定して議論されることが多かったが，OPスペクトルを得られるようになると，光物性のまったく新しい一面を簡単にとらえられるようになる。可視MAIRSスペクトルは，異方性解析をわかりやすく表示できる分光分析法として，LSPの新たな解析のツールとなることが期待される。

文　献

1) 岡本隆之ほか，プラズモニクス―基礎と応用，講談社サイエンティフィク（2010）
2) M. Fleischmann *et al., Chem. Phys. Lett.*, **26**, 163（1974）
3) Y-F Huang *et al., Phys. Chem. Chem. Phys.*, **14**, 8485（2012）
4) N. J. Borys *et al., J. Phys. Chem. C*, **115**, 13645（2011）
5) T. Hasegawa: *J. Phys. Chem. B*, **113**, 4112（2002）
6) T. Hasegawa *et al. Anal. Chem.*, **74**, 6049（2002）
7) T. Hasegawa: *Anal. Bioanal. Chem.*, **388**, 7（2007）
8) T. Hasegawa: *Appl. Spectrosc. Rev.*, **43**, 181（2008）
9) N. Zettili, Quantum Mechanics: Concepts and Applications, p. 552, Wiley,（2001）
10) V. P. Tolstoy *et al.* Handbook of Infrared Spectroscopy of Ultrathin Films, p. 43, Wiley,（2003）
11) 長谷川健，スペクトル定量分析，講談社サイエンティフィク（2005）
12) 古川行夫ほか，赤外・ラマン分光法，講談社サイエンティフィク（2009）
13) Y. Itoh *et al. J. Phys. Chem. A*, **113**, 7810（2009）

第4章　MAIRSスペクトル測定による金属微粒子薄膜の光学異方性解析

14)　長谷川健, 赤外分光測定法—基礎と最新手法, p. 45, エス・ティ・ジャパン（2012）
15)　T. Hasegawa, *Anal. Chem.*, **79**, 4385（2007）
16)　T. Hasegawa *et al.*, *Anal. Sci.*, **24**, 105（2008）
17)　Y. Nagao, *e-J. Surf. Sci. Nanotech.*, **10**, 229（2012）
18)　A. Kasuya *et al.*, *J. Phys. Chem. Chem. Phys.*, **13**, 9691（2011）

第5章　ナノインプリント技術による
LSPR センサの開発

斉藤真人[*1]，民谷栄一[*2]

はじめに

ナノインプリント技術は，1995年，プリンストン大学の Chou らにより，ポリマーのガラス転移温度で昇温，冷却行程により 10 nm パターン転写が可能であることが示されたことに始まる[1,2]。元々は光ディスク製作などでよく知られているエンボス技術の発展形で，凹凸のパターンを形成したモールドを基板上の液状ポリマー等に押し付けることで，高解像度パターンを転写するものである。この技術を半導体素子や光素子あるいは，ナノ構造材料形成等新たな応用へ展開しようとする試みであり，10 nm レベルのナノ構造対を，比較的大面積に，短時間で，かつ安価に大量生産が可能となりうる技術として精力的に研究がすすめられている。またナノインプリント技術では，リソグラフィー技術やエッチング技術に比べて，形成できるパターンの種類が多く，ほとんどの形状を実現可能と言われている[3,4]。

ナノインプリントには，大きく分けて熱サイクルナノインプリントと光ナノインプリントがある。熱サイクルナノインプリントプロセスは，熱可塑性樹脂基板をガラス転移温度付近で，モールド（鋳型）をプレスし，ガラス転移温度以下に冷却後，モールドと基板の引き離しを行い，転写されたナノ構造を得ることができる。樹脂を変形できる温度であれば転写可能なため，光ナノインプリントに比べて材料の自由度が大きいという利点がある。不利な点としては，熱膨張によるパターン位置のズレや，昇温・冷却サイクルに時間がかかるなどの問題がある。そのためモールドと基板間の位置合わせがさほど厳しくなく，単層インプリントで済むため，高密度メモリーディスクや回折格子などの作製に適しているといわれている。熱ナノインプリントを用いて，三角形ナノ構造を形成し，その光学特性を評価した例がある[5]。イオンビームリソグラフィ，異方性 KOH エッチングで Si 基板上に三角錐アレイ状鋳型を作製した。熱ナノインプリントを行った後，Ag，Au を蒸着させ，10^{-5} M ローダミン 6G 溶液の surface enhanced Raman spectroscopy (SERS) 測定を行っている。一方，光ナノインプリントは，転写材料として紫外光などで形状が硬化する光硬化樹脂を用いる。このプロセスは，粘度の低い光硬化樹脂をモールドで変形させた後，紫外光を照射して樹脂を硬化させ，モールドを離すことによりパターンを得ることができる。パターンを露出させるため，エッチングに時間がかかってしまうことや，熱ナノインプリントに

＊1　Masato Saito　大阪大学　大学院工学研究科　助教
＊2　Eiichi Tamiya　大阪大学　大学院工学研究科　教授

第5章　ナノインプリント技術によるLSPRセンサの開発

比べ，紫外線を照射するため人体に少なからず影響があるというのが難点だが，パターンを得るのに紫外光の照射のみで行えるので，熱サイクルに比べ，スループットが高く，温度による寸法変化等を小さくできる。また，モールドには，紫外光を透過するモールドを使用するので，モールドを透過しての位置合わせが行える利点もある。さらに，モールドを押し付ける圧力が低く，室温でパターンを形成するため応力の影響が小さいのも利点である。応用例として，PMMA（ポリメタクリルメチル酸）犠牲層上にSU-8層を形成した複合基板に，ナノ細孔モールドを用いて光ナノインプリントを行うことで，複合材料のナノ構造形成が可能であることを示している。さらに形成したナノピラーから犠牲層を除くことで，ナノロッドを得ており，ナノ構造材料の製造手法としてユニークである[6]。

1　LSPRバイオセンシング

ところで，貴金属ナノ構造から生じる局在表面プラズモン共鳴（Localized Surface Plasmon Resonance: LSPR）が知られているが，その原理的特徴として，特別な光学系を必要とせず入射光と直接作用できること，究極的には1個の金属微粒子があれば実現できることなどから，既存のSPRセンサーと同程度の感度を保ちつつ，応用用途のより広いセンサー素子が開発できるものと期待されており，特にバイオセンシングに応用するための研究が盛んに行われている[7〜13]。

しかし，上述のLSPRバイオセンサーの例では，LSPR基板の作製に煩雑な操作を要する点や，再現性，量産性に課題があり，実用応用へのハードルが高かった。そこで，筆者らはナノインプリント技術の利点を生かしたプラズモンバイオセンサーチップの開発に取り組んできた。図1に示す概略のように，モールドにナノ細孔を有するアルミナポーラスを用いて，熱可塑性樹脂フィルムへのナノインプリントを行いナノピラーを作製し，ナノピラー表面に金蒸着を行いLSPRセンサーチップを開発した。これを用いてバイオセンシングへの応用を検討した[14]。モールドについて，従来は，電子ビーム露光技術とエッチング技術を用いて鋳型を形成するのが一般的であるが，時間を要することや高コストであることが難点である。これに対し，アルミニウムに陽極酸

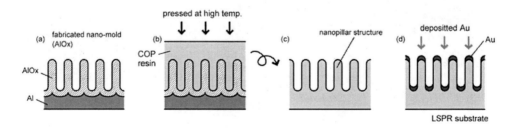

図1　ナノインプリントによるLSPR基板の作製概略，(a) アルミナポーラスモールド作製，(b) 熱ナノインプリントによるCOP樹脂フィルム表面へのナノ構造転写成型，(c) モールドから離型したナノピラー構造，(d) ピラーへのAu堆積による光学特性の付与

化を行うと多孔性の酸化膜を形成するアルミナポーラスがある。そのセル径や細孔径は，使用する酸と陽極酸化電圧に依存することが知られており，細孔周期10〜500 nm，細孔径5〜450 nmの範囲で比較的容易に制御されたポーラス構造を得ることが出来る[15]。耐熱性，機械強度にも優れており，また，大面積化も容易であり，ナノインプリントモールドとしての利点を有している。アルミナポーラス鋳型の作製手順を示す。循環冷却装置を用いて0℃に保持した0.3 Mシュウ酸溶液に，陽極にAl板，陰極にTi板を用いて，60分間，40 Vまたは80 V印加し，アルミニウム表面に酸化膜を形成させた。$H_3PO_4 : H_2O = 8 : 2$にCrO_3(50 g/L，60〜80℃) を加えたクロム酸酸化膜除去用液に3分間浸し，一旦，酸化膜を除去した。再度，陽極酸化を行い，アルミナポーラスを有する基板を得た。さらに作製したアルミナポーラス基板を10分間，0.23 Mリン酸（40℃）に浸してエッチングを行い，細孔径を拡大調整した。超純水で洗浄，窒素ガスで乾燥させ，アルミナポーラス鋳型を得た。40 V印加電圧で作製したモールドをPA-mold40とし，80 Vで作製したモールドをPA-mold80とした（図2a, d）。作製したアルミナポーラスモールドを用いてシクロオレフィンポリマー（COP）フィルムにナノインプリントを行った。COPはシクロオレフィン類をモノマーとして合成される主鎖に脂環構造を有するポリマーであり，光学用を目的とした透明性，低複屈折性，耐熱性など光学測定や熱ナノインプリントに適している（例えば日本ゼオン・ゼオノアなど）。また低吸湿性でもあることから，膨潤によるノイズを低減でき，水系の試薬を多用するバイオセンシングにも適していると考えられる。ナノインプリント後に鋳型と転写材料の離型を容易にするため，鋳型に1％オプツール（ダイキン工業）に浸漬し離型剤処理を施した。ナノインプリント装置は，SCIVAX製X-300Hを使用した。一旦，100℃に加熱し，

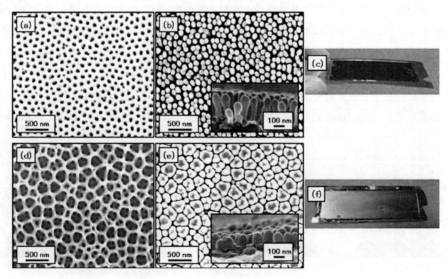

図2 (a) 印加電圧40Vで作製したアルミナポーラスモールドAP-mold40のSEM像，(b) AP-mold40から転写されたナノピラーNP-40のSEM像，(c) NP-40チップ外観，(d) 印加電圧80Vで作製したアルミナポーラスモールドのSEM像，(e) AP-mold80から転写されたナノピラーNP-80のSEM像，(f) NP-80チップ外観

第5章 ナノインプリント技術による LSPR センサの開発

0.8 MPa で加圧保持した。COP のガラス転移温度（160℃）まで上昇させた後，2 MPa で 10 分間保持した。圧力を保持したまま，100℃まで冷却した後に，脱圧した。形成したナノピラーにスパッタにより，50 nm の Au を堆積させ，プラズモン基板を得た。SEM 観察を行ったところ，図 2b および e に示すように，突起状ナノ構造を形成できていることが確認できた。またいずれの基板もスライドガラスサイズの大面積に作製することができた（図 2c, f）。PA-mold40 から転写成型されたナノピラー構造基板を NP 40，PA-mold80 からのものを NP 80 とした。また，上面から見たその占有面積も NP-40 では 54.3 % に達し，NP-80 においては 67.0 % に達した。従来の金コロイドナノ粒子を固定化した基板（32.1 %）[16]に比べ，大幅に向上させることが可能であった。金ナノ構造の集積化は，吸収強度を高めることになり[17]，将来的に POCT デバイスを開発していくうえで重要である[8,18,19]。Au ナノピラー構造のサイズは，粒度分布を取ったところ NP-40 で 30～40 nm に，NP-80 で 60～70 nm に分布していた。作製したプラズモン基板の光学特性を評価するため吸収スペクトル測定を行ったところ，NP80 基板において，575.0 nm（in air：Refractive Index, RI = 1.00）に吸収ピークが観測された。屈折率の異なる溶液（水：1.33，1 M glucose：1.35，ethyleneglycole：1.43，glycerol：1.47）を用いてその吸収ピーク変化を見たところ，屈折率の上昇に伴って，吸収ピーク波長の長波長側へのシフトが見られた（図 3a）。屈折率応答値は 153.72 であった。一方，NP 40 の大気中での吸収ピークは 556.5 nm で，屈折率応答値は 55.95 と NP 80 のほうが大きい値となった（図 3b）。

作製した LSPR 基板を用いて，血中に多量に存在する免疫グロブリン G（immunogloburin

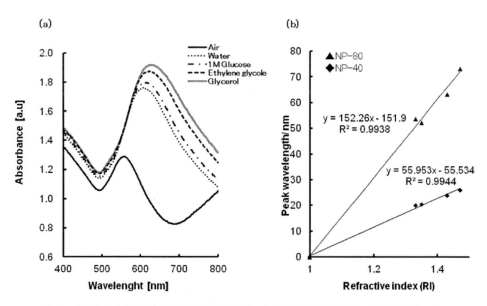

図 3 作製した LSPR 基板の屈折率応答評価，(a) NP-80 の吸収スペクトル変化, air (n=1.00), water (n=1.33), 1 M glucose (n=1.35), ethylene glycol (n=1.43), glycerol (n=1.47), (b) NP-40 と NP-80 の屈折率と吸収ピーク変化量の関係

プラズモンナノ材料開発の最前線と応用

G：IgG，分子量約15万）をモデルに，バイオセンシング応用を検討した。血中のIgGは各種免疫不全症，感染症，腫瘍，自己免疫性疾患を含むさまざまな抗体産生系の異常をきたす疾患の指標となるため，そのモニタリングは重要である。NP 80のAu表面に10-Carboxy-1-decanthiolの自己組織化層を形成し，NHS/WSCを介してIgG抗体を固定化した[14]。ここで，抗原抗体反応を行うにあたり，基板上に未反応の吸着サイトが残っている場合，検出抗体や標識抗体が非特異的に吸着することになりバックグラウンドノイズとなってしまうため，基板上の吸着サイトのブロッキングが特に重要である[20~23]。ブロッキング剤としてウシ血清アルブミン（BSA）を用いて，ブロッキング効果を検討した（図4）。IgG抗体を固定化した後，1.0～0.001％BSAを吸着させた。これにIgG（ポジティブコントロール）およびIgG抗体に親和性のないCRP（ネガティブコントロール）を反応させピークシフトを見たところ，1％BSAではシフト量に差が見られず，誤差も大きい結果となった。これはBSAが過剰に吸着し，IgGが抗体と反応できない，または

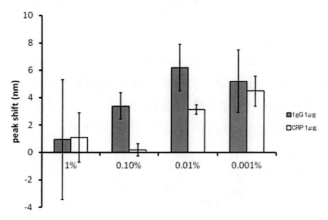

図4　BSAのブロッキング効果の検討

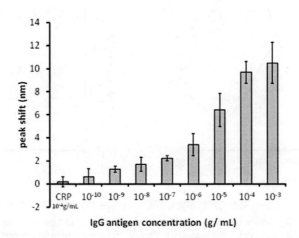

図5　ナノインプリントにより作製したLSPR基板のIgG検量特性評価

第5章　ナノインプリント技術による LSPR センサの開発

過剰の BSA が洗浄過程で基板から脱離するなどして不安定化したためと考えられる。一方，0.1％BSA では，ネガティブコントロールである CRP 抗原とポジティブコントロールの IgG の吸収ピークシフト量の差が最大となり，最適なブロッキング濃度であることがわかった。0.01％以下では，CRP 抗原の吸着による吸収ピークシフトが見られたと考えられ，基板上の吸着サイトのブロッキングが十分でなかったと考えられる。最後に，IgG の検量特性を評価したところ（図5），IgG の検出限界は 10.0 ng/mL となり高感度検出が可能であった。ダイナミックレンジも 10^5 と広範囲の濃度検量が行える可能性が明らかとなった。またヒトにおける IgG 抗体の正常値は 8.7-17 mg/ mL であるため，開発した LSPR 基板が十分な感度を有していることもわかった。現在は実試料測定に向けた検討に取り組んでおり，実用化への展開を目指している。

文　　献

1) S. Y. Chou, *et al*, *Appl. Phys. Lett.*, **67**, 3114（1995）
2) S. Y. Chou, *et al*, *J. Vac. Sci. Technol. B*, **14**, 4129（1996）
3) はじめてのナノインプリント技術，谷口　淳，工業調査会出版（2005）
4) ナノインプリント技術，松井真二，表面科学，**25**, 10, 628-634（2004）
5) B. Cui, *et al*, *Nanotechnology*, **19**, 145302（2008）
6) F. Buyukserin, *et al*, *small*, **5**, 1632-1636（2009）
7) M. Kathryn, *et al*, *ACS Nano*, **2**, 687-692（2008）
8) T. Endo, *et al*, *Anal. Chem.*, **78**, 6465-6475（2006）
9) T. Endo, *et al*, *Anal. Chem.*, **77**, 6976-6984（2005）
10) N. Nath, *et al*, *Anal. Chem.*, **74**, 504-509（2002）
11) N. Nath, *et al*, *Anal. Chem.*, **76**, 5370-5378（2004）
12) F. Frederix, *et al*, *Anal. Chem.*, **75**, 6894-6900（2003）
13) 近接場光のセンシング・イメージング技術への応用—最新のバイオ・化学・デバイス分野への展開—，民谷栄一，朝日剛，シーエムシー出版，2010 年 12 月
14) M. Saito, *et al*, *Anal. Chem.*, **84**, 5494-5500（2012）
15) H. Masuda, *et al*, 表面科学，**25**, 260-264（2004）
16) H. M. Hiep, *et al*, *ACS Nano*, **3**, 446-452（2009）
17) D. Kim, *et al*, *Anal. Chem.*, **79**, 1855-1864（2007）
18) H. M. Hiep, *et al*, *Analytica Chimica Acta*, **661**, 111-116（2010）
19) K. Fujiwara, *et al*, *Analytical Sciences*, **25**, 241-248（2009）
20) M. Lahav, *et al*, *Langmuir*, **20**, 7365-7367（2004）
21) T. T. Huang, *et al*, *Biotechnol. Bioeng.*, **81**, 618-624（2003）
22) Z. Peterfi, *et al*, *J. Immunoassay*, **21**, 341-354（2000）
23) M. Paulsson, *et al*, *Biomaterials*, **14**, 845-853（1993）

第6章 光ファイバを利用した表面プラズモンによる バイオセンシング

梶川浩太郎[*]

はじめに

　金属中の電子波（プラズモン）は縦波であるため，一般に光と相互作用をおこさない。しかし，特殊な境界条件—たとえば，金属表面や金属微細構造—では，光で励起が可能となる。これらのプラズモンを表面プラズモン（正確には表面プラズモンポラリトン）と呼び，それを用いた光学技術（プラズモニクス）が近年注目を集めるようになってきた。プラズモニクスはナノフォトニクスを支える重要な技術の一つであると考えられるためである。表面プラズモンには以下のような特徴がある。

 (1)　光の回折限界を超えた微小な領域へ光のエネルギーをプラズモンとして閉じこめることができる。

 (2)　表面プラズモンの共鳴条件は周囲媒質の誘電率に敏感である。

 (3)　表面プラズモン共鳴時には周囲に増強された電場が生じる。

これらの特徴は，光学領域において金属が持つ誘電率の絶対値が誘電体や半導体などと比較して大きいこと，誘電率の実部が負であること，という2つの条件に由来する。

　平坦な金属表面や荒い金属表面，金属回折格子中に励起される伝搬型の表面プラズモンについては，古くから研究が行われてきた。このことは，Raether の文献に詳しく述べられている[1]。その成果はバイオセンサや化学センサに応用され，現在では表面プラズモンバイオセンサは生化学や遺伝子工学の分野では無くてならないツールとなっている[2~4]。一方，金属粒子中の局在型の表面プラズモン（局在表面プラズモン）については Borhen らの文献[5]に詳しく述べられている。そこでは，金属に限らず，球形，楕円体などの微粒子やその集合体の光学応答が論じられており，プラズモニクスを理解する上で重要な知見を与えてくれる。

1　表面プラズモンバイオセンシング

　現在最も広く利用されているプラズモニクスの応用分野は，バイオ，化学，食品関連分野におけるセンシング技術である。これらは，上述の特徴(2)の表面プラズモンの共鳴条件が周囲媒質の誘電率に敏感であるという特徴を利用している。多くの場合には，図1(a) に示すような全反射

---

 *　Kotaro Kajikawa　東京工業大学　大学院総合理工学研究科　教授

158

第6章 光ファイバを利用した表面プラズモンによるバイオセンシング

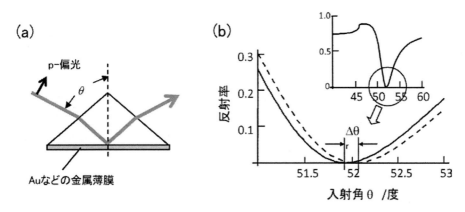

図1 (a) 全反射減衰法を用いた伝搬型の表面プラズモンの励起のための光学配置 (b) 反射率曲線の計算結果。プリズムには高屈折率ガラス (n=1.86) を用い，金属薄膜には Au を用い，周辺媒質は水の場合を計算した。点線は，屈折率1.5の誘電体薄膜が堆積した際の反射率である。

減衰法を用いた光学配置で表面プラズモンを励起している。プリズム底面上に膜厚50 nm 程度の金や銀の薄膜を蒸着して，そこへ光を入射すると，表面プラズモンと光の波数が一致した入射角（共鳴角 θ_r）で表面プラズモンが励起されて（表面プラズモン共鳴）入射光が吸収される。このことは，図1(b) に示したような反射率の鋭い低下として現れる。この共鳴条件は金属薄膜表面の近傍の屈折率やその表面に結合・吸着した誘電体層の厚さに敏感に依存する。そのため，金属薄膜表面上に目的の物質と結合する物質（たとえば，DNA や抗体など）を塗布することにより，高感度な分子・バイオセンサを実現することができる（図2）[6,7]。分子が結合すると実効的に誘電体薄膜が形成されたことになり，図1(b) の点線で示したように共鳴条件が変化して，共鳴角が変化するためである。実際の装置では可動部分を無くすことにより信頼性の高い測定を行うことができるようにしたり，データ処理に特徴を持たせる等の工夫が施されたりしている。また，光学系以外にも微量の液体のサンプルが流れる流路や金属表面の修飾分子の検討も重要な要素である。しかし，この方法では，プローブのサイズが1 mm 以下の小さな素子を実現することは難しい。

一方，金属ナノ微粒子中に励起される局在表面プラズモンを用いたバイオセンサの研究もある。これは，単純な光学系でバイオセンサの構築が可能であり，プローブ部分の面積を小さくできるという特徴がある。基板に固定化した微粒子や基板上に構築された金属のナノ構造で発生する局在プラズモンの共鳴条件は，伝搬型の表面プラズモン共鳴と同様に，金属表面の近傍の屈折率やその表面に結合・吸着した誘電体層の厚さに依存する[8]。すなわち，散乱光強度の変化や散乱光スペクトル中のピーク波長の変化としてあらわれる。光学定盤などに固定した光学系を組む必要がなく，後述のように光ファイバへの適用も容易であるという利点がある。局在表面プラズモンを用いたバイオセンサは，手持ちの分光器などを使って手軽に実験できるが，汎用的なツー

プラズモンナノ材料開発の最前線と応用

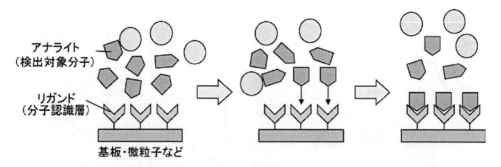

図2　バイオセンサの原理　試料中に検出対象分子が存在する場合には、それはリガンドと結合し、光学的には誘電体層（薄膜）を形成したことになる。

ルとするためには装置化する必要がある。以下に述べる光ファイバ型の局在表面プラズモンバイオセンサは、装置化の一つの例である。

2　光ファイバ型表面プラズモンバイオセンサ

2.1　光ファイバ

　光ファイバはインターネット等の通信に用いられているが、これを用いた様々な種類のセンサ素子も開発されている。構造は、図3に示すように光が伝搬するコアとそれを包むクラッドで構成されている。コアの屈折率はクラッドに比べて高くなっており、光は全反射を繰り返しながら伝搬するため、損失が小さく、ファイバを曲げたり動かしたりしても、その伝搬する光への影響は小さい。入手が容易な光ファイバは、材質が石英の光ファイバとPMMAなどのプラスチックの光ファイバがある。石英の光ファイバの多くは、クラッドの直径が125 μmであり、シングルモードの光ファイバ（直径8-10 μm程度）とマルチモードの光ファイバ（直径50 μmか65 μm）に分類することができる。バイオセンサへの応用では、マルチモードの石英の光ファイバを用いることが多い。これは、高速な信号の測定が要求されることがなく、伝搬光とのカップリングが容易なマルチモードの光ファイバの方が使い易いことによる。プラスチック光ファイバでは、その直径は様々であるが、一般に石英の光ファイバに比べて太く（0.5～3 mm）すべてマルチモードの光ファイバである。

　光源からの光をカップリングする方法としては、レンズによる集光が考えられるが、光源の強度が強い場合には、適切に端面が処理されていれば、単に光ファイバの端面を光に曝すだけでも十分なことも多い。これは、光検出器とのカップリングでも同様である。多くの場合には、迷光が入らないように注意しながら単に検出器のそばに光ファイバの端面を据えるだけでも十分である。通信用の光ファイバを用いる場合には、光を分岐するカプラやファイバ同士を繋げるスプライサ、各種のコネクタの入手が容易である。一方、プラスチックの光ファイバを用いる場合には、光ファイバの直径が様々であることもあり、コネクタなどの選択の範囲は限られ、場合によって

第6章　光ファイバを利用した表面プラズモンによるバイオセンシング

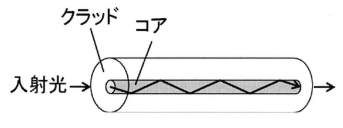

図3　光ファイバの模式図

は自作することが必要となる。

　固定化した光学系を用いるのではなく，光ファイバを使ったバイオセンサの利点は以下のように考えられる。

1. その場（*in-situ*）測定が可能である。
2. 固定した光学系を組む必要がなく比較的簡単な装置で測定が可能である。
3. 少ない試料での測定が可能である。
4. センサプローブ部分を使い捨てにすることができる。
5. センサプローブの可搬性が良い。試料を採取してセンシングを行うのではなく，プローブを試料溶液に持ってくることができる。

2.2　伝搬型表面プラズモン光ファイババイオセンサ

　伝搬型の表面プラズモン共鳴を励起するためにプリズムを使った全反射減衰法ではなく，光導波路を用いることもできる。これは，コアとクラッドの界面における全反射時に生じるエバネッセント光により表面プラズモンが励起できるためである。特に光ファイバを用いたバイオセンサは，多くの研究が行われている。図4に伝搬型の表面プラズモン共鳴を用いた光ファイバ型バイオセンサの構造の一例を示す[9〜13]。ここに示すように光ファイバのクラッドを取り去りコアを露出させ，そこへ金属薄膜を蒸着して表面プラズモンを励起する。ここに検出対象物質に対して相互作用を有するリガンドを塗布してバイオセンサとして用いる。多くのグループがこの手法を使ったバイオセンサを作製しており，屈折率分解能として5×10^{-7}RIU（RIU：refractive index unit，周辺屈折率の5×10^{-7}の変化が検出できるという意味）が得られている[11]。これは，一般的な全反射減衰法を用いた表面プラズモンバイオセンサ（10^{-5}RIU）より高い屈折率分解能である。

　光ファイバを用いる場合には，入射角を変化させることができないため白色光を入射して透過光を分光して吸収スペクトルを検出する。表面プラズモン共鳴が生じた波長では，共鳴する波長の光が吸収され，光ファイバを通ってきた光の強度が低下する。この波長変化を測定することにより，物質の結合や吸着をプローブすることができる。この方法では光ファイバのコアを露出させる必要があり，手間やコストの点，力学的な強度の点で問題がある。

　光ファイバのクラッド部分に光を伝搬させてプローブとして用いればコアをむきだしにする必

プラズモンナノ材料開発の最前線と応用

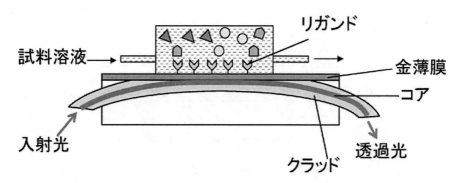

図4 クラッドを削って作製した，伝搬型表面プラズモン光ファイバセンサ

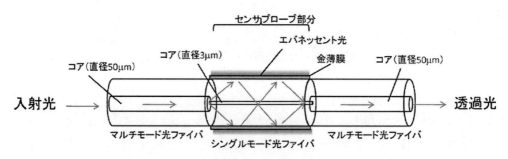

図5 マルチモードとシングルモードの光ファイバを組み合わせて作製した，伝搬型表面プラズモン光ファイバセンサ

要はなく，作成の手間やコストの点でも有利である．図5に示すようにコアの直径が50 μmのマルチモードファイバにコアの直径が3 μm程度のシングルモードファイバを融着し，接続部分で漏れてくる光をうまくクラッド部分に伝搬させて表面プラズモンセンサ（屈折率センサ）を作成した例がある[14]．この方法は図4に示す方法よりも作製が容易であるという特徴がある．

2.3 局在型表面プラズモン光ファイババイオセンサ

伝搬型の表面プラズモン共鳴を利用したバイオセンサでも，マイクロ流路などを利用することにより100 μL程度の少量の試料での測定が可能であるが，局在プラズモン共鳴を使えば，さらに少量のサンプルでも測定が可能となる．上述の伝搬型の光ファイババイオセンサに対して，局在表面プラズモン共鳴では以下の点で有利である．

1. 微小で機械的強度に優れること
2. 信号の検出はプローブと離れた場所で行うことができること
3. 低コストで使い捨てが可能であること
4. 迷光の影響を受けにくいこと

これらの特徴を活かして，三井らは，図6に示すような直径20 nm程度の金ナノ微粒子をマ

第6章　光ファイバを利用した表面プラズモンによるバイオセンシング

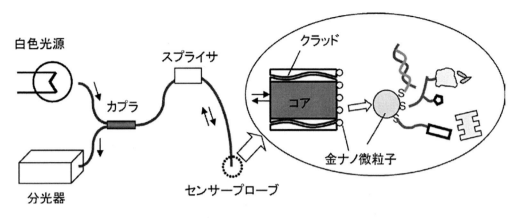

図6　金ナノ粒子を使った局在型表面プラズモン光ファイバセンサ

ルチモード光ファイバ端面に固定したバイオセンシングプローブを作製した[15]。光源に用いたのは高輝度の発光ダイオード（LED）である。低コストで強度が比較的安定であること，安全性が高いこと等の理由から，レーザーを用いずにLEDを利用し，S/N比を高めるために1KHz程度の周波数の変調をかけている。マルチモード光ファイバにカップリングされた光は光カプラを通して2分割され，一方のファイバの先端はスプライサを通してプローブに接続される。スプライサを用いてプローブと接続することにより，プローブ部分は容易に取替えが可能となる。プローブ上のナノ微粒子で散乱された光は戻り光としてスプライサを通り，光電子増倍管（PMT）にて検出しロックイン検波をおこなっている。この方法を発展させて，光源に白色光を用い，検出器に分光器を用いることもできる。この場合，ピーク波長の変化などからも物質の結合状態を知ることができ，さらに信頼性の高いデータを得ることができる。

　まず，このセンサの屈折率分解能は2×10^{-5}の程度であり，一般的な全反射減衰法を用いた伝搬型の表面プラズモンバイオセンサと同程度の分解能をもつことを確認した。ビオチンに対するアビジンの検出限界を求めるため，アビジン濃度に対する信号の変化をプロットしたものが図7である[16]。直径40 nmの金ナノ微粒子を用いている。この結果から，検出限界を求めると0.09 μg/mL（1.4 nM）であり，NathとChilkotiらの報告とほぼ同様の値が得られている[17,18]。

　以上の測定では，コロイド溶液中に分散した金ナノ微粒子を光ファイバ端面に固定化したものを用いている。金のナノ粒子を会合させることなく光ファイバ（あるいは基板上）に固定するには，被覆率20％程度が最大である。これを超えると微粒子が会合し，センサの性能に影響を与える。ドライプロセスを用いて微粒子を光ファイバ端面に作製・固定化する方法を提案されている[19]。この場合の検出限界は0.1 μg/mLであり，約10倍の改善が得られた。これは，ドライプロセスを用いることにより，微粒子の密度を高くとることができ，S/N比が改善されたためと考えられる。また，この特徴を活かして，少ない試料の量でセンシングが可能であることを示すために，図8(a)に示すようにキャピラリーを使ったサンプルホルダーを作製した。50 nLとい

163

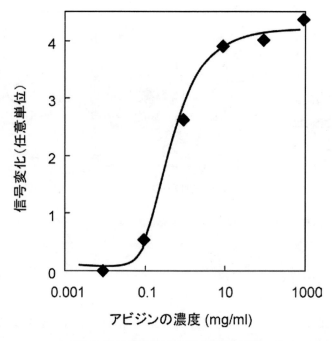

図7 信号変化量のアビジン濃度依存性

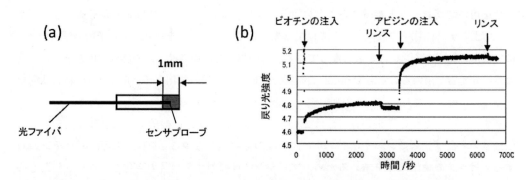

図8 (a) キャピラリーを使ったサンプルホルダー (b) アビジンの検出結果

う極めて微量な試料で測定を行った結果が図8(b) である。試料の量が極めて少ないにもかかわらず，金ナノ粒子上へのリガンド（ビオチン）の結合や蛋白質の結合過程が高いS/N比で検出できていることがわかる。全反射減衰法を用いた伝搬型の表面プラズモンバイオセンサでは，$100\mu L$程度の溶液量が必要であり，これと比べるとこのセンサで必要なサンプル量は3桁ほど非常に少ない。一般に生体由来試料の量は少なく，サンプル量が少ないことは大きなメリットとなる。このように，プラズモニクスは，バイオ，化学，環境等の分野で活用できるセンサ技術への応用が進んでいる。

第6章　光ファイバを利用した表面プラズモンによるバイオセンシング

まとめ

　光ファイバを使った表面プラズモンバイオセンサには，伝搬型と局在型がある。前者では高感度化が，後者では小型化が容易であるという特徴がある。今後の展開を考えると，一度に多数の検出項目について検出が可能なマルチチャンネル化へ進んでいくと考えられる。これを光ファイバで行うためには，局在型の方が有利である。

文　　献

1)　H. Reather, "Surface Plasmons on Smooth and Rough Surfaces and on Gratings", Springer-Vevlag, Berlin (1998).

2)　B. Liedberg and I. Lundström, *Sensors and Actuators B*, **11**, 63-72 (1993).

3)　W. Knoll, MRS BULLETIN, July 29-39 (1991).

4)　岡本，梶川「プラズモニクス　―基礎と応用―」講談社サイエンティフィク。

5)　C. F. Bohren and D. R. Huffman, "Absorption and Scattering of Light by Small Particles", John & Wiley & Sons Inc., New York (1983).

6)　J. Homola, S. S. Yee and G. Gauglitz, *Sensors and Actuators B*, **54**, 3-15 (1999).

7)　J. Homola, *Chem. Rev.*, **108**, 462-493 (2008).

8)　T. Okamoto, I. Yamaguchi and T. Kobayashi, *Opt. Lett.*, **25** (6), 372 (2000).

9)　J. Homola and R. Slavik, *Electronics Letters*, **32** (5), 480-482 (1996).

10)　R. Slavik, J. Homol and J. Ctyroky, *Sensors and Actuators B*, **51**, 74-79 (1999).

11)　R. Slavik, J. Homola, J. Ctyroky and E. Brynda, *Sensors and Actuators B*, **74**, 106-111 (2001).

12)　O. S. Wolfbeis, *Anal. Chem.*, **76** (12), 3269-3284 (2004).

13)　K. Kurihara, H. Ohkawa, Y. Iwasaki, O. Niwa, T. Tobita and K. Suzuki, *Anal. Chim. Acta*, **523**, 165-1701 (2004)

14)　M. Iga, A. Seki and K. Watanabe, *Sensors & Actuators B*, **106**, 363-368 (2005).

15)　K. Mitsui, Y. Handa and K. Kajikawa, *Appl. Phys. Lett.*, **85** (18), 4231-4233 (2004).

16)　M. Inoue, M. Kimura, K. Mitsui and K. Kajikawa, Proceedings of SPIE (Optics and Photonics, San Diego) 6642, 66421C (2007).

17)　N. Nath and A. Chilkoti, *Anal. Chem.*, **74** (3), 504-509 (2002).

18)　N. Nath and A. Chilkoti, *J. Fluorescence*, **14** (4), 377-389 (2004).

19)　K. Kajikawa, Proceedings of SPIE (Optics and Photonics, San Diego) 6642, 66420J (2007).

第7章　格子結合型表面プラズモン励起増強蛍光 （GC-SPF）法を用いた生体分子検出

田和圭子[*]

はじめに

　高感度・微量・迅速検出，装置の小型化・低価格化などを開発目標として，様々な原理に基づくイムノセンサー（免疫センサー）の機器開発が進められている。バイオユーザーにとって最もポピュラーな方法は Enzyme-Linked Immunosorbent Assay（ELISA）によるイムノセンシングであるかもしれない[1,2]。ELISA は各種マーカーの検出キットとしてプロトコールが確立され，広く商品化されており，精度の高いデータが得られる。しかし，一般的に操作ステップ数が多く，時間がかかることが欠点である。ELISA では，horseradish peroxidase（HRP）などの酵素標識された検出抗体と基板に固定化された捕獲抗体で検出すべきマーカーを挟むサンドイッチ法が主要なアッセイ法である。酵素と基質を反応させて，化学蛍光，化学発色，化学発光を検出するが，一般的には，発色法よりも化学蛍光・発光法の方が高感度である。また，ELISA 法以外の高感度イムノセンサーとしては，近年，電気化学的手法による Electrochemiluminescence（電気化学発光）を検出するシステムが活躍している[3,4]。一方，サンドイッチアッセイや標識が不要で直接マーカー計測できるのが，表面プラズモン共鳴（SPR）法である[5,6]。しかし，吸光度や反射光強度の計測に基づく SPR 法の検出感度は，他の蛍光法の検出感度を超えることは難しく，極微量検出には蛍光法という選択肢を無視することは難しい。そこで，Knoll らは，SPR による増強電場を励起場とし，表面に固定化された蛍光分子のみを選択的に励起し，数十倍に増強された蛍光を検出することができる表面プラズモン励起増強蛍光（SPF）法のバイオへの応用を先駆的に進め[7,8]，電気化学的なメカニズムを使わない，蛍光による高感度イムノセンサーとして，SPF 法を発展させた。

　SPF 法での増強電場を提供する SPR は，局在型と伝播型に分類される[9,10]。局在型 SPR の電場増強度は 10^{3-5} で，伝播型よりも増強度が大きいが[11]，SPF 法に利用するには伝播型の方がチップ設計と作製が容易である。それは，金属表面からの距離の関数である増強電場の減衰と蛍光消光の抑制の2つの問題をチップ設計により解決しなければならないからである。金属は蛍光の消光剤となる。蛍光波長，金属や誘電体の屈折率などにも依存するが，金属表面から Förster 機構での蛍光分子から金属薄膜への励起エネルギー移動の消光距離である 20 nm 程度離れた位

---

　[*]　Keiko Tawa　㈱産業技術総合研究所　健康工学研究部門　バイオインターフェース研究グループ　主任研究員

第7章　格子結合型表面プラズモン励起増強蛍光（GC-SPF）法を用いた生体分子検出

置に蛍光分子を置く必要がある[12, 13]。しかし，局在型の電場は金属表面から 10〜20 nm 程で減衰するため，局在型で増強蛍光検出系を構築するには，蛍光分子の配置や膜構造の設計が難しい。

　本稿では伝播型 SPR の中でも，従来のプリズム結合型（PC-）ではなく格子結合型（GC-）SPF 法を利用した①イムノセンシング[14〜16]と，②細胞などの高感度蛍光イメージング[17, 18]，の 2 つについて紹介したい。バイオ分野では水中でのアッセイが基本であるため，PC-SPR では高屈折率ガラスチップとプリズム，長波長の可視光を使っても 60 度前後の広角の共鳴角になる。GC-SPR では，プリズムを使わずに低角に共鳴角を実現する。共鳴条件式 を[1]，[2]に示す[19]。

$$k_{spp} = k_{phx} + m k_g \quad (m = \pm 1, 2, \cdots\cdots) \tag{1}$$

$$k_{ph} (\varepsilon_d \varepsilon_m / (\varepsilon_d + \varepsilon_m))^{1/2} = k_{ph} \sin\theta + m \ 2\pi / \Lambda \tag{2}$$

k_{spp}，k_{ph}，k_{phx}，k_g はそれぞれ表面プラズモンポラリトンの波数ベクトル，入射光の波数ベクトル 入射光の x 成分の波数ベクトル，そして格子ベクトルである。また，ε_d，ε_m はそれぞれ誘電体と金属の複素誘電率であり，θ は入射角，Λ はピッチである。表面に周期構造を形成することで，平坦な金属表面では結合しない光が結合し，ピッチを調整することで，低角入射を実現する。また，高感度蛍光イメージングについては，既に全反射蛍光顕微鏡があるが，全反射蛍光では入射光の数倍程度の増強度であるのに対し，SPR 場を励起場として使った増強蛍光では，数十倍以上の増強度が期待できる。GC-SPR を利用すれば，顕微鏡下でも一般的な対物レンズを用いて（プリズムを使わずに）光を基板にカップリングし，GC-SPF による増強蛍光イメージングを行うことが期待できる。

1　プラズモニックチップの作製

　波長オーダーのピッチの周期構造レプリカは熱あるいは紫外光ナノインプリントリソグラフィー（NIL）で作製できる。紫外光 NIL の場合，PAK-01 や PAK-02 等（東洋合成工業）などの紫外線硬化樹脂を基板に塗布し，紫外二光束干渉露光によるリソグラフィーとドライエッチング，または電子線描画法によって作製されたガラスモールドを押しつけ，一定時間紫外線を照射することによってレプリカ作製を行う[20]。また，工業的には，DVD や CD 作製のように金型をおこして，射出成型によるプラスチックレプリカ作製も可能であり，大量生産が期待される。

　レプリカは，ピッチ 300-500 nm，溝あるいはホール深さが 15-50 nm の範囲の 1 次元あるいは 2 次元構造をもつものを用意した。この上に，rf-スパッター法で金属膜と消光抑制層を，レプリカと金属，金属と消光抑制層の間には接着層も成膜された。金属膜には金あるいは銀が用いられ，照射光をチップ上面から入射する系では，膜厚 100-200 nm に，チップ背面から入射する系では，膜厚 30-40 nm に調製された。また，消光抑制層には膜厚 20-40 nm の SiO_2 あるいは ZnO が調製された。成膜前後の走査型プローブ顕微鏡（SPM）像を図1(a)(b)に示す。ピッチと深さは成膜後もほぼ保持されている。

167

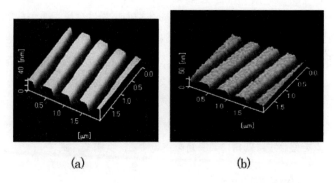

図1 成膜前(a)・後(b)のプラズモニックチップのSPM像。

2 プラズモニックチップ上の増強蛍光を利用したイムノセンサー

2.1 モデル化合物を用いたセンシング

モデル化合物として広く用いられているビオチン-アビジン相互作用の計測例を紹介する。プラズモニックチップのSiO_2表面を3-アミノプロピルトリエトキシシランでアミノ化し、続いて末端がNHS基とビオチンであるポリエチレングリコール（PEG）鎖（SUNBRIGHT BI-050TS, 日本油脂）を反応させてビオチン化する（図2）。蛍光色素cy5で標識されたストレプトアビジン（SA）溶液を注入した5分後、チップを洗浄して結合SAのcy5蛍光強度を計測すると、SPRの共鳴角において蛍光ピークが見られる。その蛍光強度は、金属を成膜していないスライドガラス上の同アッセイでの強度の約20-30倍となる。また、リバースカップリングモードとよばれる蛍光とプラズモンポラリトンとの再結合による蛍光増強が、共鳴条件を満たした特異的な

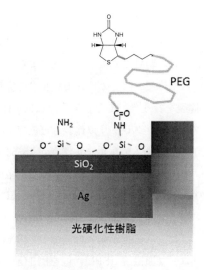

図2 モデル化合物「ビオチン-アビジン」アッセイのためのビオチン修飾チップの模式図。

第7章 格子結合型表面プラズモン励起増強蛍光 (GC-SPF) 法を用いた生体分子検出

角度でのみ検出できる[21,22]。本系でリバースカップリングによる蛍光増強度は3-6倍である。よって，SPR電場による励起増強と蛍光増強の両方を利用して，プラズモニックチップ上ではスライドガラス上と比べ50-100倍の増強蛍光が検出され，高感度検出に威力を発揮する。

実験結果を紹介する。2種類のセル（a）カバーガラスを両面テープで貼り付けた溶液セル，（b）$\phi 8$ mmの穴の開いたシリコンフィルム（ウェル）をとりつけたセル，を準備した（図3）。cy5標識SAの蛍光強度を背面照射光学系で計測すると，（a）のセルを形成したスライドガラス上では1 nMまでしか計測できなかったが，プラズモニックチップ上では図4に示すように，（a）では100 pMまで，（b）では10 pMまで計測できた。プラズモニックチップに変えることで1桁向上，セルを変えることでさらに1桁検出感度が向上することがわかった。各セルの試料容量が

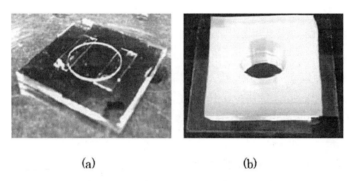

図3 (a)カバーガラスを両面テープで貼り付けた溶液セル，(b) $\phi 8$ mmの穴の開いたシリコンフィルムをチップ上にとりつけ，ウェルを形成したセルの写真。

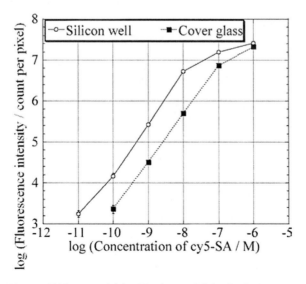

図4 2種類のセル (a)(--■--) と，(b)(—○—) における cy5-SA各濃度に対する蛍光強度計測の結果。

およそ (a) 10 μL, (b) 100 μL となっており, (b) では溶液拡散による結合効率向上のため高感度計測ができたと考えられる。

2.2 イムノアッセイ

ビオチン-アビジンのモデル化合物系と異なり, 実際にイムノセンサーとして使用するには, 注意すべき別の課題も存在する。非特異吸着抑制や, マルチステップによる計測感度の悪化阻止などである。ここでは, Green Fluorescent Protein (GFP) をマーカーとした計測例を示す。ピッチ 480 nm の一次元周期構造に銀を 37 nm, 酸化亜鉛を 17 nm 成膜したプラズモニックチップを用いた[16]。酸化亜鉛表面にまず, 1 μM に調製された抗酸化亜鉛 x 抗 GFP 二重特異性抗体 (図5)[23] を注入し, 抗 GFP 抗体を高密度に結合させた。洗浄後, cy5 標識 GFP を背面照射系で計測した。酸化亜鉛コーティングスライドガラス上の同アッセイと比べ, 蛍光強度が 100 倍増強し, 100 nM〜10 pM の広い範囲で GFP 検出ができた (図6)。検出限界は 7 pM であった。さらに, 腫瘍マーカーである上皮成長因子受容体 (Epidermal Growth Factor Receptor; EGFR) を二重特異性抗体で計測した。ここでは, del. 20 μM に調製した抗酸化亜鉛 x 抗 EGFR 二重特異性抗体を用いたところ, プラズモニックチップ上で酸化亜鉛コーティングガラスの 300 倍の増強蛍光が検出きた。検出限界は 700 fM を達成できた。

しかし, 血液検査などの臨床応用には, マーカーを蛍光標識せずにサンドイッチアッセイ系で高感度計測を実証する必要がある。現在プラズモニックチップ上でのサンドイッチアッセイでは, 腫瘍マーカーや炎症性サイトカインなどの計測に取りくんでおり, ELISA より迅速かつ高感度な 1-10 pg/mL のマーカーが精度よく計測できている。

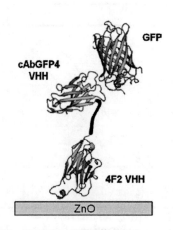

図5　抗酸化亜鉛 x 抗 GFP 二重特異性抗体とマーカーである GFP。

第7章 格子結合型表面プラズモン励起増強蛍光（GC-SPF）法を用いた生体分子検出

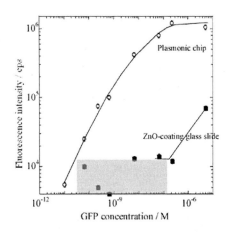

図6 二重特異性抗体を用いたアッセイでのGFP各濃度に対する蛍光強度計測の結果。プラズモニックチップ上（—○）と酸化亜鉛コーティングガラス上（—■）。（酸化亜鉛コーティングガラスのプロットの灰色帯はエラーによるばらつき範囲（＝検出限界以下）を示している。）

3 蛍光顕微鏡下での高感度蛍光イメージング

プラズモニックチップの一部を上述の方法でビオチン化してチップをパターン化し，cy5-SAを結合させて，その蛍光像を正立落射蛍光顕微鏡で観察した（図7）。ピッチ400 nm，ホール深さ20 nmの二次元周期構造に銀およびシリカを成膜したプラズモニックチップを使用した。同様のパターン化ガラス基板や銀／シリカコーティング平板，一次元プラズモニックチップ上の蛍光像を比較したところ，二次元チップでガラス基板の100倍明るい蛍光像が確認できた[24]。タンパク質（cy5-SA）のサイズは4 nm程度で，表面選択的な励起場を有効に利用して光るため，100倍の増強度を得ることができたと考えられる。

次に，ピッチ500 nm，ホール深さ30 nmの二次元周期構造に銀およびシリカを成膜したプラズモニックチップを調製し[18]，細胞培養ディッシュの底面のカバーガラスの代わりにプラズモニックチップを貼りつけたプラズモニックディッシュを作製した。成膜条件を改良して長期間培地に浸されても耐性があるディッシュとし，神経細胞を3週間以上培養することができた。培養後免疫染色を行い，正立落射蛍光顕微鏡下で観察した。ガラスボトムディッシュ上で培養した神経細胞の蛍光像と比べ，10倍以上明るい蛍光像を得ることができた（図8）。細胞サイズは μm オーダーで，タンパク質の大きさとは3桁異なっている。観察対象物のチップ表面からの距離＝サイズの違いで，SPRの増強電場を効率よく利用できないことや，落射蛍光ではGC-SPR励起による蛍光だけでなく，エピ蛍光の寄与があり，10倍程度の増強度にとどまると考えられる。しかし，樹状突起については，より表面選択的でS/Nがよく，空間分解能の高い蛍光像を撮ることができた。現在，倒立蛍光顕微鏡下でもプラズモニックディッシュの利点が生かせる細胞の蛍光観察に取り組んでいる。

プラズモンナノ材料開発の最前線と応用

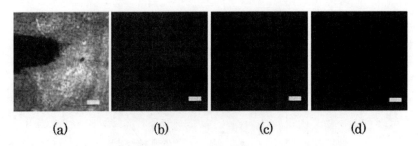

図7 各チップ上でのパターン化 cy5-SA の蛍光像。(a) 2次元プラズモニックチップ，(b) 1次元プラズモニックチップ，(c) 銀/シリカコーティング平板，(d) ガラス基板。

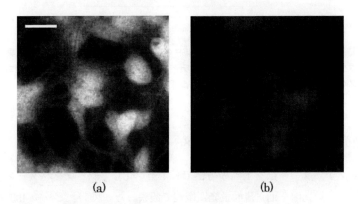

図8 培養した神経細胞の落射蛍光像。40×の対物レンズで観察。バーは 20μm。
(a) プラズモニックディッシュ上と (b) ガラスボトムディッシュ上。

今後の展開

　本章では，プラズモニックチップ上の増強蛍光を利用したイムノセンシングやバイオイメージングの研究例を紹介した。周期構造の形状の最適化，膜構造の最適化を図れば，更なる蛍光の増強が期待されるが，今後，プラズモニックチップをバイオ分野に幅広く普及させるためには，製造のコストダウンや安定供給を図る必要もあるだろう。また，プラズモニックチップを用いた GC-SPF システムは，臨床研究や診断において重要な「装置の小型化・簡単操作と迅速かつ高感度な多項目同時診断チップ」への展開が欠かせない。しかしながらイムノセンサーの開発は，装置とチップ（検出系）だけの発展では成功せず，試料の注入方法（セルの構造）や，より親和性の高い抗体の開発など複数の課題が平行して解決される必要がある。今後，様々な疾病を検出するプラズモニックチップを用いた有効な計測システムの開発が期待される。

第 7 章　格子結合型表面プラズモン励起増強蛍光（GC-SPF）法を用いた生体分子検出

文　　献

1) 食のバイオ計測の最前線　第 2 章 3「ELISA 法の原理と測定法─免疫反応の形式と測定反応」，シーエムシー出版（2011）.
2) E. Engvall and P. Perlmann, *Immunochemistry*, **8**, 871-874（1971）.
3) W. Yafeng, C. Chengliang, and L. Songqin, *Analytical Chemistry*, **81**, 1600-1607（2009）.
4) J. Qiana, Z. Zhoub, X. Caoa, and S. Liua, *Analytica Chimica Acta*, **665**, 32-38（2010）.
5) C. E. Jordan, A. G. Frutos, A. J. Thiel, and R. M. Corn, *Anal. Chem.*, **69**, 4939-4947（1997）.
6) L Nieba, S. E. Nieba-Axmann, A. Persson, M. Hämäläinen, F. Edebratt, A. Hansson, J. Lidholm, K. Magnusson, Å. Frostell-Karlsson, and A. Plückthun, *Analytical Biochemistry*, **252**, 217-228（1997）.
7) T. Liebermann and W. Knoll, *Colloids and Surfaces A-Physicochemical and Engineering Aspects*, **171**, 115-130（2000）.
8) F. Yu, D. F. Yao, and W. Knoll, *Analytical Chemistry*, **75**, 2610-2617（2003）.
9) プラズモンナノ材料の設計と応用技術，監修　山田淳，第 1 章 1-12, シーエムシー出版（2006）.
10) W. Knoll, *Annu. Rev. Phys. Chem.*, **49**, 569-638（1998）.
11) E. Hao and G.C. Schatz, *Journal Of Chemical Physics*, **120**, 357-366（2004）.
12) R. R. Chance, A. Prock, and R. Silbey. *Adv. Chem. Phys.* **37**, 1-65（1978）.
13) K. Tawa and K. Morigaki, *Biophysical Journal.* **89**, 2750- 2758,（2005）.
14) X. Cui, K. Tawa, H. Hori, and J. Nishii, *Appl. Phys. Lett.* **95**, 133117（2009）.
15) K. Tawa, Y. Yokota, K. Kintaka, J. Nishii, and T. Nakaoki, *Sensors and Actuators B: Chemical*, **157**, 703-709（2011）.
16) K. Tawa, T. Hattori, M. Umetsu, and I. Kumagai, *Analytical Chemistry*, **83**, 5944-5948 （2011）.
17) K. Tawa, H. Hori, K. Kintaka, K. Kiyosue, Y. Tatsu, and J. Nishii, *Optics Express* **16**, 9781 （2008）.
18) C. Yasui, K. Tawa, C. Hosokawa, J. Nishii, H. Aota, and A. Matsumoto, *Jap. J. Appl. Phys.*, **51**, 06FK10（2012）.
19) H. Raether: *Surface plasmons on smooth and rough surfaces and on gratings*（Springer-Verlag, Heidelberg 1988）.
20) N. Akashi, K. Tawa, Y. Tatsu , K. Kintaka, and J. Nishii, *Jap. J. Appl. Phys.*, **48**（6）, 06FH17（2009）.
21) J. Malicka, I. Jryczynski, Z. Gryczynski, and J.R. Lakowicz, *Anal. Chem.* **75**, 6629-6633 （2003）.
22) G. Winter and W. L. Barnes, *Appl. Phys. Lett.* **88**, 051109（2006）.
23) T. Hattori, M.Umetsu, T. Nakanishi, T. Togashi, N. Yokoo, H. Abe, S. Ohara, T. Adschiri, and I. Kumagai,. *J. Biol. Chem.*, **285**, 7784-7793（2010）.
24) X. Cui, K. Tawa, K. Kintaka, and J. Nishii, *Adv. Funct. Mater.* **20**, 945-950（2010）.

173

第8章　生体計測・生体応用

新留琢郎*

はじめに

表面プラズモンを示す金属ナノ粒子はその分光特性を活かした診断や治療への応用が期待されている。特に組織透過性が高い近赤外光を吸収する金ナノシェルや金ナノロッド，金ナノケージが近年注目を集め，多くの応用例が報告されている[1]。本章ではこれら金ナノ粒子に注目し，様々な技術について紹介したい。

1　近赤外域に表面プラズモンバンドをもつ金ナノ粒子

金ナノシェルはシリカナノ粒子の表面に金をコートしたナノ粒子で（図1），粒子径と金のシェル厚を変えることにより，吸収バンドをチューニングできる[2]。金ナノロッドは棒状の金ナノ粒子で，直径（短軸長）10～20nm程度，長さ（長軸長）50～100nm程度のものが一般的によく使われる。また，図2に示したように，短軸長方向の表面プラズモン振動に相当する吸収バンドが500nm付近の可視光域に，長軸方向のそれに相当するものが800～900nm付近の近赤外域に存在し，この分光特性はサイズやアスペクト比でチューニングできる。また，これら吸収バンドは金ナノシェルに比べるとシャープでモル吸光係数も大きい[3]。これは金ナノロッドのサイズ分布を金ナノシェルより狭くすることができるためである。金ナノケージは銀ナノキューブの表面に金をコートし，銀をエッチングすることで作製できる。内部が中空であることから，表面のみならず内部空間を使った機能化も可能で，新しい機能材料として注目されている[4]。

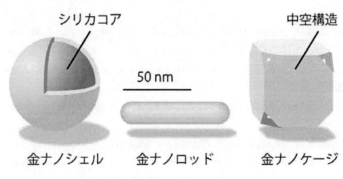

図1　近赤外域に表面プラズモンバンドをもつ金ナノ粒子

* Takuro Niidome　熊本大学　大学院自然科学研究科　産業創造工学専攻　教授

第8章 生体計測・生体応用

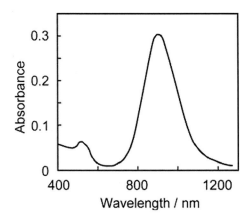

図2 金ナノロッドの吸収スペクトル

2 金ナノ粒子の生体適合化

金表面はチオール基やアミノ基と結合し，生体内のタンパク質などの様々な分子が非特異的に吸着する。また，金ナノロッドに関しては，それを作製する際に共存させる hexadecyltrimethylammonium bromide（CTAB）はカチオン性の界面活性剤であり，ロッド状構造の形成に重要で，また，分散安定剤としても機能している[3]。しかし，CTABは強い細胞毒性をもつため，CTABを取り除き，同時に，分散安定性を保ちつつ，生体適合化させる必要がある。一般に分散安定性付与と生体適合化にはポリエチレングリコール（PEG）鎖で金表面を修飾するという手法がとられる。金ナノロッドの場合，粒子のゼータ電位はほぼ中性となり，培養細胞毒性に対する毒性は認められない。また，マウスへ静脈投与後，6時間後においても，投与量の30%が血中を循環し，高い血中滞留性をもつことがわかった。最終的に金ナノロッドは肝臓と脾臓に蓄積するが，短期的な肝毒性，腎毒性，サイトカイン応答といった副作用は見られなかった。図1に示すいずれの金ナノ粒子もPEG鎖で修飾することにより，分散安定性と生体適合性を獲得している[2,4~6]。

3 イメージング

3.1 細胞イメージング

金ナノロッドは強い光吸収に加え，二光子励起発光，フォトアコースティック効果といった特徴的な性質をもっている。これらの特性をバイオイメージングへ応用する試みが行われている。

培養細胞を対象にした細胞イメージングにおいて，Huangらは腫瘍細胞に結合する抗体で修飾した金ナノロッドを腫瘍細胞に添加し，その細胞の近赤外光散乱による細胞イメージングに成功した。また，これに近赤外光レーザーを照射すると，金ナノロッドのフォトサーマル効果によ

り加熱されるため，照射部位に存在する細胞は傷害を受ける。この研究では光散乱イメージングとフォトサーマル細胞傷害について，様々な条件検討が行われた[7]。金ナノロッドの二光子励起発光での細胞イメージングも報告されている[8,9]。ここでは超短パルスのチタン：サファイアレーザーを励起光として用い，培養細胞（KB細胞）に取り込まれた金ナノロッドの検出を行った。さらに，このグループはマウス静脈投与後の耳の血管内を流れる金ナノロッドのイメージングにも成功した。二光子励起発光は1粒子でも観察できることから，高感度のイメージング技術として期待される。

3.2　In vivo イメージング

上で述べた二光子励起発光は対物レンズで励起光を一点に集める必要があり，観察対象が体表面あるいはレンズがアクセスできる場所に限られる。そこで，筆者らは単純に金ナノロッドの近赤外光吸収を使ってイメージングできないかと考えた。マウス腹部を分光光度計に接続した積分球のポートの上に乗せ，金ナノロッドの静脈投与後の吸収スペクトルを測定した。その結果，PEG修飾金ナノロッドの投与後30分において，明確な金ナノロッドに由来するスペクトルが観察され，マウス体内を循環する金ナノロッドの検出に成功した（図3）。一方，フォスファチジルコリンで修飾した金ナノロッドの場合では[10]，投与後直後では金ナノロッドのスペクトルが観

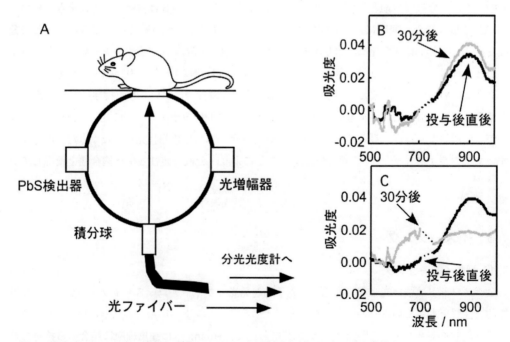

図3　積分球によるマウス腹部の吸収スペクトル測定法(A)，および，PEG修飾金ナノロッド(B)，フォスファチジルコリン修飾金ナノロッド(C)の静脈投与後の腹部吸収スペクトル（金属ナノ・マイクロ粒子の形状・構造制御技術，米澤　徹　監修，シーエムシー出版，2009）

察されたが，30分後には確認されなかった。次に，900nm の吸収値を連続的に測定した結果，金ナノロッドの表面修飾に応じて減衰速度が異なり，PEG 修飾金ナノロッドの半減期は200分程度，フォスファチジルコリン修飾金ナノロッドの半減期は1.3分程度と算出できた[11]。吸収による金ナノロッドのモニタリングは LED 光源でも達成可能であり，安価な検出システムをつくることができる可能性がある。また，組織透過性の高い超短近赤外光パルスレーザーを用い，トモグラフィー技術を入れることで，3次元のイメージングへも発展できるだろう。

金ナノロッドに光照射すると熱が発生すると同時に超音波も発生する（フォトアコースティック効果）。その発生場所（金ナノロッドの存在場所）を超音波エコー画像診断装置の技術を使うことによって画像化することが可能である。Eghtedari らは PEG 修飾金ナノロッドをヌードマウスの皮下に投与し，そこへ757nm のパルスレーザーを照射しながら，音波信号を検出した。その結果，深度方向に正確な金の存在位置が測定でき，2次元の画像化も出来ることがわかった[12]。最近では，フォトアコースティックイメージング装置も市販されるようになった。音波を検出するこの方法は体内深部のイメージングを可能にする。カテーテルなどの光照射デバイスと組み合わせれば，より適用範囲は拡がるのではないかと期待される。

4 フォトサーマル効果による温熱治療

金ナノ粒子のフォトサーマル効果により発生する熱でがん組織を傷害する温熱治療に関する研究が進められている。金ナノシェルでは古くから研究が進められており[2]，米国においては頭頸部がんや前立腺がんに対して，臨床試験も開始されている。一方，金ナノロッドや金ナノケージを用いた研究も精力的に進められている[4, 13]。筆者らは担がんマウスの腫瘍内に金ナノロッドを投与し，そこへ1,064nm の近赤外レーザー光を照射することにより，腫瘍組織の傷害を達成でき，また，腫瘍の成長を抑制することに成功した（図4）。ただし，金ナノロッドを静脈投与した際にはこの抑制効果は弱く，このことから，より高い抗腫瘍効果を得るためには金ナノロッドの腫瘍へのターゲティングが必要であることが指摘された。Dickerson らも，PEG 修飾金ナノ粒子を局所あるいは静脈投与し，担がんマウスの腫瘍部位に808nm のレーザー光を照射し，腫瘍の成長抑制を評価した。その結果，強い抗腫瘍効果が認められ，この場合も，局所投与の方がより高い効果を見せた。さらに，レーザー光を照射し，各場所での吸収スペクトルを測定することにより，金ナノロッドの体内イメージングに成功している[14]。金ナノロッドの病変部位への正確なターゲティングが可能になれば，病変部位のイメージングによる診断と副作用の少なく効果的なフォトサーマル治療が実現するだろう。

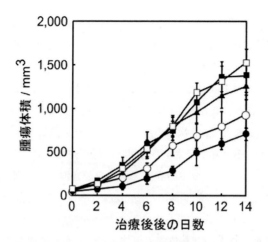

図4 フォトサーマル治療による腫瘍体積変化。B16細胞を移植した担癌BALB/cマウスにPEG修飾金ナノロッド，もしくは5%グルコースを投与し，近赤外光パルスレーザー照射後（750mW，3min）の腫瘍体積変化を観測した。
● ：腫瘍に金ナノロッドを局所投与（50μl），近赤外光パルスレーザー照射処理マウス，○：金ナノロッドを静脈投与（300μl），近赤外光パルスレーザー照射処理マウス，□：腫瘍に金ナノロッドを局所投与（50μl）処理のみのマウス，■：腫瘍に5%グルコースを局所投与（50μl），近赤外光パルスレーザー照射処理マウス，▲：未処理のマウス。

5 金ナノ粒子のフォトサーマル効果を利用した薬物リリースシステム

ドラッグデリバリーシステム（DDS）は必要な量を，目的の場所に，特定の時間作用させ，最低限の薬物量で，最大限の効果を発揮させ，同時に，副作用も低減させる技術である。その手法として，プロドラッグ化や徐放製剤化，また，標的に部位に集積させるための高分子化など様々な手段が提案されている。しかしながら，それでも全投与量の数%～十数%の薬物しか標的組織に到達できないのが現状で，その効率を上げる研究が盛んに行われている。そこで，筆者らは金ナノロッドのフォトサーマル効果をトリガーとする薬物放出システムを考案した。二本鎖DNAは加熱すると，一本鎖に解離する。そこで，二本鎖DNAを金ナノロッド表面に修飾し，これに近赤外光を照射することによって，金ナノロッドを発熱させ，一本鎖DNAを金ナノロッド表面からリリースさせることを着想した（図5）。この一本鎖DNAは核酸医薬として知られているアンチセンスオリゴヌクレオチドやデコイオリゴヌクレオチドとすることが可能で，また，siRNAとすることもできる[15]。さらに，その解離するDNA鎖に薬物を修飾しておけば，光照射によってコントロールできる薬物のリリースシステムも構築できる。

筆者らは解離する方の鎖にモデル薬物として，蛍光基（Cy3）を修飾し，フォトサーマル効果による二本鎖DNAの解離を蛍光変化で評価した。その結果，金ナノロッド表面で消光していた蛍光が，近赤外光を照射することにより回復することを確認した。また，実際の光照射時の溶液温度を測定した結果，二本鎖DNAの融点より低い温度で解離が認められたことから，金ナノ

第8章　生体計測・生体応用

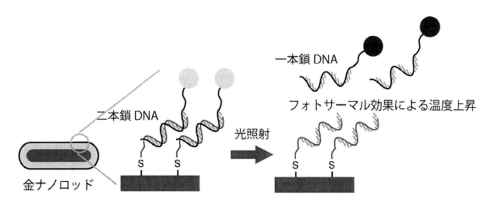

図5　二本鎖 DNA 修飾金ナノロッドと光照射による一本鎖 DNA の解離

ロッドの周辺の局所的な温度は溶液全体の温度より高くなっていることが示された。実際に，担がんマウスの腫瘍部位にこの DNA 修飾金ナノロッドを局所投与し，近赤外光を照射した結果，照射部位から蛍光が観察された[16]。このことから，マウス体内においても，金ナノロッドのフォトサーマル効果によって，一本鎖 DNA の遊離を引き起こすことができることを証明した。このシステムを利用した抗がん剤のコントロールリリースシステムの構築が期待される。

6　フォトサーマル効果により促進される経皮ワクチンシステム

皮膚は体の内外を区切り，乾燥や感染から守る大事な組織である。一方，その大きな面積とアクセスのしやすさから，簡便で安全な薬物の投与ルートにもなる。しかし，最外層にある角質層は最大のバリアとして機能しており，特に親水性の高分子であるタンパク質や核酸といった高分子の経皮デリバリーは困難である。したがって，これら高分子の経皮デリバリーが達成されれば，安全で簡便なワクチンの接種技術となりうる。そこで，筆者らは金ナノロッドの局所的な発熱が数十マイクロメーターという薄い角質層を一時的に傷害し，物質透過性が上がるのではないかと考えた。これは，抗原タンパク質を効率よく皮膚の免疫担当細胞であるランゲルハンス細胞や樹状細胞に送達できるため，高いワクチン効果が得られると期待される。

まず，金ナノロッドとオブアルブミン（モデル抗原タンパク質）との複合体をつくらせる必要があるが，ここでは内部に金ナノロッドとオブアルブミンを固体コアとしてもつ solid-in-oil（S/O）エマルションを利用した。S/O エマルションはタンパク質の経皮吸収を促進するが，その吸収（角質層透過）は十数時間かかり，より迅速な経皮吸収システムが求められていた[17]。この S/O エマルションを円筒カップを用いて，皮膚に接触させ，そこへ近赤外光を照射した結果，金ナノロッドの発熱が観察され，オブアルブミンの皮内への移行が確認できた。さらに，抗オブアルブミン抗体の産生も認められた[18]。今後，投与デバイスの開発や投与量，光照射を改良する必要はあるが，ヒートショックタンパク質の誘導もできるこの手法は細胞傷害性 T 細胞の活性

プラズモンナノ材料開発の最前線と応用

化も積極的に誘導し，がんワクチンへの応用も含めて，その可能性は極めて高いと期待している。

おわりに

近赤外光を吸収し，様々な分光学的特性を示す金ナノシェルや金ナノロッド，金ナノケージはフォトサーマル効果により生体組織を傷害し，様々な治療法に適用できるだけではなく，二光子励起発光イメージングやフォトアコースティックイメージングの造影剤としても利用できる。さらに，フォトサーマル効果による薬物のリリースシステムは体外からの光照射で薬物の機能をオンデマンドにコントロールできる技術として期待される。また，皮膚のバリア機能を緩め，ワクチン技術と組み合わせることで，新しい免疫治療技術としても期待される。このように有機分子ではこれまで不可能であった様々な医療技術が，この金ナノ粒子のプラズモニクスをベースとして発展している。今後の研究の進展に目が離せない。

文　　献

1)　A. S. Thakor *et al., Nano Lett.*, **11**, 4029 (2011).

2)　L. R. Hirsch *et al., Proc. Natl. Acad. Sci. U.S.A.*, **100**, 13549 (2003).

3)　Y.-Y. Yu *et al., J. Phys. Chem. B.*, **101**, 6661 (1997).

4)　J. Chen *et al., Small*, **6**, 811 (2010).

5)　T. Niidome *et al., J. Control., Release*, **114**, 343 (2006).

6)　Y. Akiyama *et al., J. Control., Release*, **139**, 81 (2009).

7)　X, Huang *et al., J. Am. Chem. Soc.*, **128**, 2115 (2006).

8)　H. Wang *et al., Proc. Natl. Acad. Sci. U.S.A.*, **102**, 15752 (2005).

9)　T. B. Huff *et al. Langmuir*, **13**, 1596 (2007).

10)　H. Takahashi *et al. Langmuir*, **22**, 2 (2006).

11)　T. Niidome *et al., Small*, **4**, 1001 (2008).

12)　M. Eghtedari *et al., Nano Lett.*, **7**, 1914 (2007).

13)　T. Niidome *et al., J. Biomater., Sci.-Polym. Ed.*, **20**, 1203 (2009).

14)　E. B. Dickerson *et al., Cancer Lett.*, **269**, 57 (2008).

15)　E. Lee *et al., Nano Lett.*, **9**, 562 (2009).

16)　S. Yamashita *et al., Chem. Lett.*, **38**, 226 (2009).

17)　Y. Tahara *et al., J. Contol. Release*, **131**, 14 (2008).

18)　D. Pissuwan *et al., Small*, **7**, 215 (2011).

第 9 章 SPR イメージング：生体分子解析への応用

京　基樹[*]

1　SPR イメージングとは

　表面プラズモン共鳴（SPR）は生体分子測定解析に幅広く応用されてきた。金属がコーティングされたチップの表面近傍の固相化した物質と液相の物質が相互作用すれば，表面近傍の屈折率変化・層の厚み変化が起こる。その変化を SPR 角シフト・反射光強度変化として捉えることで，ラベルフリーかつリアルタイムに相互作用解析が可能となる。

　ラベルフリーの利点は，蛍光分子や放射線同位体によるラベリングが不要であるため，ラベル操作によって生体分子の機能が損なわれる恐れがないことである。リアルタイムであることにより，結合・解離速度定数，平衡定数を求めることができることが特長である[1]。

　ラベルフリーかつリアルタイムに相互作用解析が可能な生体分子チップ技術として，水晶発振子（QCM），二面偏波式干渉計，エリプソメトリなども挙げられる。しかし，SPR を応用した SPR イメージング法のみが，多点解析可能な生体分子解析に応用されていると言える。

　SPR イメージング法は Rothenhäuseler と Knoll により提唱され[2]，Corn らのグループにより改良が重ねられた[3,4]。最終的に，白色光源を用い，平行光とした偏光光束をチップ全面に照射

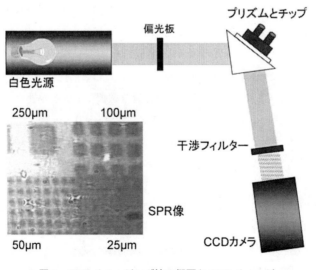

図 1　SPR イメージング法の概要と SPR イメージ

＊　Motoki Kyo　東洋紡㈱　診断システム事業部　部員

して，その反射像を CCD カメラで撮影する方法が確立された（図1）。

SPR イメージング法では，金属チップ表面近傍の広い範囲における屈折率変化・層の厚み変化を SPR 角のシフト，反射光強度の変化として検出することができる。チップ上に区画化された約 1cm^2 の測定領域に複数の物質を固定化したアレイを作製し，各区画の反射光強度の変化を検出することで，複数の相互作用を同時に観察することができる。すなわち，SPR イメージングは SPR の長所をそのままに，96 点や 400 点のアレイを用いて，ハイスループットに生体分子の相互作用解析ができる生体分子チップ技術である。

2　SPR イメージング装置の概要

光源にはハロゲンランプを用いることができる。均一な平行光を得るために，光源から凸レンズを使ってピンホールを通した上で，再度凸レンズを通すという手段が挙げられる。偏光板を通して，p 偏光としてから，プリズムとマッチングオイルで接続した金チップに，背面から偏光光束を照射する。反射して得られる SPR 像は，830 nm ± 10 nm のナローバンドパスフィルター（干渉フィルター）を通して CCD カメラで撮像する。

使用するプリズム，ガラスチップは屈折率 n_D が 1.70 程度の高屈折率ガラスであることが望ましい。BK7（n_D=1.517）といった一般的なガラスを用いると，測定角が大きくしないと SPR 現象が観察できない。正方形の領域を観察する場合，測定角の方向からチップを観察するため，測定する領域は短辺が極端に短い長方形となり，非常に観察しづらくなる。

プリズムとガラスチップ，マッチングオイルの屈折率はほぼ同一であるべきである。屈折率が異なると，SPR 像に干渉縞が観察される。ただし，高屈折率マッチングオイルの中には揮発性の高いものがあり，28℃以上で使用していると蒸発により屈折率が変わり，干渉縞が発生する場合があるので注意が必要である。

観察像をみやすくするために高屈折率のガラスを用いること，揮発性の高いマッチングオイルを避けることの二点を両立させた結果，n_D=1.70 付近を選択することが勧められる。

金属チップは通常の SPR と同様，ガラスチップに 400〜500 nm の金を蒸着させたものを用いるのが一般的である。ガラスに直接，金を蒸着させると金が剥がれやすいため，クロムを 10-30 nm 蒸着させるのが一般的である。

250 μm，100 μm，50 μm，25 μm の正方形のパターンを施したチップの SPR 像を図1 左下に示す。これより，SPR イメージング法における，スポットサイズは 100 μm が判別可能とわかる。ただし，それ以下のスポットは，エバネッセント波の影響により，やや判別困難である。

また，スポッターなどを用いてアレイを作製することになるが，DNA マイクロアレイ用の小さいスポットを激しく打ち付けて作製するスポッターでは，金蒸着面を傷つけてしまう恐れがある。金蒸着面を傷つけないために 250 μm 以上の大きさのピンで表面に負荷を与えないようにスポットする必要がある。スポッティングにかかる時間（30 分以内）なども考慮に入れると，100

第9章 SPRイメージング：生体分子解析への応用

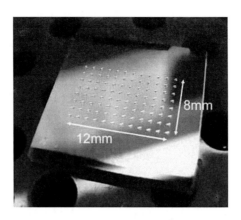

図2　金蒸着チップへの生体分子溶液のスポッティング

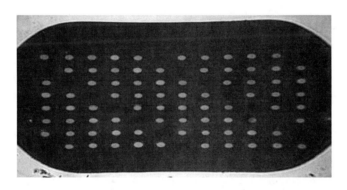

図3　生体分子固定化アレイのSPRイメージ

スポット/cm^{2}程度，500μm程度のスポットが現実的であると考える。

　金蒸着チップに96個のDNA溶液の液滴をスポットした写真を図2に示す。この場合でスポットの中心間の距離は1mmとなる。このSPR像を図3に示す。やや白く見えるスポットに生体分子が固定化されており，その部分の反射強度の変化を観察することで，相互作用があったかどうかを判定することができる。

　スポッターを使う以外に，簡便にアレイを作製する手段として，マイクロフルイディクスを用いた方法も提案されている。これは複数vs複数の相互作用を観察する方法として優れている[5,6]。

　このように，装置の構成自体は非常にシンプルであり，操作も簡単であると言える。

3　SPRイメージングのためのアレイ作製技術

　SPRを使って，生体分子間の相互作用を観察するためには，一方の分子を金属表面に固定化させる必要がある。金属に金を用いれば，金－硫黄が結合することを利用して，アルカンチオー

ル分子を用いた自己組織化表面（SAMs）を形成させることができる。従って，アルカンチオール分子の末端に官能基が入ったものを使用すれば，表面に官能基を導入でき，その官能基を起点として，生体分子を導入することができる。

　通常の SPR においては，一分子を固定化すればいいため，フローセル内で順に反応させるべき物質を流して固定化する手段が考えられる。しかし，SPR イメージングにおいては，アレイを作製する必要があるため，スポッターなどのアレイ作製手段とともに，アレイ作製のための表面化学が必要である。以下，スポッターを用いてアレイを作製する場合の表面化学を紹介する。

　固定化される物質は，固定化しても物質の機能を損なう恐れの少ない方を選ぶべきである。また，SPR イメージング法を使うメリットを活用するため，比較評価されるべき複数の物質が容易に得られる物質が望まれる。表1に固定化物質とその固定化方法，必要な処理をまとめたものを示す。DNA，RNA，ペプチドは容易にさまざまな配列の物質を合成可能であるとともに比較的安定な物質であるため，固定化物質としては適している。また，抗体も数多くの種類が市販されており，入手しやすい。低分子ライブラリを有する場合は低分子アレイも SPR イメージング法の対象になりうる。

(1)　チオールカップリング法[7,8]

　DNA や RNA は 5' 末端にチオールを導入して合成することが可能であり，外注で容易に得られる。ペプチドにおいては，C 末端にシステインを入れることでチオール末端が入る。抗体においいては，操作がやや煩雑であるが，抗体を消化し，内部のジスルフィド結合を解離させて Fab' を得れば，チオール基が得られる。

　チオール基を有する物質を固定化する方法を図4に示す。まず，ポリエチレングリコール（PEG）を有するアルカンチオールを用いて，バックグラウンド部を導入する。次に，フォトパターンを行って，スポット部分の金を露出させる。露出した金に，アミノ基末端のアルカンチオールを結合させ，アミノ基表面とする。アミノ基と結合する N-ヒドロキシスクシンイミド（NHS）基とマレイミド基を有する架橋剤 NHS-PEG-MAL を反応させ，マレイミド表面とする。表面のマレイミド基と固定化物質が有するチオール基を反応させて，固定化する。

　チオール基は生体分子の中にそれほど数多く存在しているわけではないため，アレイ作製のための固定化方法として優れている。ただし，ジチオスレイトール（DTT）といったチオール基を豊富に含む還元剤が混じっている場合は，DTT が優先的に固定化されるため，DTT の使用は避けるべきである。還元剤が必要な場合は，ホスフィン系の還元剤を用いるべきである。

表 1　SPR イメージングのアレイ作製における固定化物質と固定化方法，及び必要な処理

固定化物質	DNA，RNA	ペプチド	Fab' 抗体	抗体，蛋白	低分子
固定化方法	チオールカップリング法	チオールカップリング法	チオールカップリング法	アミノカップリング法	フォトリンク法
必要な処理	5' 末端チオール導入	C 末端システイン導入	Fab' 作製	アミノ基含む安定剤除去	揮発性溶媒に溶解

第9章 SPR イメージング：生体分子解析への応用

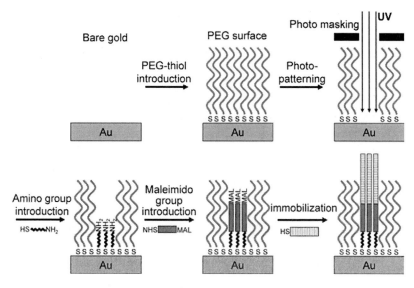

図4 チオールカップリング法による生体分子の固定化

　なお，固定化反応の物質に存在するPEGは非特異的結合を低減するために非常に効果的である。

(2) アミノカップリング法[9]

　蛋白質には数多くのアミノ基が含まれており，そのどこかを使って固定化する方法である。ただし，蛋白質の活性部位のアミノ基を固定化反応に使われてしまった場合は，機能を失われると予想される。蛋白質のなかでも，抗体は比較的安定であり，本固定化方法でも固定化可能である。

　アミノカップリング法の手順を図5に示す。チオールカップリング法と同様に，PEGアルカンチオールのバックグラウンドを導入してフォトパターンを行う。次に露出した金に，カルボキシル基末端PEGアルカンチオールと，PEGアルカンチオールの混合物（混合比1：9）を結合させて，カルボキシル基を導入する。カルボキシル基を，水溶性カルボジイミドとNHSで活性化させて，アミノ基を有する物質と反応させて固定化する。

　ただし，固定化物質の安定化剤に牛血清アルブミン（BSA）やゼラチンなどが入っている場合は，安定剤にアミノ基があり，安定剤の濃度の方が高いため，安定剤が優勢的に固定化されてしまい，目的の物質がほとんど固定化されない問題が生じる。その場合は精製して安定剤を除去する必要がある。

(3) フォトリンク法[10]

　官能基非依存型の固定化方法であり，低分子物質や糖鎖の固定化に適している。固定化手順を図6に示す。光反応性のアリルジアジリン基を有するPEGアルカンチオールと，PEGアルカンチオールを1：9の割合で混ぜて，金表面に固定化し，アリルジアジリン基を表面に導入する。固定化すべき物質を溶媒に溶解してスポットし，スポットを乾燥させる。その後，365 nmの紫

プラズモンナノ材料開発の最前線と応用

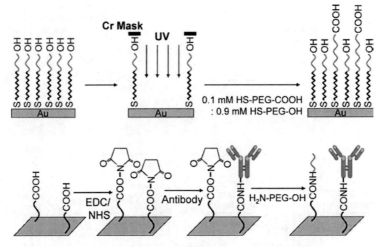

図5 アミノカップリング法による生体分子の固定化

外光を照射し，固-固反応により，固定化する．300 nm 以下の紫外光を照射すると，フォトパターン同様に，金—硫黄結合が破壊されて，固定化そのものができなくなるため，300 nm 以下をカットするフィルターを通して照射するべきである．

溶媒に DMSO などの不揮発性溶媒を用い，DMSO が残留した場合，DMSO が優先的に固定化されてしまう．従って，できるだけ揮発性のある溶媒を使うべきである．また，この方法ではスポットを長時間乾燥させた状態にして反応させるため，長時間の乾燥でも活性を失わない物質を使う必要がある．

フォトリンク法で固定化される物質はランダムな方向で表面に結合する．機能を発揮できない方向で固定化されるものもあれば，機能を発揮できる方向で固定化されるものもあると予想される．「正しい方向」で固定化されているものは，ターゲット分子と相互作用をするはずなので，何らかの結合シグナルが得られるはずである．従って，ランダムな方向で固定化されていれば，結合のスクリーニングが可能と考えられる．

4　生体分子解析への応用（転写因子の解析）

SPR イメージングの生体分子解析への応用として，DNA—蛋白[7,8,11~13]，ペプチド—蛋白[14,15]，糖鎖—蛋白[16,17]，脂質—蛋白[18]，抗体アレイ[9,19,20]，低分子—蛋白[10]相互作用など，さまざまな生体分子相互作用解析が報告されている．なかでも分子生物学的に意義のある応用として，筆者が関わった DNA—蛋白質（転写因子）の相互作用解析の例を紹介したい．

前述の通り，DNA はチオールカップリングで固定化が容易である．この固定化方法において，PEG を含む架橋剤 NHS-PEG-MAL を用いる方法を確立し，二本鎖 DNA と蛋白質である転写因子 MafG の相互作用の解析方法を確立した[7,8]．確立にあたってはゲルシフトアッセイ法との

第9章　SPRイメージング：生体分子解析への応用

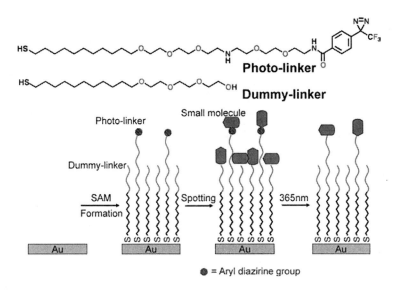

図6　フォトリンク法による生体分子の固定化

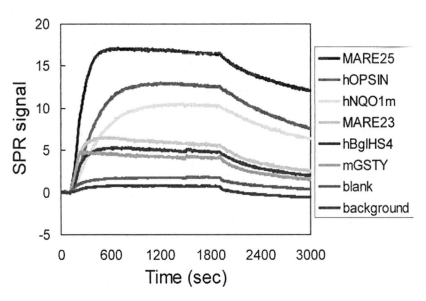

図7　6種のdsDNAと転写因子MafGホモダイマーの相互作用観察結果

比較により，バリデーションを行った．確立の際に6種類の二本鎖DNAとMafGホモダイマーの相互作用を観察した結果を図7に示す．次に，MAREと言われる13塩基のMaf関連配列について，一塩基ずつ全てを変えて用意した40種類の二本鎖DNAを金チップ上に固定化し，MafGホモダイマーとの相互作用を観察した．従来は，わずか一塩基の違いが転写因子の結合に大きく影響することが知られていなかったが，本研究により，MAREの一塩基の違いが転写因子との親和性を規定しており，転写活性化能にも反映されることが示唆される結果が得られ

た[21]。さらに研究を進め，MafG と Nrf2 を混合させて相互作用を観察することで，MafG/Nrf2 ヘテロダイマーと MARE の相互作用の観察に成功した。その結果，MafG ホモ 2 量体と MafG/Nrf2 ヘテロ 2 量体の結合配列は異なり，親和性の違いから，MARE 配列をグループ分類できることを見出した。MARE 配列を取り巻く転写因子群は，同様の配列に対して働くと考えられていたが，1）二量体によって働く配列は異なっている，2）MARE 配列の多様性が特定の遺伝子制御を担っている可能性が示唆された[22]。

　MafG ホモダイマーは遺伝子発現を抑制する転写因子であり，MafG/Nrf2 ヘテロダイマーは遺伝子発現を活性化する転写因子である。それぞれの働きが異なることが示唆させる結果を SPR イメージング法により得ることができた。

5　真の生体分子解析への課題

　SPR イメージングの装置はシンプルであり，操作も簡便である。表面化学を駆使して，生体分子を固定化する方法も確立されており，さまざまな生体分子相互作用解析に応用可能である。ただし，転写因子解析は例外として，その他ほとんどの生体分子解析への SPR イメージングの応用はデモンストレーションの段階にとどまっている。つまり，「測定が可能であること」を証明しただけで，その次に，分子生物学的に何かを見出した，何かを発見した，何かを証明した，という報告は極めて少ないのが現状である。

　また，転写因子解析にしても，SPR イメージングを駆使して，さまざまな転写因子を解析しようという分子生物学者が多数続いて出てこない。その一方で，分子生物学者は遺伝子を破壊した細胞株・ノックアウトマウスの構築，ルシフェラーゼを組み入れたレポーターを細胞に感染させておこなうレポーターアッセイなどには労力を惜しまない。

　SPR が大きく広まらない一番の原因は特異的結合と非特異的吸着の区別が困難な場合があるためであろう。PEG やデキストランを固定化材料に用いることで，非特異吸着を低減はできるものの，完全に排除するのは難しい。仮に，SPR の生体分子解析において予想外の結果が得られたとき，新しい発見なのか，ただ単に非特異的な吸着・結合による結果なのか，固定化がうまくいっていないのか，測定条件が最適化されていないのかを判別するのは，他の手法での結果を踏まえて総合的に判断されるのが現状である。

　ただ，ある程度機能がわかった蛋白質が，どんな結合特性をもつのか，詳細に解析する上では，SPR イメージングは有効なツールになりえると考える。また，どのような条件で相互作用をするのか，詳細に条件を変えて結合特性の変化を観察するなど，他の方法ではできないデータがクローズアップされたとき，真の生体分子解析への道が開けると考える。

第 9 章　SPR イメージング：生体分子解析への応用

文　　献

1)　永田和宏・半田宏共編，生体物質相互作用のリアルタイム解析実験法，シュプリンガー・フェアラーク東京，p.27-34（1998）
2)　Rothenhäusler, B. *et al.*, *Nature*, **332**, 615（1988）
3)　Nelson, B. P. *et al.*, *Anal. Chem.*, **71**, 3928（1999）
4)　Brockman, J. M. *et al.*, *Annu. Rev. Phys. Chem.*, **51**, 41（2000）
5)　Lee, H. J., *et al.*, *Anal. Chem.*, **73**, 5525（2001）
6)　Ouellet, E., *et al.*, *Lab Chip*, **10**, 581（2010）
7)　Kyo, M. *et al.*, *Genes Cells*, **9**, 153（2004）
8)　磯辺俊明・高橋信弘共編，実験医学別冊 決定版！プロテオーム解析マニュアル，羊土社，p.203-213（2004）
9)　Kyo, M., *et al.*, *Anal. Chem.*, **77**, 7115（2005）
10)　Kanoh, N., *et al.*, *Anal. Chem.*, **78**, 2226（2006）
11)　Brockman, J. M., *et al.*, *J. Am. Chem. Soc.*, **121**, 8044（1999）
12)　Smith, E. A., *et al.*, *Langmuir*, **19**, 1486（2003）
13)　Shumaker-Parry, J. S., *et al.*, *Anal. Chem.*, **76**, 918（2004）
14)　Wagner, G. J., *et al.*, *Anal. Chem.*, **76**, 5667（2004）
15)　Inamori, K., *et al.*, *Anal. Chem.*, **77**, 3979（2005）
16)　Smith, E. A., *et al.*, *J. Am. Chem. Soc.*, **125**, 6140（2003）
17)　Kyo, M., *et al.*, *Methods Mol Biol.*, **577**, 227（2009）
18)　Taylor, J. D., *et al.*, *Anal. Chem.*, **81**, 1146（2008）
19)　Lausted, C., *et al.*, *Mol. Cell Proteomics*, **12**, 2464（2008）
20)　Lee, H. J., *et al.*, *Analyst*, **133**, 975（2008）
21)　Yamamoto, T., *et al.*, *Genes Cells*, **11**, 575（2006）
22)　Kimura, M. *et al.*, *J. Biol. Sci.*, **282**, 33681（2007）

第10章　チップ増強ラマン散乱—原理と応用

鈴木利明[*1]，尾崎幸洋[*2]

はじめに

　表面増強ラマン散乱（surface-enhanced Raman scattering：SERS）は，金属ナノ構造体近傍でラマン散乱が著しく増強される現象をいう。金や銀などの金属ナノ構造体にレーザー光を照射すると，金属表面の自由電子が集団振動を起こし，局在表面プラズモン共鳴（localized surface plasmon resonance）が発生する。このプラズモン共鳴により，金属ナノ粒子近傍には非常に強い増強電場が発生する。この増強電場内に分子が存在すると，ラマン散乱が著しく増強される[1~7]。金属ナノギャップなどでの表面増強ラマン散乱では単分子レベルのラマン散乱も測定されている。

　一般にSERSでは金属ナノ粒子，または金属ナノ構造体をもつ基板が用いられる[2~7]。しかし，この方法ではラマン散乱を測定する場所のコントロールが難しい。金属ナノ粒子，あるいは金属ナノ構造体に吸着した分子のラマン散乱が増強されるのみで，測定点を任意に選んで測定を行うことは困難である。そこで走査プローブ顕微鏡（scanning probe microscope：SPM）とSERSの手法を組み合わせ，ラマン散乱を増強する場所をコントロールする方法が開発された。それがチップ増強ラマン散乱（Tip-enhanced Raman scattering：TERS）である[4,6,8~12]。TERSはSPMに使われるカンチレバーや金属ナノ探針に金や銀を用いて，その先端で増強ラマンを測定しようというものである。図1にTERS装置の概略図を示す。TERSはWesselらが1985年にSERSと走査トンネル顕微鏡（STM）を組み合わせた装置のアイディアを初めて提案した[13]。その後，2000年にZenobiら[14]，Andersenら[15]，河田ら[16]がそれぞれ初めてTERSを測定した報告を行った。その後，様々な装置の改良が報告されている。TERSには，以下のような特徴がある。

　①高い感度

　　SERSと同じ原理を用いることで，通常のラマンよりもはるかに高い感度を持つ。近年では，単一分子のTERS測定例も報告されている。

　②高い空間分解能

　　通常の顕微分光測定では，空間分解能は光の回折限界によって決まる。しかし，TERSの空間分解能はナノ探針の先端半径によって決まる。そのため光の回折限界を超えた，10 nmに迫る空間分解能が達成可能である。

＊1　Toshiaki Suzuki　関西学院大学　理工学研究科

＊2　Yukihiro Ozaki　関西学院大学　理工学部　化学科　教授

第10章　チップ増強ラマン散乱—原理と応用

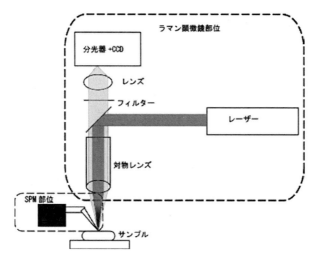

図1　TERS装置の概略図

③イメージング測定

　TERSは，チップを走査して測定することで非常に分解能の高いイメージング測定が可能である。走査プローブ顕微鏡と同時に測定していくことも可能であり，測定対象の形状や物理的特性のイメージングとTERSイメージングの同時測定も可能である。

　TERSは，チップ近傍の数nm〜10数nm程度の範囲からの増強ラマンを測定する。このことから，TERSは蛋白質などの単分子やグラフェンやカーボンナノチューブ単体などのような微小物質の測定，単分子膜の測定などに威力を発揮する。ただし，バルクの物質や細胞の測定の場合，サンプルのごく表面のみを測定していることになり，内部を測定することはできない。

　TERS装置は，研究者によってさまざまな構成のものが作製され，使用されている。本章では，いくつかのTERS装置についてその特徴を解説し，さらにTERSの応用例について紹介する。

1　TERS装置とチップの特性

1.1　装置の光学配置とその特性

　図1に示すように，TERS装置は主に顕微ラマン装置のサンプルステージ部位に，SPMを設置した構成になっている[10,12]。使用する顕微ラマン装置の光学配置と，SPMの配置によって主に三つの種類に分けられる。

1.1.1　倒立型TERS装置[12,17]

　倒立型の顕微鏡を用い，サンプルの下方からレーザーを照射し，反対からTERSのチップを接近させる方法である（図2(a)）。レンズとサンプルの間にチップを差し入れる部分を必要としないため，高い開口度のレンズを用いた非常に高感度な測定が可能になる。また，光の照射方向

とラマン散乱光の集光方向はチップの位置と逆の面になるため，チップによって光がさえぎられる影響を考える必要がない。しかし，その構造上透明なサンプル，厚みが薄いサンプルでなければ測定が難しいという欠点がある。

透明なサンプルに向いているということから，主に単分子膜，グラフェンやカーボンナノチューブといったナノマテリアル，生体蛋白質の会合体，細胞表面などの TERS 測定に用いられている。不透明なサンプルは，ミクロトームなどで超薄膜にして測定するという方法もある。

1.1.2　正立型 TERS 装置[12,18]

正立型 TERS 装置は正立型顕微鏡を用いて，サンプルななめ上方からチップを接近させ，上から励起光を照射して TERS を測定する方法である（図2-(b)）。正立型は不透明なサンプルも測定可能であるため，応用範囲は倒立型より広い。また，倒立型の装置に比べて，大きく複雑な表面形状を持つサンプルも容易に測定できる。一方，正立型ではサンプルとレンズの間にチップを設置しなくてはならないので，長い作動距離を持つレンズを用いる必要があり，高い開口度を持つレンズを使用できず倒立型に比べて感度が劣るという欠点がある。

また，レンズとサンプルの間にチップを入れるため，光学設計が不十分であるとチップがレーザーを遮って影ができてしまい，そこでシグナルが変化したように見えることがある。そのため，正立型ではチップの配置をサンプルに対して垂直ではなく斜めにすることが多い。

正立型の TERS 装置では主に不透明な固体やポリマーなどの測定が試みられている。また，基板に金や銀を使うことで，チップと基板の間でナノギャップを作り増強度を高めるギャップモードの測定にもよく用いられる。

1.1.3　斜め照射型 TERS 装置[12,19]

チップの影がシグナルに影響を与えないようにサンプルに対して斜めに対物レンズを配置するタイプの装置である。（図2-(c)）斜め照射型では正立型と同様に不透明なサンプルや大きなサンプルの TERS 測定が可能である。また，チップの影の影響が正立型に比べて少なく，サンプルに垂直に針を配置しても測定できるという利点があるため，不透明なサンプルを測定する際に比較的多く利用されている。欠点としては斜めから光を入れるため，チップの先端とレーザース

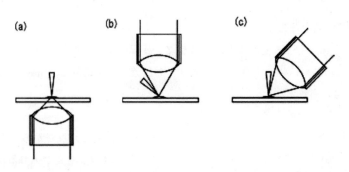

図2　(a) 倒立型，(b) 正立型，(c) 斜め照射型の TERS 光学配置

第10章　チップ増強ラマン散乱―原理と応用

ポットの光学配置の調整が難しいこと，正立型と同様に高い開口度を持つレンズを使いにくいため，ラマン散乱光の集光効率は倒立型に比べてやや劣ることなどがあげられる。

1.2　チップの制御法[10, 12]

　TERS測定では，チップの場所を精密にコントロールすることが必要である。チップの制御には走査トンネル顕微鏡（scanning tunnel microscopy：STM）と原子間力顕微鏡（atomic force microscopy：AFM）が主に用いられる。STMはトンネル電流を用いてサンプルとの距離をコントロールする方法である。チップはサンプルに接触することなく，トンネル電流が一定になる距離に保たれる。後に示す一部のAFMのようにチップを振動させることなく正確に針の位置のコントロールが可能なため，安定にTERSが観察される。しかし，導電性のあるサンプルしか測定できないという欠点がある。

　AFMはカンチレバーで原子間力を検出してチップをコントロールする手法である。AFMにはコンタクトモード，タッピングモード，ノンコンタクトモードがあるが，TERS測定に用いるにはそれぞれ一長一短がある。コンタクトモードはチップをサンプルに接触させてカンチレバーにかかる力を測定し，その力が一定になるようにレバーをコントロールする方法である。針の位置はサンプルに対して最も近くなるため，増強度は最も高くなる。しかし，サンプルをしっかりと基板に固定しなければサンプルがチップによって基板上を移動したり，さらにはチップに吸着してチップを汚染してしまったりすることがあるため注意が必要である。タッピングモードはチップがサンプルをたたくように接触するもので，サンプルに与える影響はコンタクトモードに比べて小さい。しかし，サンプルをたたくようにチップが振動しているため，サンプルとチップの平均の距離はコンタクトモードと比較して大きい。そのため増強度は多少劣るといわれている。ノンコンタクトモードは，針の振動の周波数が原子間力で変化する領域で針をコントロールする方法で，ほとんど針はサンプルに接触しない。このため吸着の弱いサンプルや柔らかい会合体なども適用でき，測定中にチップが汚染される可能性も少ない。しかしサンプルと針の距離は三つの方法の中で一番大きく，さらに振動していることも考慮に入れなければならない。

1.3　チップの作製法[10, 12]

　TERSではチップの先端が感度，空間分解能に大きな影響を与える。チップに使用される素材は主に金と銀である。一般に銀を用いるほうが増強度は高いが，銀は酸化などの影響を受けやすく安定性が低い。それに対して金は安定性が高いが増強度は銀に比べて低いといわれている。どちらも使用する金属のLSPRに合わせたレーザーの波長を使う必要があり，銀の場合はNd：YAGの二倍波の532 nmが，金の場合はHe：Neの633 nmやダイオードレーザーの785 nmなどがよく用いられる。

　チップの作り方には大きく分けて二種類の方法がある。一つは，すでにあるAFMのカンチレバーやSTMの探針に真空蒸着やスパッタリングで金や銀の薄膜をコーティングする方法であ

193

る。この手法で作製した針は、基本的に基にした針と同じように使用できるため、容易にAFM
やSTMなどで使用することが可能になる。この手法で針を作製する際には、金属薄膜蒸着時の
コンタミに注意する必要がある。蒸着法の特徴として、膜の成長条件を変化させることで膜質を
変化させることが可能であることもあげられる。これにより、よりTERS測定に向いた膜が作
製可能である。TERSにおいては、均質な膜よりはある程度の粗さがある膜が望ましいといわれ
ている。これは膜表面の粗い構造部分がナノ粒子の役目を果たし、そこにLSPRが起こりやすい
からである。

もう一つのチップ作製方法は、金や銀の細線を化学研磨で微細化する方法である。この方法で
作製したチップはバルクの金属から作られているため、コーティングして作製したチップのよう
に使用中にコートが剥がれるなどといったことは起こらず、比較的安定である。しかし、この手
法で作製したチップを用いて測定を行えるのは主にSTMになる。AFMで一般的に使われる光
てこ方式の検出では、このチップを使うことは難しい。AFMでこのチップを用いるには水晶振
動子のチューニングフォークによる検出方法を使う必要がある。

これらの作製法のほかに、作製したチップの先端に収束イオンビームでさらに微細加工を施し
たもの[20]、カンチレバー先端で光還元を用いてナノ粒子を成長させたもの[21]などがある。

2 TERS の応用例

ここでは、実際に報告された研究例や筆者らの研究例を紹介する。図3はChanらが行った
TERSと顕微ラマン装置を用いてカーボンナノチューブのイメージングを行った結果を示してい
る[22]。通常の顕微ラマン装置では回折限界のためぼやけたようなイメージが測定されているが、
チップ増強ラマン散乱のイメージングでは繊維状のカーボンナノチューブがはっきりと観測され
ている。ナノチューブを横断するように測定したTERSシグナル変化の半値幅は15 nmであり、
ほぼチップの先端と同程度の空間分解能を持っていることが分かる。

TERSは生体高分子やその会合体、さらには細胞の測定などにも用いられている。Böhmeら
は、乾燥したミトコンドリア膜中のcytochrome c（Cyt C）の酸化状態についてTERS測定を
行った[23]。ミトコンドリア表面の膜にはCyt Cが含まれており、ミトコンドリアの代謝に大き
な役割を果たしている。乾燥したミトコンドリアについて、532 nmの励起光を用いてCyt Cの
共鳴ラマン効果を利用しTERS測定を行った結果を図4に示す。同一のミトコンドリア表面上
で8 nmおきに測定点をずらしてTERS測定を行った結果、ある点を境にCyt Cの酸化状態を
反映するバンドが1375 cm^{-1}から1360 cm^{-1}へと低波数シフトしているのが観測された（図4
(b)）。これは、Cyt cのヘム中心の鉄が3価から2価へ変化したことを示している。また、同じ
ようにスピン状態を反映するバンドにもシフトが観測された。このように、測定点を変えること
で明確なピークシフトと、スペクトル形状の変化があることが観測された（図5）。この研究は、
ミトコンドリア膜中でのCyt Cの酸化状態、スピン状態の変化を高分解能にとらえた結果であ

第10章 チップ増強ラマン散乱—原理と応用

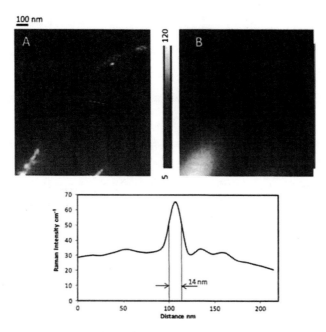

図3 単層カーボンナノチューブの (A) TERS イメージング (B) 顕微ラマンイメージング測定結果と,白線上を操作してカーボンナノチューブの G バンドを測定した強度変化。

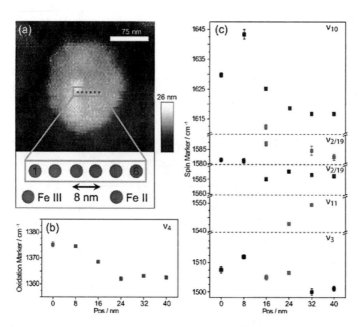

図4 チップ増強ラマン散乱を用いた,単一ミトコンドリア中の測定。(a) 単一ミトコンドリアの AFM イメージと TERS 測定点。(b) ヘム中心の鉄の酸化状態を表すバンドの各測定点におけるシフト (c) ヘム中心の鉄のスピン状態を表すシグナルの各測定点におけるシフト。

る。

 単分子の TERS 測定には，ギャップモードを用いた測定が行われる。Sonntag らは，銀の STM 探針と銀の基板のギャップを用いてローダミン 6G とその D 化物との混合物の TERS 測定を行った[24]。ローダミン混合物の希薄溶液に銀の基板を浸漬してローダミンを基板上に吸着させ，吸着した分子の TERS をギャップモードで測定した。その結果，無置換のローダミンのシグナルと D 化物のシグナルとを分けて観測することができた。

 次に筆者らの研究例として，ポリマーナノコンポジットのポリマーとカーボンナノチューブの界面研究の結果を紹介する[25]。ポリマーナノコンポジットとは，ポリマーにナノフィラーと呼ばれるナノ物質を混合してポリマーの特性を改善したものである。この物性改善はポリマーに対してごく微量のナノフィラー添加で起こるものもある。ナノコンポジットの物性改善はポリマー・フィラー間の相互作用とそれによる構造変化が重要と考えられている。しかし，ナノコンポジットは微量で物性変化が起こるため，相互作用しているポリマー・フィラー界面は非常に小さい領域である。そのため，通常のラマンスペクトル測定では大部分のポリマーのシグナルに相互作用領域のシグナルが重なり，シグナルの変化が埋もれてしまう。TERS はナノメートルオーダーの空間分解能を持つため，ナノコンポジット界面からのみのスペクトルを選択的に測定が可能である。

 図 6(a)(b) は，スチレンブタジエンゴム（SBR）に，多層カーボンナノチューブ（multiwall

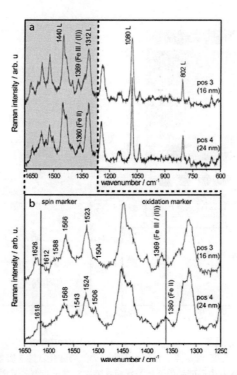

図 5 図 3 中，3 番目，4 番目の点において測定されたミトコンドリアの TERS スペクトル。

第10章 チップ増強ラマン散乱―原理と応用

carbon nanotubes：MWCNTs）を1phr（per hundred rubber；ポリマー全重量に対するフィラーの%）添加したSBR/MWCNTsナノコンポジットのラマンスペクトルとTERSスペクトルである[25]。図中の（1），（2）はラマンスペクトルとTERSスペクトルを同じ場所で測定したことを表す。ラマンスペクトルではSBRに由来するピークとMWCNTsに由来するピークの両方が観測されており，（1）と（2）のスペクトルに大きな違いはない。しかし，同じ点をTERSで測定したところ，（2）ではカーボンナノチューブによるバンドが観測されず，（1）ではカーボンナノチューブのシグナルが観測された。この結果は，TERSの高い空間分解能によって，カーボンナノチューブが存在する個所と，カーボンナノチューブが存在しない個所をはっきりと分けて測定ができることを示している。さらに詳しく両者のTERSスペクトルを比較すると，3000 cm^{-1}付近のスペクトル形状に顕著な変化が現れた。カーボンナノチューブが存在しない領域のスペクトル（スペクトル(1)）では，ビニル基の振動に帰属される2990 cm^{-1}のピークが通常のラマンに比べて強く増強されているのに対して，3064 cm^{-1}のフェニル基の振動によるピークは増強されされなかった。一方，カーボンナノチューブのシグナルが観測されるスペクトル（スペクトル(2)）では，2990 cm^{-1}のビニル基のバンドも3064 cm^{-1}のフェニル基のバンドも観測された。

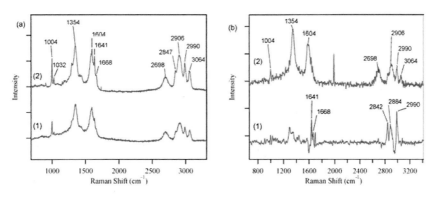

図6 SBR/MWCNTsポリマーナノコンポジットの（a）顕微ラマンスペクトルと（b）TERSスペクトル
各点で測定されたTERSスペクトルについて，ビニル基のバンド（2990 cm^{-1}）とフェニル基の

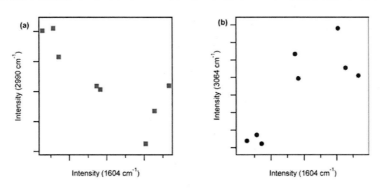

図7 TERSスペクトル中のカーボンナノチューブのGバンドピークの強度に対する，各ポリマーピーク強度のプロット（a）ビニル基（2990 cm^{-1}），（b）フェニル基（3064 cm^{-1}）。

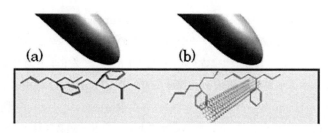

図8 カーボンナノチューブのない領域(a)と,ある領域(b)でのポリマー鎖の配向変化の模式図

バンド (3064 cm^{-1}) の強度をそれぞれカーボンナノチューブのGバンド (1604 cm^{-1}) の強度に対してプロットした結果が図7である[25]。フェニル基のバンドはGバンドが強くなるにしたがって強くなり,逆にビニル基のバンドは弱くなった。この変化は,チップに対して高分子鎖がどのような配向をとっているかに影響していると考えられる。すなわち,カーボンナノチューブ近傍ではポリマーのフェニル基とカーボンナノチューブの間で π-π 相互作用が起こり,カーボンナノチューブに沿うような形でフェニル基の配向が変化する。そのことで,ポリマー鎖中のフェニル基や二重結合のチップに対する配向が変化し,シグナル強度に変化が表れたものと考えられる(図8)[25]。

おわりに

本章では,各種TERS装置の構成,チップの作製方法などの基本的な部分を紹介と最近の応用例について紹介した。TERSは高い空間分解能と高い感度を持つ非常に強力な分光法である。単一分子レベルの生体高分子,あるいはその会合体や繊維状分子の部分測定はTERSでなければ測定が難しい分野であり,今後も大きな発展が予想される。今回紹介したミトコンドリアやポリマーナノコンポジットの例からわかるとおり,比較的大きい物質の中の微小領域からの測定も可能である。また,TERSはSPMとの同時測定により,分子の配向や相互作用など分光でしか得られない情報と測定対象の形状の情報を同時に測定できる。そのため生体高分子やカーボンナノチューブのみならず,固―固界面や物質表面の構造,物性,相互作用測定にきわめて強力な研究法となることは間違いない。

文　献

1) 伊藤民武,尾崎幸洋,ぶんせき,**12**, 699-706 (2004)
2) R. Aroca, "Surface-enhanced Vibrational Spectroscopy" John Wiley & Sons Ltd (2006)

第 10 章　チップ増強ラマン散乱—原理と応用

3) K. Kneipp, M. Moskovits, H. Kneipp, "Surface-Enhanced Raman Scattering: Physics and Applications", Springer (2006)

4) S. Sebastian, "Surface-enhanced Raman Spectroscopy", Wiley-VCH (2011)

5) Y. Kitahama, T. Itoh, P. Pienpinijtham, S. Ekgasit, X.-X. Han, Y. Ozaki, Y. in "Functional Nanoparticles for Bioanalysis, Nanomedicine and Bioelectronic Devices." the ACS Symposium Series, American Chemical Society, in press.

6) Y. Ozaki, K. Kneipp, R. Aroca eds., "Frontiers of Surface-Enhanced Raman Scattering: Single-Nanoparticles and Single Cells". Wiley, in press.

7) 山田淳, プラズモンナノ材料の開発と応用, シーエムシー出版 (2011)

8) 井上康志, 市村垂生, 渡辺裕幸, 河田聡, 表面化学, **26**, 667-674 (2005)

9) 河田聡, 梅田倫弘, 川田善正, 羽根一博, ナノオプティクス・ナノフォトニクスのすべて, フロンティア出版 (2006)

10) E. Bailo, V. Deckert, *Chem. Soc. Rev.*, **37**, 921-930 (2008)

11) A. Tarun, N. Hayazawa, S. Kawata, *Anal. Bioanal. Chem.*, **394**, 1775-1785 (2009)

12) J. Stadler, T. Schmid, R. Zenobi, *Nanoscale*, **4**, 1856-1870 (2012)

13) J. Wessel, *J. Opt. Soc. Am. B: Opt. Phys.*, **2**, 1538-1541 (1985)

14) R. M. Stockle, Y. D. Suh, V. Deckert, R. *Zenobi, Chem. Phys. Lett.*, **318**, 131-136 (2000)

15) M. S. Anderson, *Appl. Phys. Lett.*, **76**, 3130-3132 (2000)

16) N. Hayazawa, Y. Inouye, Z. Sckkat, S. Kawata, *Opt. Commun.*, **183**, 333-336 (2000)

17) Y. Saito, N. Hayazawa, H. Kataura, T. Murakami, K. Tsukagoshi, Y. Inouye, S. Kawata, *Chem. Phys. Lett.*, **410**, 136-141 (2005)

18) K. L. A. Chan, S. G. Kazarian, *Nanotechnology*, **22**, 175701 (2011)

19) B. Pettinger, K. F. Domke, D. Zhang, G. Picardi, R. Schuster, *Surf. Sci.*, **603**, 1335-1341 (2009)

20) J. N. Farahani, H. J. Eisler, D. W. Pohl, M. Pavius, P. Fluckiger, P. Gasser, B. Hecht, *Nanotechnology*, **18**, 125506 (2007)

21) T. Umakoshi, T. Yano, Y. Saito, P. Verma, *Apply. Phys. Express*, **5**, 052001 (2012)

22) K. L. A. Chan, S. G. Kazarian, *Nanotechnology*, **21**, 445704 (2010)

23) R. Bohme, M. Mkandawire, U. Krause-Buchholz, P. Rosch, G. Rodel, J. Popp, V. Deckert, *Chem. Commun.*, **47**, 11453-11455 (2011)

24) M. D. Sonntag, J. M. Klingsporn, L. K. Garibay, J. M. Roberts, J. A. Dieringer, T. Seideman, K. A. Scheidt, L. Jensen, G. C. Schatz, R. P. Van Duyne, *J. Phys. Chem. C*, **116**, 478-483 (2012)

25) T. Suzuki, X. Yan, Y. Kitahama, H. Sato, T. Itoh, T. Miura, Y. Ozaki, submitted

【第Ⅲ編　フォトニクスへの応用】

第11章　無機半導体太陽電池への応用

岡本隆之[*]

はじめに

最新の National Renewable Energy Laboratory（NREL）の Best Research-Cell Efficiencies のチャート[1]では，Tree-junction 型のセルで 44.0％の変換効率が得られている。しかし，材料が少なくて大面積化が容易な薄膜太陽電池である水素終端化アモルファスシリコン（a-Si：H）太陽電池では 13.4％の変換効率に留まっている。薄膜化は材料コスト削減のために必要であるが，より本質的には材料が持っている特性に因っている。結晶シリコン太陽電池の理論効率の最大値は 29.8％でシリコン結晶の厚さが $100\,\mu\mathrm{m}$ のときに得られる[2]。厚さがそれよりも厚くても薄くても効率は低下する。しかし，a-Si：H ではキャリア拡散長が $100\,\mathrm{nm}$ と非常に短い。そのために活性層の厚さを同程度に薄くする必要がある。a-Si：H は結晶シリコンよりは大きな吸収係数を持つが，$100\,\mathrm{nm}$ では吸収が不十分である。実際のセルでは，PIN 構造を採用し，Ｉ層を $300\sim600\,\mathrm{nm}$ と厚くし，光吸収が大きくなるようにしている。拡散長の短さはＩ層の内部電界で補っている。

薄膜型太陽電池においては光吸収後のプロセスだけを考えれば，活性層の膜厚は薄いほうが効率は向上する。さらに，製造コストの削減にも寄与する。しかし，もちろん，光吸収は小さくなる。プラズモニクスは薄膜型太陽電池の活性層における光捕集（light harvesting）に用いられる。

太陽電池の光吸収における表面プラズモン共鳴の効果は，1）増強された局在場の直接利用，2）局在プラズモン共鳴による散乱断面積の増大，3）MIM プラズモンモードの利用，などがある。また，表面プラズモン共鳴のための金属ナノ構造に付随する効果として，入射光の導波路モードへの結合が考えられる。さらに，プラズモニック太陽電池に要求されるプラズモニック構造の特徴は本来の SPR 特性に加えて，（1）広帯域で，（2）入射角に無依存で，（3）偏光方向に無依存であることである。これまでに報告されているプラズモニック無機太陽電池を 4 種類に分類したものを図 1 にまとめる。

Atwater and Polman[3]，Ferry ら[4]および，Hayashi and Okamoto[5]がレビューを書いているのでそちらも参照されたい。

---

[*]　Takayuki Okamoto　㈱理化学研究所　石橋極微デバイス工学研究室　先任研究員

第 11 章　無機半導体太陽電池への応用

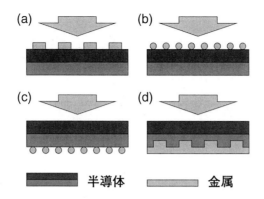

図 1　種々のプラズモニック無機太陽電池。(a) 金属スリットアレー。(b) 金属ナノ粒子。(c) 金属ナノ粒子 (背面)。(f) プラズモニック背面反射器。

1　金属ストリップアレー (1 次元回折格子)

Palaら[6)]は Si 薄膜太陽電池の表面にシリカ層をスペーサーとして銀ストリップ列を配置した構造における変換効率の増大率を計算している。仮定している層構成は SiO$_2$/Si (50 nm) /SiO$_2$ (10 nm) /Ag strip (60 nm) である。ストリップの幅は 80 nm で，銀ストリップ側からの入射である。格子ピッチ 295 nm のときに，銀格子がない場合と比較して 43% の効率の増大が見込めるとしている。ストリップによる局在プラズモン共鳴と導波路モードへの結合にる増強が見られているが，増強は主として導波路モードへの結合 (TE：1 モード，TM：2 モード) による。これはシリコンの屈折率が高いため，多くの導波路モードが存在するからである。

2　金属ナノ粒子

1 次元回折格子を用いた太陽電池では，波長，入射角，偏光に対して大きく制限を受ける。そのため，実用には適さない。この制限と取り除く方法として，金属ナノ粒子における局在表面プラズモンを用いた太陽電池の高効率化が提案されている。金属ナノ粒子における局在プラズモン共鳴を無機太陽電池に初めて応用したのは Schaadtら[7)]である。彼らは直径 50，80，100 nm の金ナノ粒子を結晶型シリコン太陽電池の表面にばら撒いている。ナノ粒子の底面から pn 接合までの距離は 80 nm である。この素子では局在プラズモン共鳴波長域で，50-80% の光電流の増強が見られている。

アモルファスシリコン薄膜太陽電池は結晶では禁制となっていた遷移が許容となり，太陽光のスペクトル領域でより強い吸収が生じる。しかし，一方で欠陥の密度が高いため，キャリアの拡散長は 100 nm 程度と短い。そのため，活性層はそれほど厚くできないという欠点がある。したがって，アモルファスシリコン薄膜太陽電池では結晶と比較して，プラズモニクスの活躍できる余地は大きい。

プラズモンナノ材料開発の最前線と応用

Derkacsら[8]は同様の構造をアモルファスシリコン薄膜太陽電池に採用した。用いた粒子は直径100 nm のコロイド金ナノ粒子で，ステンレス /n-type a-Si：H（10 nm）/i-type a-Si：H（220 nm）/p-type a-Si：H（10 nm）/ITO（20 nm）の層構造を持つ太陽電池上に 3.7×10^8 cm^{-2} の密度で堆積した。ハロゲンランプ照明下で，粒子がない場合と比較して，短絡電流で 8.1 %，変換効率で8.3 %の向上が得られている。その理由は局在プラズモン共鳴で前方散乱が増強されているからであると述べている。

Pillaiら[9]は厚さ 1.25μm の薄膜シリコン（実験で用いているのは SOI）太陽電池上に真空蒸着とアニーリングで銀ナノ粒子を堆積し，その変換効率の向上を図っている。用いられている粒子は比較的大きく 100 nm を越える。AM 1.5 照明の下で，粒子のない素子と比較して，33 %の変換効率の向上が得られている。増強効果は長波長ほど大きく，波長 1.05μm で 16 倍の増強が得られている。短波長での増強は主として反射防止効果で，長波長では主として光トラップ効果が効いていると述べている。ただし，本素子のプラズモン共鳴波長は 500 nm であるが，この波長では増強はほとんど見られていない。またそれより短波長側ではむしろ少し減少している。長波長側の増強はナノ粒子の散乱による入射光の SOI 構造特有の導波路モードへの変換が大きく寄与していると考えられる。

Limら[10]はナノ粒子における局在プラズモン共鳴を用いたシリコン太陽電池の変換効率の波長依存性において，共鳴周波数近傍で効率の増減が反転することの物理的な理由を明確に説明している。活性層ではナノ粒子と相互作用しなかった透過光とナノ粒子からの散乱光とが干渉する。この干渉が強め合うか，弱め合うかはナノ粒子からの 2 次光である散乱光の位相に依存する。一般に，散乱光の位相は共鳴周波数より高周波数側で π だけ遅れる。その結果，この周波数領域では光強度は低下し，変換効率は低下する。このことは太陽電池の入射側にナノ粒子を配置する構造にとっては本質的な問題となっている。一方，逆に，低周波数側では，反射防止膜として働いている。

Nakayamaら[11]は GaAs 太陽電池の表面に陽極酸化ポーラスアルミナをマスクとして銀を蒸着およびアニーリングして，銀ナノ粒子を堆積した素子を作製している。最も高い効率示した素子のアニール前の銀の直径は 100 nm で高さは 220 nm，粒子密度は 3.3×10^9 cm^{-2} である。AM 1.5の照明下で，この素子の短絡電流は粒子がない素子と比較して 8 %の向上を示した。また，変換効率は 4.7 %から 5.9 %へ向上した。素子の透過スペクトルからは 470 nm あたりに表面プラズモン共鳴によるディップのピークが存在する。変換効率は波長 600 nm 以下では粒子のない場合より低下しており，それより長波長側で大きくなっている。すなわち，粒子単独の表面プラズモン共鳴領域では効率は低下している。長波長側での効率の増大は粒子間のプラズモンの結合による前方散乱の増強の効果によるとしている。本素子の銀ナノ粒子の付加的な効果として，フィルファクターの増大がある。その理由として，銀ナノ粒子による電気伝導度の向上が挙げられている。

Pryceら[12]は無機太陽電池の表面にポーラスアルミナをマスクとして，銀ナノ粒子を堆積した素

第 11 章　無機半導体太陽電池への応用

子を作製してその効果を測定している。粒子から接合までの距離が 50 nm のときは波長 360 nm
より長波長側の効率が主として向上し，200 nm のときは波長 360 nm より短波長側の効率が主
として向上している。これは，ナノ粒子からの距離が近い部分の効率が向上していることを意味
する。全変換効率は 50 nm のときに 6%，200 nm のときに 54%向上している。

　Pillaiら[13]は poly-Si 太陽電池の入射側に銀ナノ粒子を堆積した場合と，入射側と反対側に銀ナ
ノ粒子を堆積した場合の変換効率に与える影響を調べた。シリコンの厚さは 2 μm で比較的厚
い。銀ナノ粒子の直径は 150〜250 nm，その厚さは 30〜60nm で，SiO$_2$ スペーサー層を挟んで
堆積されている。銀ナノ粒子が入射側にある場合，スペーサー層が 30 nm のとき，最も高い効
率を示している。さらに，Limら[10]指摘しているように，共鳴の短波長側で，効率が下がってい
る。銀ナノ粒子が背面にある場合，スペーサー層がない場合に最も高い効率を示している。また，
全波長域にわたって，効率の増大が見られている。

3　背面反射器：1 次元回折格子

　Eiseleら[14]はアモルファスシリコン太陽電池の背面反射器として，背面電極である Al に 1 次
元格子を刻むことを提案している。それにより入射光は回折され導波路モードに結合され，反射
率が低下する。ピッチ 980 nm，溝深さ 160 nm の格子で最も反射率が低下したことを示してい
る。しかし，表面プラズモンに関しては言及されていない。

　Ferryら[15]はプラズモニック背面反射器の設計指針を得るために，空気 / 半導体 / 銀構造の半
導体側の銀表面に直線状の単一の溝またはリッジを刻んだ構造の光応答を FDTD を用いて解析
している。この構造に溝と直交する偏光を入射したとき，伝搬型表面プラズモンと導波路モー
ドが励起される。それぞれのモードの励起効率の波長依存性を調べている。吸収断面積として
計算される励起効率には特定の波長でピークが見られ，それらのピークは Fabry-Pérot モード
と局在プラズモンモードに対応することを示している。また，溝よりリッジの方が結合効率が
高いことを示している。その理由として，伝搬モードの場の分布との重なりが大きいからとし
ている。また，−60〜60°の範囲でほとんど入射角度依存性を示さないことを示している。

4　背面反射器：2 次元回折格子

　Ferryら[16]はプラズモニック背面反射器をアモルファスシリコン薄膜太陽電池に採用してい
る。採用しているプラズモニック構造は正方格子状に並んだ円筒型の開孔列である。基板に開け
た開孔の直径は 350 nm，深さは 200 nm でピッチは 513 nm である。その上に厚さ 200 nm の銀
を蒸着している。アモルファスシリコン層の厚さは 500 nm である。平坦な素子と比較したとき，
AM 1.5 照明下でこの素子の短絡電流は 26%増加し，変換効率は 4.5%から 6.2%へと向上した。
波長 550 nm 以下での増加はわずかで，波長 600 nm 以上で大きく増強している。

203

プラズモンナノ材料開発の最前線と応用

　Ferryら[17]はプラズモニック背面反射器をアモルファスシリコン薄膜太陽電池に採用している。採用している構造は直径 200, 225, 250, 290 nm のドーム（半球）形状を正方格子状に並べたものであり，上述の構造[16]とは凹凸が逆である。ピッチは 500 nm と 700 nm の 2 種類である。インプリント法で大面積の素子を作製している。アモルファスシリコン層の厚さが 160 nm の素子のおいて，直径 250 nm の突起を 500 nm ピッチで並べたときに，AM 1.5 に対して，最も高い変換効率 6.6％が観測されている。同じ構造でプラズモニック背面反射器がない平坦な素子と比較したとき，短絡電流は 46％大きくなっている。また，基板として，薄膜太陽電池用のガラス基板である Asahi U-type textured glass[18]を用いた素子と比較しても効率はわずかに改善されている。本素子におけるプラズモニック背面反射器の効果は波長 350-550 nm では，反射防止の効果が，波長 550-800 nm では，導波モードへの変換効果が主であると述べている。

　Ferryら[19]はさらに基板上に同じサイズの円筒状の突起（高さ 100 nm）を正方格子状に並べた構造，疑似ランダム的に並べた構造，ペンローズ図形状に並べた構造，異なるサイズの突起を疑似ランダム上に並べた構造，および，Asahi U-type 基板とで比較を行っている。層構造は Ag/ZnO：Al(130 nm)/a-Si：H (90, 115, and 150 nm)/ITO (80 nm)/air である。AM 1.5 照明で最も効率の高かった構造は直径 290 nm の突起を 400 nm ピッチで正方格子状に並べたもので，その変換効率は 9.60％である。ランダム構造でもほぼ同様の値が得られている。一方，平坦な素子のそれは 6.32％である。本素子では，過去に彼らが行った実験[16,17]と比較して，500 nm よりも短波長側でも比較的大きな増強が見られている。その理由として考えられるのは，活性層 (a-Si：H) の厚さが 90 nm で，これまでの実感と比較して薄いためであると考えられる。アモルファスシリコンの侵入長はこの波長域で 100 nm 以下であるので，活性層が厚い場合はこの波長域では背面反射器は意味を成さないからである。このことは，活性層の厚い素子では増強効果が小さいことからも分かる。ただし，素子表面に現れる凹凸形状は散乱をもたらし，活性層への光の導入に少し貢献している。周期構造表面のパワースペクトルは単一の空間周波数においてのみにしかピークを持たないので，広帯域光の導波路モードへの結合効率は良くないはずである。これは，導波路モードの数が少ない場合，問題となるが，アモルファスシリコンの屈折率が高いことにより，多くの導波路モードが存在するため，ここでは問題となっていない。また，当然ではあるが，活性層の膜厚が侵入長より小さくても，格子のピッチが侵入長より大きい場合，回折の効果は存在しない。

文　　献

1)　http：//www.nrel.gov/ncpv/
2)　T. Tiedje, E. Yablonovitch, G. D. Cody, and B. G. Brooks, *IEEE Trans. on Electron. Devices*

第 11 章　無機半導体太陽電池への応用

ED-31 711-716 (1984).

3) H. A. Atwater and A. Polman, *Nature Mat.* **9**, 205-213 (2010).

4) V. E. Ferry, J. N. Munday, and H. A. Atwater, *Adv. Mater.* **22**, 4794-4808 (2010).

5) S. Hayashi and T. Okamoto, *J. Phys. D : Appl. Phys.* **45**, 433001 (2012).

6) R. A. Pala, J. White, E. Barnard, J. Liu, and M. L. Brongersma, *Adv. Mater.* **21**, 3504-3509 (2009).

7) D. M. Schaadt, B. Feng, and E. T. Yu, *Appl. Phys. Lett.* **86**, 063106 (2005).

8) D. Derkacs, S. H. Lim, P. Matheu, W. Mar, and E. T. Yu, *Appl. Phys. Lett.* **89**, 093103 (2006).

9) S. Pillai, K. R. Catchpole, T. Trupke, and M. A. Green, *J. Appl. Phys.* **101**, 093105 (2007).

10) S. H. Lim, W. Mar, P. Matheu, D. Derkacs, and E. T. Yu, *J. Appl. Phys.* **101**, 104309 (2007).

11) K. Nakayama, K. Tanabe, and H. A. Atwater, *Appl. Phys. Lett.* **93**, 121904 (2008).

12) I. M. Pryce, D. D. Koleske, A. J. Fischer, and H. A. Atwater, *Appl. Phys. Lett.* **96**, 153501 (2010).

13) S. Pillai, F. J. Beck, K. R. Catchpole, Z. Ouyang, and M. A. Green, *J. Appl. Phys.* **109**, 073105 (2011).

Appl. Phys. Lett. **92**, 013504 (2008).

14) C. Eisele, C. E. Nebel, and M. Stutzmann, *J. Appl. Phys.* **89**, 7722-7726 (2001).

15) V. E. Ferry, L. A. Sweatlock, D. Pacifici, and H. A. Atwater, *Nano Lett.* **8**, 4391-4397 (2008).

16) V. E. Ferry, M. A. Verschuuren, II. B. T. Li, R. E. I. Schropp, H. A. Atwater, and A. Polman, *Appl. Phys. Lett.* **95**, 183503 (2009).

17) V. E. Ferry, M. A. Verschuuren, H. B. T. Li, E. Verhagen, R. J. Walters, R. E. I. Schropp, H. A. Atwater, and A. Polman, *Opt. Express* **18**, A237-A245 (2010).

18) K. Sato, Y. Gotoh, Y. Wakayama, Y. Hayasahi, K. Adachi, and H. Nishimura, *Rep. Res. Lab. Asahi Glass Co. Ltd.* **42**, 129-137 (1992).

19) V. E. Ferry, M. A. Verschuuren, M. C. van Lare, R. E. I. Schropp, H. A. Atwater, and A. Polman, *Nano Lett.* **11**, 4239-4245 (2011).

第12章 シリコン系太陽電池への応用

秋山　毅*

はじめに

　金や銀のナノ粒子がそのプラズモン共鳴に基づいて光を吸収すると，光エネルギーがプラズモンに変換され，ナノ粒子表面近傍のナノ空間に増強された電場として局在する。この増強電場は光同様に物質を励起することが可能であるため，光エネルギーがナノ空間に濃縮された局所光源と同等に扱うことができる。この増強電場は，共鳴ラマン散乱や蛍光発光など，分光分析の高感度化に寄与することがよく知られている。このような背景から，プラズモニック–ナノ粒子は，光関連技術の高性能化や高機能化の鍵となる材料として期待され，注目を集めている[1,2]。

　金や銀のナノ粒子が持つプラズモン由来の光特性を光—電気エネルギー変換に応用すれば，光情報デバイスの高性能化や光電変換効率の向上に有効であると期待できる[3〜5]。実際に種々の光電変換素子や太陽電池へのプラズモニック–ナノ粒子の組み込み効果について，理論的あるいは実験的な研究が活発に展開されている。特に，シリコン太陽電池やフォトダイオードを対象とした研究は，既に実用化されている光電変換素子の高効率化という観点から極めて興味深い。

　このような背景から，本節では，プラズモニック–ナノ粒子によるシリコン太陽電池やフォトダイオードの光電変換効率の向上や特性変化に関する研究例を紹介したい。

1　ナノ粒子を修飾した光導波路構造をもつシリコン光電変換素子

　光を限られた空間に閉じ込め，導く技術は光関連デバイスの構築のために重要な技術である。適切な屈折率を持つ材料を組み合わせて構成される光導波路はその代表例といえる。光導波路と光電変換素子を組み合わせれば，撮像素子，光—電子回路など幅広い応用が期待できる。また，プラズモニック–ナノ粒子と光導波路を組み合わせれば，ナノ粒子が捕捉した光が導波路にカップリングし，結果として光導波路の高効率化に寄与可能である[6]。

　Stuart と Hall は，平面型光導波路を備えた光電変換素子として，シリコン・オン・インシュレータ（SOI）型シリコンフォトダイオードを作製し，プラズモニック–ナノ粒子修飾による影響について研究を行った（図1a）[7,8]。具体的には，pn 接合構造を含むシリコン層を SiO_2 薄膜 / Si 基板の表面に形成し，n 層表面に LiF を介して金属を真空蒸着して，金属ナノ粒子（金，銀，銅）を修飾した。ナノ粒子の修飾によって，照射光波長が約 800 nm の時に光電変換効率の向上

　＊　Tsuyoshi Akiyama　滋賀県立大学　工学部　材料科学科　准教授

206

第12章　シリコン系太陽電池への応用

が確認された。特に銀ナノ粒子を修飾した場合には，未修飾の参照系と比較して最大20倍近く光電流が増強された（図1b）。この光電流の増強現象はSOI構造の光導波路共鳴波長とナノ粒子の局在プラズモンとの共鳴に由来するものと説明されている。

　SOIシリコン太陽電池への銀ナノ粒子の組み込み効果について，Pillaiらによって詳細に検討され，2007年に報告されている[9]。彼らが用いたSOIシリコン太陽電池の構造を図2aに示す。基本的に前述のStuartとHallらが用いたもの同じ構造であり，pn接合部位を含むシリコン層の厚さは1250 nmである。シリコン表面にはパッシベーション層としてSiO₂層（30 nm）が形成されている。このSiO₂層の表面に銀を真空蒸着し，アニーリングによって銀ナノ粒子を得ている。

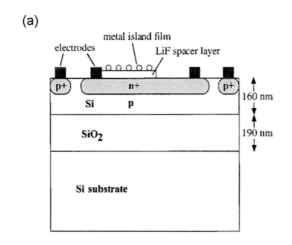

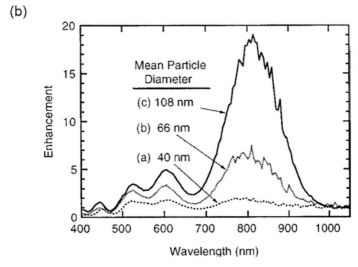

図1　(a) 金属ナノ粒子を修飾したSOIフォトダイオードの模式図[7]
　　　(b) 銀ナノ粒子による光電流増強の照射光波長依存性[8]

この太陽電池の光電変換特性評価の結果，銀ナノ粒子の修飾による光電流の増強が観測された。図3に，光電流増強度の照射光波長依存性を示す。光電流の増強度は，銀の蒸着量に応じて変化した。照射光波長が長くなるに連れて光電流増強度が高まり，シリコンのバンドギャップに近接した1ミクロン以上の波長においては最大で約17倍に達する光電流増強が得られた。この増強特性は，銀ナノ粒子のプラズモンダイポールが光導波路に発光するモデルを用いた予測とよく一致しており，反対にプラズモンと光導波路との相互作用がないモデルとは全く異なる結果となった。また，図2bの構造の太陽電池を用いた場合には，光電流の増強度は最大で7倍程度に

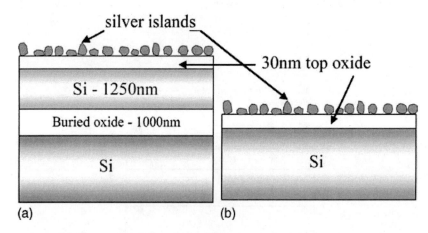

図2 (a) 銀ナノ粒子を修飾したSOI太陽電池および，(b) 銀ナノ粒子を修飾した平面シリコン太陽電池の模式図[9]

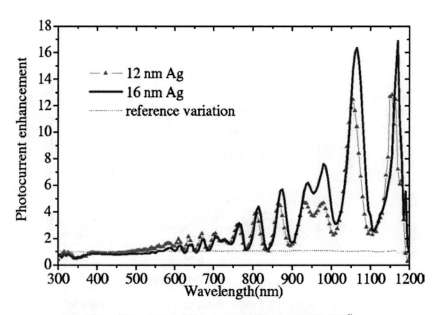

図3 銀ナノ粒子を修飾したSOI構造による光電流増強[9]

第12章　シリコン系太陽電池への応用

とどまっている。

　これらのSOI構造を備える太陽電池を用いた研究例において，ナノ粒子が修飾された部位だけが20倍近くに達する光電流増強に寄与すると考えれば，ナノ粒子が占める領域において一桁オーダーの光電流増強が生じていると概算することができる。

2　pn接合構造の直近にナノ粒子を配置したシリコン太陽電池

　太陽電池の光キャリア分離層直近にプラズモニック-ナノ粒子を配置すれば，局在プラズモン電場による，光キャリア分離効率の向上が期待できる。

　2005年にSchaadtらは，n型の結晶シリコンにホウ素をドープして図4aのような構造のシリコンフォトダイオードを得，その光電変換面に金ナノ粒子を修飾した効果について報告した[10]。pn接合構造はp型シリコン表面から80 nm程度の深さに調整された。再外層のp型シリコン表面にポリ-L-リシンを介して，粒径50, 80および100 nmの金ナノ粒子を修飾した。走査型電子

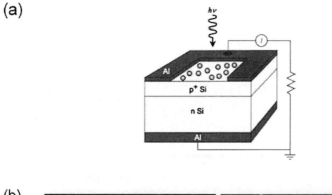

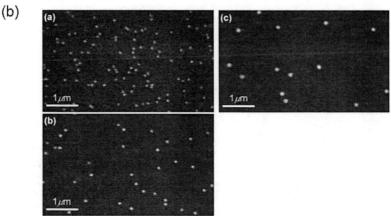

図4　(a)金ナノ粒子を修飾した結晶シリコン太陽電池の模式図，(b)シリコン表面に修飾された金ナノ粒子のSEM像（(a) 50 nm, (b) 80 nm, (c) 100 nm）[10]

顕微鏡観察によって，金ナノ粒子はそれぞれ孤立して修飾されていることがわかった（図4b）。また，ナノ粒子の表面被覆率は，0.6-1.3％程度であった。

光電変換特性評価の結果，ナノ粒子の修飾による光電流の増強が観測された（図5）。これはpn接合構造における光キャリア分離効率が向上したものと解釈できる。光電流の増強はおおよそ900 nmよりも短波長領域で顕著で，増強特性は対応するナノ粒子の消失スペクトルとよく関連しており，ナノ粒子のプラズモン共鳴吸収波長である500-550 nm近傍で光電流が50-90％程度増強されていることがわかる。

前項同様にナノ粒子が被覆された領域のみが光電流増強に寄与しているとすれば，ナノ粒子が占める投影領域では一桁から二桁オーダーの光電流増強が生じていると概算できる。この増強度はSOI-ナノ粒子を用いた系と同程度以上であり，孤立したナノ粒子の電場増強度ともよく対応していると思われる。

アモルファスシリコンは結晶シリコンよりも二桁ほど吸光係数が高い半導体材料である。従って，一般にアモルファスシリコン太陽電池の光キャリア分離層は結晶シリコン太陽電池と比較して極めて浅い位置に構築できる。これは，局在プラズモンの光電変換特性への影響を検討するためにも好都合である。

水素化アモルファスシリコン（a-Si：H）のみを半導体層として用いる太陽電池に金ナノ粒子を修飾した研究例が2006年にDerkacsらによって報告されている[11]。彼らは図6aのようなp-i-n構造を含むアモルファスシリコン太陽電池を作製した。この太陽電池のp型a-Si：Hの厚さは10 nmであり，その表面には電極としてインジウム―スズ酸化物（ITO）膜が20 nm付与されている。ITO表面にはポリ-L-リシンを介して，孤立した状態で金ナノ粒子（粒径100 nm）

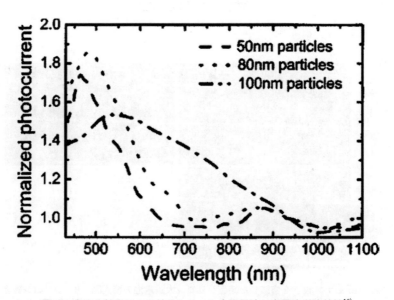

図5　金ナノ粒子による結晶シリコン太陽電池の光電流増強特性[10]

第12章 シリコン系太陽電池への応用

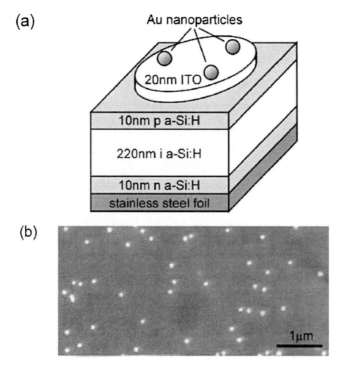

図6 (a) 金ナノ粒子を修飾したアモルファスシリコン太陽電池の模式図，
(b) ナノ粒子修飾面の SEM像[11]

が修飾されている。

この金ナノ粒子修飾アモルファスシリコン太陽電池の光発電特性を評価したところ，ナノ粒子の表面被覆率と光電変換効率の増強度には相関があることが明らかとなった。金ナノ粒子が 3.7×10^8 個 /cm^2（それぞれのナノ粒子を粒径 100 nm の球として概算すると，表面被覆率は約 3％）修飾された場合，短絡光電流および発電電力のいずれも約 8％向上していることが明らかとなった。モデル構造を用いた電場計算の結果，ナノ粒子由来のプラズモンは a-Si：H 層に浸透してその電場強度を増強することが示され，光電変換効率の向上とよく対応していることが明らかとなった。

光電流の増強度を基に，ナノ粒子が被覆された領域のみが光電流増強に寄与していると仮定して概算すると，ナノ粒子の被覆領域では光電流が約 4 倍に増強されていると算出される。この値は広範囲の波長の光が含まれる白色光照射条件における増強度であり，単色光照射条件ではさらに数倍以上，すなわち一桁オーダー程度の増強度が観測される可能性は高いと思われる。

2009 年，Losurdo らはアモルファス水素化アモルファスシリコン（a-Si：H，n 型半導体）と結晶シリコン（c-Si，p 型半導体）からなる pn ヘテロ接合太陽電池に対する金ナノ粒子の修飾効果について報告を行った[12]。用いた太陽電池の a-Si：H 層の厚さは 18 nm であった。加熱条件下での a-Si：H 層の表面への金スパッタによって，金ナノ粒子の修飾が行われた。原子間力

211

顕微鏡観察の結果から，a-Si：H層の表面に金ナノ粒子が孤立した状態で修飾されていることが確認され，それらの粒径は20〜30 nm，厚さは2〜3 nmであった。

図7aに人工太陽光（100 mW/cm^2, AM 1.5）照射条件下における光発電特性を示す。金ナノ粒子を修飾していない参照系シリコン太陽電池（(n)a-Si：H/(p)c-Si）では約19 mA/cm^{2}の短絡光電流が得られ，粒径20 nmの金ナノ粒子を修飾した電池（12ML AuNP/(n)a-Si：H/(p)c-Si）ではこの光電流密度は約20％増加した。一方，粒径30 nmの金ナノ粒子を用いた場合

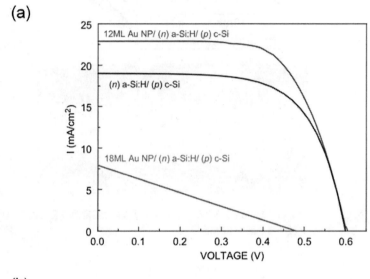

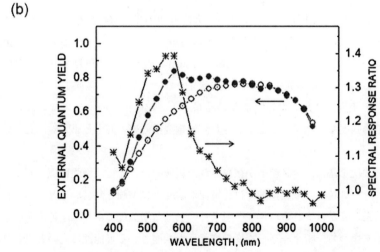

図7 金ナノ粒子を修飾したアモルファスシリコン／結晶シリコン太陽電池の (a) 白色光照射条件下の光発電特性, (b) 光電変換効率の波長依存性（●：粒径20 nmの金ナノ粒子を修飾した太陽電池の外部量子収率, ○：ナノ粒子を修飾していない太陽電池の外部量子収率, ×：ナノ粒子の修飾による光電流増強度)[12]

第12章　シリコン系太陽電池への応用

（18ML AuNP／（n）a-Si：H／（p）c-Si）では顕著な光発電特性の低下が観測された。

　光電流の照射光波長依存性を外部量子収率として評価したところ，粒径20nmの金ナノ粒子を修飾した場合には，金ナノ粒子のプラズモン共鳴吸収波長帯域において光電変換の量子収率が向上し，他の領域ではナノ粒子を持たない参照系と同様であった（図7b）。

3　ナノ粒子を用いる反射防止効果に基づくシリコン太陽電池の効率向上

　太陽電池の光電変換効率を高めるためには，照射光の反射ロスを減じ，光キャリア分離層へより多くの光子を導入することが重要である。そのための手法として，テクスチャ構造や適切な屈折率の材料を空気／シリコン界面の間に挿入した反射防止膜などがよく用いられている。

　表面プラズモンを用いた光補足の原理のひとつとして，プラズモニック-ナノ粒子の光散乱特性に由来する反射防止効果をあげることができる。この効果を適切に用いれば，プラズモニック-ナノ粒子による反射防止膜の高性能化や特性の最適化が達成されるものと期待できる。

　関連する研究例として，2009年のTempleらの報告をあげることができる[13]。彼らは，図8aの構造のシリコン太陽電池を作製し，最外層のn型微結晶シリコン層に銀を電子ビーム蒸着によって10 nm付与した。引き続くアニーリングによって銀薄膜は孤立した銀ナノ粒子へと形状変化した。未修飾のシリコン表面に比べて，銀を蒸着した直後は反射率が高くなったが，孤立した銀ナノ粒子への形状変化後には，銀ナノ粒子のプラズモン吸収波長付近および近赤外領域での反射率が減少した。

　この太陽電池の光電流波長依存性は反射吸収スペクトルの変化とよく対応しており（図8b），光電流は銀ナノ粒子のプラズモン共鳴吸収帯で減少し，近赤外領域で増強した。白色光照射時にも光電変換効率の向上が認められた。ナノ粒子の修飾による短絡光電流増強度が約5％の時，ナノ粒子の被覆率は約30％であった。ナノ粒子が被覆された領域のみが光電流増強に寄与していると仮定して概算すると，ナノ粒子の被覆部位で光電流が約16％増強されていると算出される。

　市販のシリコンフォトダイオードを用いた検討例が，2010年にBlackwoodらによって報告されている[14]。彼らは市販のシリコンフォトダイオードの反射防止膜を除去し，光電変換面の表面に無電解メッキによって銀のナノ粒子を修飾したデバイスを用いて評価を行った。銀ナノ粒子を修飾したフォトダイオードの光電変換の波長依存性から，500-800 nmの波長領域において光電流増強が生じ，白色光照射下での測定においても，短絡光電流が約3％向上することが示されている。

　これらの研究の他にも，光電変換面に直接ナノ粒子を修飾した例，またシリコン太陽電池表面の反射防止膜として機能するSiO_2層，SiN層へのナノ粒子の修飾効果について報告が行われている[9,15,18]。これらの研究でも太陽電池へのナノ粒子の修飾によって光電変換効率が向上することが示されており，反射防止効果の最適化をプラズモニック-ナノ粒子が担う事が可能であることとの関連からも非常に興味深い。

213

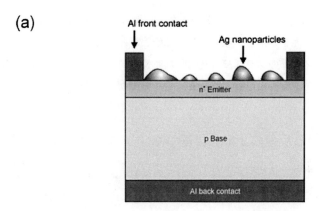
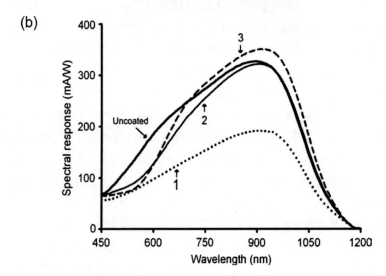

図8 銀ナノ粒子を修飾した微結晶／結晶シリコン太陽電池の (a) 模式図, (b) 光電変換効率の波長依存性（1：銀蒸着後, 2：200℃, 1hアニーリング後, 3：さらに300℃, 2hアニーリング後)[13]

まとめ

本節では，金や銀のナノ粒子を用いたシリコン太陽電池の効率向上効果について述べた。本節では，便宜上，光電変換効率向上の主因と考えられる機構に基づいて分類を行った上で紹介を行った。

すでに実用に供されており，その製造方法も確立されている結晶あるいはアモルファスシリコン太陽電池に対して，プラズモニック-ナノ粒子が光電変換効率向上に寄与可能であることが示されている。これはプラズモニクスの実用展開への大きな一歩であるといえる。プラズモンによる電荷分離層の直接励起と反射防止効果の複合化など，系統的な研究展開によって実用的なプラズモニック―太陽電池の設計指針に昇華していくものと期待される。

第12章　シリコン系太陽電池への応用

文　　献

1) 山田　淳　監修，プラズモンナノ材料の設計と応用技術，シーエムシー出版（2006）
2) 山田　淳　監修，プラズモンナノ材料の最新技術，シーエムシー出版（2009）
3) K. R. Catchpole and A. Polman, *Opt. Express*, **16**, 21793 (2008)
4) H. A. Atwater and A. Polman, *Nature Mater.*, **9**, 205 (2010)
5) S. Pillai and M. A. Green, *Sol. Energ. Mat. Sol. Cells*, **94**, 1481 (2010)
6) K. R. Catchpole and S. Pillai, *J. App. Phys.*, **100**, 044504 (2006)
7) Reprinted with permission from *Appl. Phys. Lett.* **69**, 2327 (1996). Copyright 1996 American Institute of Physics.
8) Reprinted with permission from *Appl. Phys. Lett.* **73**, 3815 (1998). Copyright 1998 American Institute of Physics.
9) Reprinted with permission from *J. Appl. Phys.* **101**, 093105 (2007). Copyright 2007 American Institute of Physics.
10) Reprinted with permission from *J. Appl. Phys.* **86**, 063106 (2005). Copyright 2005 American Institute of Physics.
11) Reprinted with permission from *J. Appl. Phys.* **89**, 093103 (2006). Copyright 2006 American Institute of Physics.
12) Reprinted from *Sol. Energ. Sol. Mater.* vol. 93, M. Losurdo *et.al.*, "Enhanced absorption in Au nanoparticles/a-Si : H/c-Si heterojunction solar cells exploiting Au surface plasmon resonance", p.1749, Copyright (2009), with permission from Elsevier.
13) Reprinted from *Sol. Energ. Mat. Sol. Cells*, vol.93, T. M. Temple *et.al.*, "Influence of localized surface plasmon excitation in silver nanoparticles on the performance of silicon solar cells", p.1978, Copyright (2009), with permission from Elsevier.
14) D. J. Blackwood and S. M. Khoo, *Sol. Energ. Mat. Sol. Cells*, **94**, 1201 (2010)
15) C. Yang, G. Zhang, H. M. Li and W. J. Yoo, *J. Korean Phys. Soc.*, **56**, 1488 (2010)
16) Z. Ouyang, X. Zhao, S. Varlamov, Y. Tao, J. Wong and S. Pillai, *Prog. Photovolt : Res. Appl.*, **19**, 917 (2011)
17) R. Xu, X. Wang, L. Song, W. Liu, A. Ji, F. Yang and J. Li, *Opt. Express*, **20**, 5061 (2012)
18) S. H. Lim, W. Mar, P. Matheu, D. Derkacs and E. T. Yu, *J. App. Phys.*, **101**, 104309 (2007)

215

第13章　有機系太陽電池への応用

1　単分子膜系光電変換

池田勝佳[*1]，魚崎浩平[*2]

はじめに

　電極表面に機能性有機分子による単分子修飾を施すことで，様々な機能性電極を構築することが可能である[1]。このような単分子膜系は，基礎的観点から重要である。まず，分子の無限大ともいえる設計自由度に基づき，柔軟な機能設計が期待できる。例えば，色素・電子受容体・電子供与体を組み合わせた分子設計により，光誘起の電荷分離状態を電極表面に実現することが出来る[2,3]。電荷分離状態の寿命が十分長ければ，更なる化学反応を駆動できるため，光－物質変換や光電変換といった様々な光機能性の実現に繋がる。

　また，単分子膜系は，バルクの有機薄膜系光デバイスに比べ，電極－有機層界面の構造制御性が格段に優れている。この結果として，単分子膜系の光デバイスにおいては，高い内部量子効率の実現が期待される[3]。その一方で，膜厚が数ナノメートル以下の単分子膜では，その小さな吸光度に起因して，光利用効率が極端に悪いという問題が生じる。したがって，何らかの手法によって光を効率的に捕集し，反応中心である単分子膜へとエネルギー移動させる手段が不可欠である。そこで，プラズモン共鳴を利用した光捕集法の利用が有効であると期待される。プラズモン共鳴は可視～近赤外領域で制御可能であり，色素分子の吸収エネルギーと一致させられるため，光捕集アンテナとして魅力的である。しかし，実際に光化学反応をプラズモン共鳴によって増強するには，多くの課題を克服する必要がある[4]。この節では，単分子膜系光電変換におけるプラズモン共鳴利用について実例を記述する。

1.1　プラズモン共鳴と光捕集アンテナ

　プラズモン共鳴を示す金属ナノ構造（プラズモニックナノ構造）は，光と分子間の相互作用効率を飛躍的に高める作用を持っている[5]。光捕集アンテナとしてのプラズモニックナノ構造の特徴について，分子への適用という観点から整理する。

　図1は，プラズモニックな光捕集アンテナを介した光と分子の相互作用を表した図である[4]。そもそも光と分子との相互作用は非常に弱いが，これは分子のサイズと光の空間広がりが極端に異なっているためである。分子サイズは大きくてもナノメートル程度で，吸収断面積で考えれば分子サイズよりも更に小さい。一方，質量を持たない光（フォトン）は，波長と同程度，つまり

　＊1　Katsuyoshi Ikeda　北海道大学　大学院理学研究院　化学部門　准教授
　＊2　Kohei Uosaki　�物質・材料研究機構　国際ナノアーキテクトニクス拠点　主任研究者

第13章 有機系太陽電池への応用

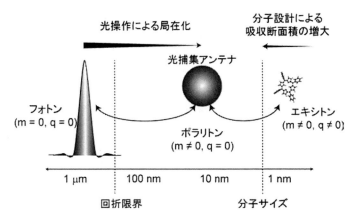

図1 光捕集アンテナによる光-分子相互作用の高効率化 (m は質量, q は電荷)[4]

マイクロメートルオーダーの空間広がりを必然的に持つ。これはレンズでいくら集光しても超えられない回折限界として知られている。ところが,光と局在プラズモンの結合したプラズモンポラリトンは,電子の衣をまとったフォトンと見なすことができ,有効質量を獲得した結果として,回折限界を超える局在化が可能となる。したがって,プラズモンポラリトンを介して,光と分子間のサイズギャップを埋めることにより,相互作用の効率向上が期待できる。特に色素分子の実励起過程について考えれば,フォトン-エキシトン変換よりも,フォトン-プラズモンポラリトン-エキシトン変換の方が滑らかで効率的であるという理解になる。このような相互作用効率の向上は,極端な集光による光電場の局所的な増強効果という見方も出来る。しかし,プラズモニックな局所電場増強効果には,ナノ構造表面における光の滞在時間の伸長効果も含まれている。したがって,単なるレンズ集光とは決定的に異なっており,光がアンテナに捕集されているイメージは極めて正しい。

ところでアンテナは双方向性を持っている。つまり,分子の実励起を伴う光化学反応とプラズモニックな光アンテナを組み合わせると,励起効率が高まると同時に,励起状態の寿命が短くなる可能性がある。当然,これは内部量子効率の低下を招き,好ましくない副作用である。また,励起分子を金属表面に近づけると,双極子—双極子相互作用によるエネルギー移動で失活する可能性もある。このような問題が,光化学反応におけるプラズモン増強の実現が容易ではない主要因である。実際,表面増強ラマン散乱の電磁気的機構が理解された直後から,光化学反応への応用が検討されてきたが[6,7],未だに成功例は限定的である。

1.2 平滑な電極表面における伝搬型プラズモンの利用

光と表面プラズモンは分散関係が異なるため,両者が結合した表面プラズモンポラリトンの励起には,工夫が必要である。代表的なプラズモン励起法のひとつに,全反射の利用が知られている。光が誘電体界面で全反射するとき,界面法線方向の運動量成分が虚数となり,界面平行方向

に大きな運動量成分を持つエバネッセント波が生じる。全反射の入射角度を調整することで，金属表面を伝播する表面プラズモンの分散関係と一致させることが可能になる。全反射法は，誘電体界面と金属表面の位置関係で2通りに分けられるが，図2のようにプリズム表面に膜厚数十ナノメートル程度の金属薄膜を形成するKretchmannタイプが良く用いられている。

単分子膜系光電変換で全反射プラズモン増強法を用いる場合，金属薄膜上に光機能性単分子膜を形成することになる。平坦な金属膜表面に比較的高配向な分子膜を形成可能なため，金属－有機層界面の構造をよく制御できる。界面構造の制御は，不要な逆電子移動やエネルギー移動を抑え，光電変換の内部量子効率を高める上で不可欠な要素である[8]。図3に示すように，高配向な膜形成によって色素－金属間距離を制御することで，エネルギー移動による励起状態の失活を低減できる。また，高密度な膜形成によって，電解液中のアクセプター分子から電極への逆電子移動を防ぐことが出来る。

全反射プラズモン増強法による光電流増強の実験的検証は，1998年に石田らによって報告された[9]。表面プラズモンを共鳴励起できる入射角度において光電流密度が増加していることから，プラズモン共鳴による色素励起効率の向上が確認できる。ただし，特定の入射角度でしか効果を発揮せず，また共鳴角度が波長依存性を示す全反射光学配置は，太陽光利用の光電変換という観点からは応用が難しいと思われる。光捕集アンテナとしての性能を考えても，2次元面内への光閉じ込めである全反射法では，それほど大きな増強度は期待できない。プラズモン伝搬長の長い金属ほど増強度が大きくなるが，同時に共鳴角度の許容幅が狭くなるという問題もある。伝搬型の表面プラズモン励起法としては，グレーティング構造の利用も可能であるが，これらの問題についての事情はほとんど同じである。

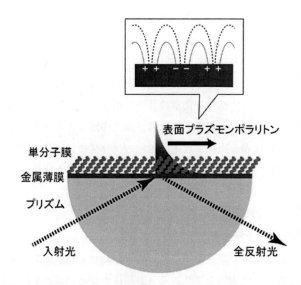

図2 Kretchmann配置の全反射による表面プラズモン励起と単分子系光電変換への適用

第13章　有機系太陽電池への応用

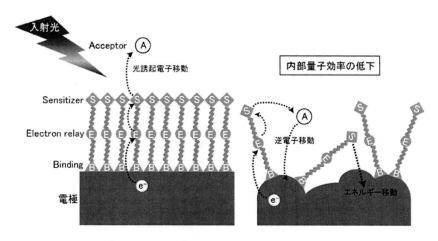

図3　電極―分子層界面構造と光電変換の内部量子効率の関係

1.3　ナノ構造化電極表面における局在プラズモン共鳴の利用

　プラズモン励起のもうひとつの手法として，金属ナノ構造を利用した局在プラズモン共鳴法が挙げられる。ナノ構造表面に定在波として誘起される局在プラズモンは，その共鳴波長がナノ構造のサイズや形状に敏感である。また，電磁場の局在度も，ナノ構造の形状によって大きく変わる。電極表面へのナノ構造構築法として，古くは酸化還元サイクルの印加によって電極表面をランダムに荒らす手法が用いられていた。近年は，もう少し制御性が良く簡便な手法として，粒径制御した金属ナノ粒子を電極表面に担持する方法が良く用いられている。図4のように，担持したナノ粒子表面に単分子膜を形成することで，光電変換反応がプラズモン増強される。

　金属ナノ粒子を担持したナノ構造化電極では，そのプラズモン共鳴特性は，ナノ粒子のサイズに加えて，ナノ粒子間の距離や周期性に依存する[10]。ナノ粒子距離をナノレベルで等間隔に制御することは容易でなく，したがって，このような基板のプラズモン共鳴はブロードな波長特性を示すのが普通である。つまり，特定の波長で高効率に動作する光デバイスの構築には不向きな構造であるが，太陽光の有効利用という観点では，むしろ有利な波長特性といえる。もちろん全反射法のような極端な入射角依存性が無い点も，光電変換には有利である。

　一方で，ナノ構造の不均一性は，金属－分子層界面の構造制御に際して問題となる可能性がある。ナノ粒子が凝集した場所では，励起状態の失活等の影響で分子層本来の量子効率が発揮できない可能性がある。また，ナノ構造の表面平坦性を原子レベルで制御することも一般に困難であり，分子層の配向性を十分確保することが難しい。つまり，光の吸収効率の向上と内部量子効率の低下が競合する電極構造である。しかし，光電変換の増強効果は実験的に確認されており，ナノ構造化に伴う電極比表面積の増加による吸着分子量の増加と相まって，光電流値としては大きな増大が観測されている[11]。

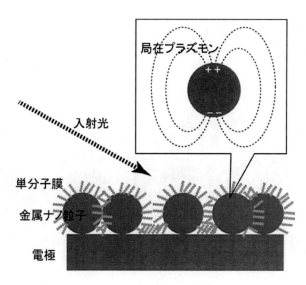

図4 金属ナノ粒子で修飾したナノ構造電極による光電変換のプラズモニック増強

1.4 平滑な電極表面における局在プラズモン共鳴の利用

上記2例において，全反射法では平滑な電極上での高配向な分子膜形成が高い内部量子効率に繋がり，ナノ構造電極では高い光局在度による光利用の効率化に利点があった。それぞれの良い点を併せ持つ金属ナノ構造として，単分子膜系では図5の構造が考えられる[12,13]。この構造は，電極表面への単分子膜作成と金属ナノ粒子の吸着を順番に行うだけで簡便に作成できる。したがって，界面構造を制御した高配向単分子膜形成が可能であり，さらに分子層厚さによって基板-ナノ粒子間距離を精密に制御できる。このような分子科学的および電磁気学的な制御性の良さは，それぞれ内部量子効率の向上と光捕集効率の向上において極めて重要である。

ナノ粒子-基板構造のプラズモン共鳴特性は，ナノ粒子サイズとナノ粒子-基板間の距離で決まる[14]。この理由は，ナノ粒子に光誘起される双極子とその鏡像間のカップリングを考えることで，定性的に理解される。基本的には，間隙距離が小さくなるほど，あるいはナノ粒子が大きいほど，両者の相互作用が大きくなり，プラズモン共鳴波長は長波長シフトし，電場増強度は大きくなる。したがって単分散な金属ナノ粒子を用いれば，プラズモン共鳴波長を精密に制御することができ，色素の吸収波長に正確に一致させることが可能になる。また，図中の電気力線を見ればわかるように，この構造ではナノ粒子-基板間に強い局在電場が生じる。つまり，色素分子の存在する場所に効率的に光エネルギーが送り込まれる状況を実現でき，高効率な光捕集アンテナとしての動作が期待される。

ナノ粒子間の距離は本構造においてもプラズモン共鳴特性に影響を与える。ただし，前節のナノ粒子担持型ナノ構造化電極とは状況が全く異なる。ナノ粒子表面に分子層を導入する前節のタイプでは，高い増強度の実現のために，ナノ粒子同士が近接したギャップの形成が不可欠である。

第13章　有機系太陽電池への応用

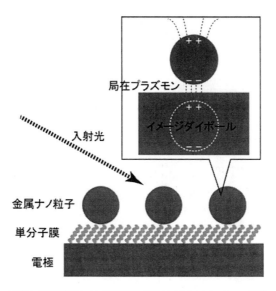

図5　平滑な電極表面での界面構造制御と局在プラズモン増強の両立

　これに対し，本構造ではむしろ各ナノ粒子間の距離が十分離れていることが望ましい[14]。これは，隣のナノ粒子との相互作用が無視できるときに，個々のナノ粒子－基板間における光局在度が最大になるからである。このためには，ナノ粒子間距離が直径程度は離れていることが望ましく，結果として最適なナノ粒子被覆率は電極面積の1/3程度となる。帯電した金属ナノコロイドを用いれば，このような被覆率制御は容易である。
　一方，エネルギー移動による励起状態の失活についても，本構造は制御しやすいという特徴を持つ。エネルギー移動は，金属表面に近いほど顕著な問題となる。ところが，電場増強効果も金属表面で最大となるため，一般にプラズモニック光化学増強の実現には，極めて精妙な金属－色素間距離の制御が不可欠である[15]。しかし，金属ナノギャップ内においては，局所電場強度の場所依存性が小さいため，ギャップの中間に色素を配置することで失活を最低限に抑えつつ，電場増強効果の恩恵を受けることができる。
　図6は，金電極上に構築したポルフィリン系の単分子膜における光電流アクションスペクトルを金ナノ粒子の導入前後で比較した結果である[16]。用いた金ナノ粒子は直径50 nmであり，基板と相互作用した際のプラズモン共鳴波数は680 nm付近に現れる。また，金ナノ粒子表面は表面保護有機層で覆われており[17]，逆電子移動を防止できるようになっている。図6右に示すように，金ナノ粒子を導入することで，プラズモン共鳴によく一致する波長特性で光電流密度が増加する。ナノ粒子直径による増強波長制御にもすでに成功している[18]。また，光電流密度の増強度はナノ粒子の吸着密度によって変化した。ナノ粒子間隔が十分離れている状況ではナノ粒子密度に比例して光電流も大きくなったが，ナノ粒子が凝集しはじめると再び低下する傾向が見られた。前述の通り，このような挙動は光捕集アンテナの電磁気特性によって良く説明される。

221

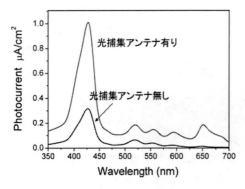 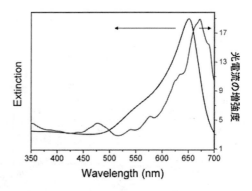

図6 ナノギャップ型光捕集アンテナを利用した光電変換のプラズモン増強[16]
（左）アクションスペクトル（右）プラズモン共鳴スペクトルと増強度の波長依存性

まとめ

光電変換などの光化学反応においてプラズモニックな光捕集を利用するには，電磁気学的設計に加えて，分子科学的な界面制御，電気化学的な設計による内部量子効率低下の防止も不可欠である。このような条件を満たす金属ナノ構造として，単分子膜系では膜自身をスペーサーとして用いる金属ナノギャップ構造が効果的である。今後，様々な機能性分子を単分子膜内に導入することで，光電変換に留まらない光機能性超薄膜の構築と，その高効率動作が期待される。

文　　献

1) J. J. Gooding, F. Mearns, W. Yang, J. Liu, *Electroanalysis* **15**, 81 (2003)
2) T. Kondo, K. Uosaki, *J. Photochem. Photobiol. C*, **8**, 1 (2007)
3) K. Uosaki, T. Kondo, X.-Q. Zhang, M. Yanagida, *J. Am. Chem. Soc.*, **119**, 8367 (1997)
4) K. Ikeda, K. Uosaki, *Chem. Euro. J.*, **18**, 1564 (2012)
5) P. Bharadwaj, B. Deutsch, L. Novotny, *Adv. Opt. Photonics*, **1**, 439 (2009)
6) A. Wokaun, H.-P. Lutz, A.P. King, U.P. Wild, R.R. Ernst, *J. Chem. Phys.* **79**, 509, (1983)
7) R. A. Wolkow, M. Moskovits, *J. Chem. Phys.* **87**, 5858 (1987)
8) T. Kondo, M. Yanagida, X. Q. Zhang, K. Uosaki, *Chem. Lett.* 964 (2000)
9) A. Ishida, Y. Sakata, T. Majima, *Chem. Lett.* 267 (1998)
10) H. Okamoto, K. Imura, T. Shimada, M. Kitajima, *J. Photochem. Photobiol. A*, **221**, 154 (2011)
11) T. Akiyama, M. Nakada, N. Terasaki, S. Yamada, *Chem. Commun.*, 395 (2006)
12) K. Ikeda, N. Fujimoto, H. Uehara, K. Uosaki, *Chem. Phys. Lett.*, **460**, 205 (2008)
13) K. Ikeda, S. Suzuki, K. Uosaki, *Nano Lett.*, **11**, 1716 (2011)
14) P. K. Aravind, H. Metiu, *J. Phys. Chem.*, **86**, 5076 (1982)

第 13 章　有機系太陽電池への応用

15)　P. Anger, P. Bharadwaj, L. Novotny, *Phys. Rev. Lett.*, **96**, 113002 (2006)

16)　K. Ikeda, K. Takahashi, T. Masuda, K. Uosaki, *Angew. Chem. Int. Ed.*, **50**, 1280 (2011)

17)　S.-C. Yang, H. Kobori, C.-L. He, M.-H. Lin, H.-Y. Chen, C. Li, M. Kanehara, T. Teranishi, S. Gwo, *Nano Lett.* **10**, 632 (2010)

18)　K. Ikeda, K. Takahashi, T. Masuda, H. Kobori, M. Kanehara, T. Teranishi, K. Uosaki, *J, Phys. Chem.* C, **116**, 20806 (2012)

2 金属ナノ粒子の導入

髙橋幸奈[*1]，山田　淳[*2]

はじめに

　有機系・無機系を問わず，太陽電池に金属ナノ構造を組み合わせる試みは数多く行われている。その戦略はさまざまであるが，金属ナノ構造を組み込むことで効率を向上させる試みが現在の主流である。特に，色素増感型や有機薄膜型などの有機系太陽電池は，以下の点においてシリコンなどの無機系よりも金属ナノ構造との相性がよいと言える。(1) 照射光が弱い場合の発電効率の低下の度合いが小さい。(2) 最適色素量の減量が見込める。まず (1) について説明すると，従来のシリコン系太陽電池では，光量が小さいときには変換効率が低下することが知られている。それに比べて有機系太陽電池では，光量が弱い場合の効率低下が少ないという特長がある。このため，プラズモン共鳴を利用することで，さらに小さな光量の光も無駄なく発電に使えるようになることが期待できる。(2) については，有機系太陽電池では色素量が少ないと透過光の割合が増えてしまうため，効率よく光を利用することができないが，十分な光吸収を得るために色素量を増やすと，今度は膜厚の増加に伴い抵抗が高くなるため，光電変換特性が低下するというジレンマがある。特に，色素増感型の場合は色素吸着のための表面積を増やすことを目的として酸化チタン膜の 3 次元構造化が行われており，固体化に不利というデメリットもある。この問題点は，有機系太陽電池の現時点での変換効率を制限している大きな理由の一つである。しかし，プラズモン共鳴で生じる近接場光によって色素の励起確率が向上できれば，少ない色素量で効率的な光吸収および発電が可能になり，上記のジレンマを克服できる可能性がある。デバイスの薄膜化にも有用であると考えられるうえに，有機系太陽電池に用いられている高効率色素はルテニウム錯体やレジオレギュラ型ポリチオフェンなど高価なものが多いことから，コスト削減も期待できる。

　金属ナノ構造にはプラズモン由来の増強電場以外にも種々の効果がある。そのため，導入によって効率が向上したという報告や，低下したという相反する報告が混在している。また直接的な要因以外にも，金属ナノ粒子の導入によって系のさまざまなパラメータが変化してしまうため注意が必要である。変換効率が向上したとしても，それがいずれの効果に起因しているのかまで明らかにできている報告はほとんどない。そこで本項では，金属ナノ構造の添加の効果を定性的／定量的に明らかにしようとしている取り組みについていくつか紹介したい。

2.1 プラズモンの効果／プラズモン以外の効果

　金属ナノ粒子の添加によってどのような現象が起こりうるであろうか？　金属ナノ粒子は，バルクの金属とは異なる光学的，電気的，磁気的，触媒的な特性を示す。近年注目を集めている

＊1　Yukina Takahashi　九州大学　大学院工学研究院　応用化学部門　助教
＊2　Sunao Yamada　九州大学　大学院工学研究院　教授；研究院長

第13章　有機系太陽電池への応用

局在表面プラズモン（localized surface plasmon resonance: LSPR）もその特性の一つであり，これを利用する研究が広く行われている。プラズモンに起因する効果としてどのようなものがあるかを考えてみると，最も特徴的なものとして増強電場による光レンズ効果が挙げられる。また，粒径が大きくなるとプラズモン散乱の効果も無視できなくなる。さらに，プラズモン誘起電荷分離[1]という，金属ナノ粒子自体が色素増感太陽電池における色素のように振る舞う現象の影響も考慮する必要がある。金属ナノ粒子を電極に導入する際，LSPR の効果以外にもさまざまなパラメータが同時に変化し，それぞれが光電流に対して正負両方の影響を複雑に及ぼしうるため，実際は LSPR の効果のみを切り出して評価することは困難である。プラズモン以外の効果としてどのようなものが考えられるか，主なものについて挙げてみる。まず導電性の向上が挙げられる。これは主に色素中にナノ粒子が混在しているような系において影響があると考えられる。またガラスやシリカなどの絶縁体基板上に金などのナノ構造体を配したものは半透明電極に用いられてきた歴史があり，透明電極の導電性が低い場合には影響が無視できない可能性がある[2]。また，たとえば電極上に粒子を固定し，その上に色素を積層するような場合，粒子によるラフネスの増加や，さらにそれに伴う電極表面積の増加によって電解液と色素の接触面積が増加することから，電極表面反応を促進することが考えられる。さらに，電極表面に金属ナノ粒子が露出している系では電子授受において触媒的に機能する可能性がある。酸化チタンなどの半導体光触媒では，担持した金属ナノ粒子によって還元反応が促進されることがよく知られている。また近年，SAM 膜によって電極と直接接触していない配置の金ナノ粒子であっても，電極への電子移動を促進するという報告もある[3]。一方，負の効果としては，エネルギー移動，クエンチング，再結合サイトとして機能する，などの可能性がある。

　以上のように，金属ナノ粒子を導入する際には，さまざまな要素が及ぼす正負両方の影響を考慮する必要があり，光電流増強効果が効果的に得られるように系を設計することがきわめて重要である。

2.2　シミュレーションの活用

　たとえばナノ粒子を太陽電池に導入する場合，その配置がカソード側であったり，アノード側であったり，あるいは光活性層の中心や光活性層中に均一に分散した状態である場合などでは，それぞれ得られる効果が異なることが予想される（図1）。それらの効果の違いを実験的に明らかにしようとした場合，異なる配置で条件を同一に揃えるためには多くの困難がある。このような比較を行う場合には，シミュレーションが有用である。よく用いられている電磁場計算法には，時間領域有限差分法（FDTD）法，離散双極子近似（DDA）法，有限要素法（FEM）などがある。これらのシミュレーション手法の利点は，任意の形状の構造体の電磁場強度や吸収をモニターできるところにある。

　たとえばTorchioらは，poly[2-methoxy-5-(2-ethylhexyloxy)-1,4-phenylenevinylene]（MEHPPV）：[6,6]-phenyl-C_{61}-butyric acid methyl ester（PCBM）を光活性層のモデルにと

り，銀ナノ粒子の最適位置についてFDTD法による理論計算を行っている[4]。光活性層中に銀ナノ粒子を配置する場合，光照射側から見て手前に配置する場合（表面照射）と奥に配置する場合（背面照射）とでは光吸収特性が異なることを示している。さらに，10-100 nmの粒径の銀ナノ粒子について，粒子間距離が吸収にどのような影響を与えているかについて見積もっている。その結果，粒子間距離が吸収に及ぼす影響は配置によって異なり，いずれの粒径においても，手前に配置した場合（表面照射）の方が奥に配置した場合（背面照射）に比べて，より大きな粒子間距離で吸収が極大値を取ることを明らかにしており，有機太陽電池へナノ粒子を組み込む際の指針を与えている（図2）。

計算機による電磁場解析は極めて有用であるものの，いくつか仮定やモデルの単純化が入るため，適用したい系において無視できない部分を安易に単純化すると，現実の系を反映しない結果が得られる点に注意を要する。たとえば，透明媒質中，つまり光を吸収しない媒質中でのナノ粒子の光学スペクトルは，Mie散乱理論で容易に解析でき，静電場近似を用いればナノ粒子周辺に生じる電場強度のスペクトルも得ることが出来る。表面増強ラマン散乱でよく考察される電場強

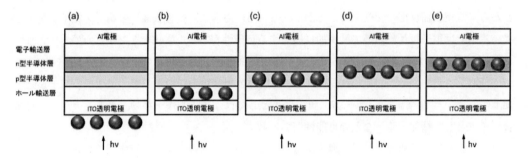

図1　太陽電池に金属ナノ粒子を組み合わせるときに考えられるさまざまな配置
(a) 電池外部に挿入，(b) ホール輸送層に挿入，(c) p型半導体層に挿入，(d) p型半導体層とn型半導体層の境界（光活性部）に挿入，(e) n型半導体層に挿入

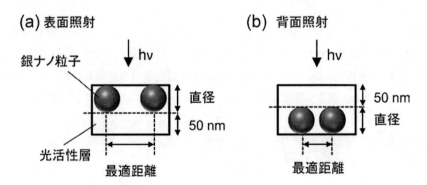

図2　光活性層中に配したナノ粒子が光活性層吸収効率に及ぼす影響の
シミュレーションに用いられた電極構造の模式図[4]
(a) 表面照射，(b) 背面照射

第13章　有機系太陽電池への応用

度などは，上記の理論で予測は可能である。しかし一方で，非透明媒質中ではMie散乱理論は適用できず，非透明媒質用に理論を拡張しなければならない。そこで以降では，有機太陽電池に及ぼす金属ナノ粒子の配置の効果について，主として実験からのアプローチについて，最近の我々の研究を中心に述べる。

2.3　粒子密度依存性

金属ナノ粒子の担持量が光電流に及ぼす効果について検討した例を二つ紹介する。まず，直径約40 nmの銀ナノ粒子と低分子色素を組み合わせた系について述べる[5]。負に帯電したクエン酸保護銀ナノ粒子とポリカチオンの静電相互作用を利用し，静電吸着時間を制御することでさまざまな銀ナノ粒子担持密度の電極を作製した。その上に低分子色素であるポルフィリンやフタロシアニンをスピンコート法で一定量塗布して作製した電極の特性評価を行ったところ，光電流強度が固定する銀ナノ粒子の密度に強く依存すること，蛍光強度やラマン散乱強度が光電流強度の傾向とおおむね対応することを見いだした。その際，銀ナノ粒子の固定量は，30-50%程度の被覆率で最適値を取り，光電流値の増強の程度は20-50倍程度であった（図3）。

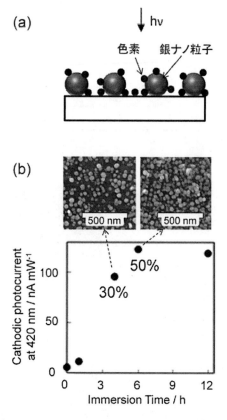

図3　低分子色素の光電流増強効果における銀ナノ粒子の担持密度依存性[5]
(a) 電極構造図，(b) 粒子による電極被覆率と光電流の関係

この系では，銀ナノ粒子の担持に伴う電極基板表面のラフネスの変化によって，色素量を一定にすることが困難であるという問題があり，そのため得られた光電流値を色素量で補正している。この手法は，後述する色素量と光電流の複雑な関係性の問題があり，光電流との比例関係が保証される範囲に収まる程度に色素量が少ないときは有効であるものの，系によっては正しい比較が成り立たなくなる恐れがある。たとえば近年，池田らによって，色素上に金属ナノ粒子を配した系により，色素量の問題をクリアして，金属ナノ粒子の効果について調査した研究例も報告されている[6]。色素上にナノ粒子を固定する手法が限られるものの，金属ナノ粒子の影響を明らかにするには有効であると言える。

次に，直径約 20 nm の金ナノ粒子と高分子色素を組み合わせた系について検討した例を紹介する[7]。負に帯電したクエン酸保護金ナノ粒子とポリカチオンの静電相互作用を利用して，さまざまな金ナノ粒子担持密度の電極を作製し，その上に高分子色素であるポリチオフェンを電解重合法で被覆して作製した電極を用いた検討結果である。電解重合法には，基板のラフネスを選ばない，電荷量により色素量の制御が容易であるなどといった利点がある。この系では，電解重合時の電荷量が一定になるように制御することで，色素量を一定にしている。またこの系では，金ナノ粒子担持密度が14％付近のときに光電流は最大値を取り，そのときの増強度は1.4倍程度で

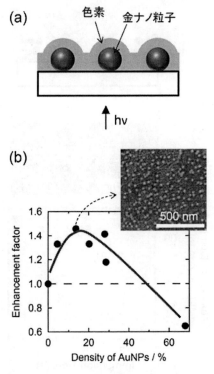

図4 高分子色素の光電流増強効果における金ナノ粒子の担持密度依存性[7]
(a) 電極構造図，(b) 粒子による電極被覆率と光電流増強度の関係

第13章　有機系太陽電池への応用

あった（図4）。金属ナノ粒子の効果は，金属の種類，粒径，形状等にも依存するため，上記の系と完全には一致しないものの，単層未満のごくまばらな担持量で光電流増強効果が飽和してしまう傾向は同様であり，大変興味深い。特筆すべき点として，金ナノ粒子の担持量を増加させていった場合，たとえ単層未満の被覆率であっても，かえって光電流は低下してしまうことである。これらの実験結果は，前述のTorchioらのシミュレーション結果[4]ともよく対応している。金属ナノ粒子を導入する際は，過剰量にならないように注意する必要がある。

2.4　色素量依存性

金属ナノ粒子の導入による光電流増強効果について，光活性層の厚さに着目した例について述べる[8]。透明電極上へ直径約70 nmの銀ナノ粒子の担持量が一定になるように静電吸着し，その上にさまざまな膜厚になるように，ポリチオフェン誘導体とフラーレン誘導体からなる光活性層を濃度の異なる溶液を用いたスピンコート法で積層することで，異なる色素量を持つ電極を作製した。各膜厚における光電流を，銀ナノ粒子の有無で比較したところ，直径約70 nmの銀ナノ粒子に対して，光活性層の厚さが50-120 nmのときに光電流増強効果が観察された（図5）。一方，膜厚が50 nm以下の時は，銀ナノ粒子が電荷の再結合サイトとして機能したり，エネルギー移動などを引き起こしたりすることによる負の効果が相対的に大きく現れていると推定される。また，膜厚が120 nm以上では，銀ナノ粒子の効果が及ばない色素の割合が増加したため，光電

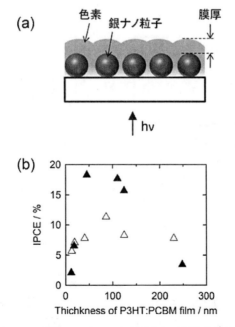

図5　銀ナノ粒子上に被覆した高分子色素の膜厚が光電流増強に与える影響[8]
(a) 電極構造図，(b) 銀ナノ粒子の有無それぞれの場合の，色素膜厚と光電流効率の依存性（▲：銀ナノ粒子あり，△：銀ナノ粒子なし）

流増強効果が観察されなくなったと考えられる。

2.5 色素―粒子間の距離依存性

金属ナノ粒子が色素に及ぼす効果について，より明確に距離の効果を明らかにするために，両者の距離を制御して検討した例を紹介する。SchatsおよびHuppらは，電極上に固定した直径約40 nmの銀ナノ粒子上に，薄層酸化チタンをatomic layer desorption（ALD）法を用いて膜厚を制御して被覆することにより，酸化チタン表面に吸着させた低分子色素と銀ナノ粒子との距離を制御した色素増感太陽電池を作製し，光電流増強に及ぼすナノ粒子－色素間の距離の影響について報告している[9]。酸化チタン膜には，アモルファスで膜厚2-4.9 nm，アナターゼで6.5-8

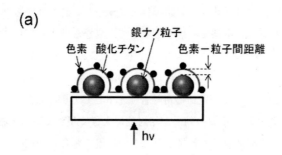

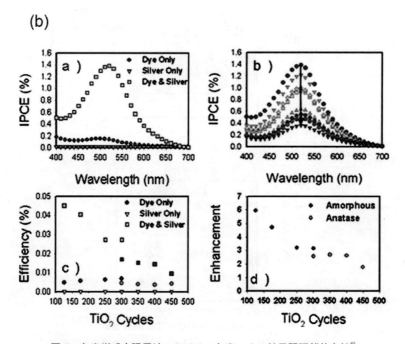

図6　色素増感太陽電池における，色素―ナノ粒子間距離依存性[9]
（a）電極構造図，（b）銀ナノ粒子による光電流増強効果の色素―ナノ粒子間距離依存性（アメリカ化学会の許諾を得て転載）[9]

第13章　有機系太陽電池への応用

nm の範囲のものが用いられており，いずれも酸化チタン層の膜厚が薄いほど光電流増強度は大きく，最大で6倍と報告されている（図6）。酸化チタンの膜厚，つまり，色素—ナノ粒子間のナノメートルオーダーの距離に光電流増強度が依存していることから，金属ナノ粒子近傍の局在電場が色素増感光電流増強に大きく寄与している可能性を報告している。

　また，スプレーパイロリシス法を用いれば，ALD法よりも簡便に距離制御が可能である。著者らは，直径40 nm および100 nmのクエン酸保護金ナノ粒子を透明電極上に担持し，その上に酸化チタン薄層を被覆し，次いで色素を塗布した電極を用いて，光電流増強に及ぼすナノ粒子—色素間の距離の影響について検討した[10]。その結果，10-100 nmの範囲では，色素とナノ粒子が近いほど光電流増強効果が大きくなるが，10 nm以下の範囲では，逆に距離が近いほど増強度が小さくなることがわかった。増強電場の効果は粒子表面に近づくほど大きくなることが知られているが，ナノ粒子–色素間の距離が近すぎる場合には，エネルギー移動やクエンチングなどの光電流を減少させる影響が相対的に大きく現れるためであると考えられる。

おわりに

　これまでは，詳細はわからずとも，太陽電池に金属ナノ粒子を添加して，光電流増強効果があればそれで良いという研究例も多かった。今後は，金属ナノ粒子によって光電流増強効果が得られた場合に，金属ナノ粒子のどのような特性が，どの程度，どの部分に作用するのかを明らかにしていく研究が求められる。これらを明らかにしてゆくことで，LSPRを最大限有効に活用できる太陽電池の設計が可能になり，実用化への道も拓けるであろう。

文　　献

1)　Y. Tian, T. Tatsuma, *J. Am. Chem. Soc.*, **127**, 7632 (2005).

2)　W. Benken, T. Kuwana, *Anal. Sci.*, **42**, 1114 (1970).

3)　J.-N. Chazalviel, P. Allongue, *J. Am. Chem. Soc.* **133**, 762 (2011).

4)　S. Vedraine, P. Torchio, D. Duche, F. Flory, J.-J. Simon, J. L. Rouzo, L. Escoubas, *Solar Energy Materials & Solar Cells*, **95**, S57 (2011).

5)　T. Arakawa, T. Munaoka, T. Akiyama, S. Yamada, *J. Phys. Chem. C*, **113**, 11830 (2009).

6)　K. Ikeda, K. Takahashi, T. Masuda, K. Uosaki, *Angew. Chem. Int. Ed.*, **50**, 1280 (2011).

7)　Y. Takahashi, S. Taura, T. Akiyama, S. Yamada, *Langmuir*, **28**, 9155 (2012).

8)　J. You, Y. Takahashi, H. Yonemura, T. Akiyama, S. Yamada, *Jpn. J. Appl. Phys.*, **51**, 02BK04 (2012).

9)　S. D. Standridge, G. C. Schatz, T. Hupp, *J. Am. Chem. Soc.*, **131**, 8407 (2009).

10)　T. Kawawaki, Y. Takahashi, T. Tatsuma, *Nanoscale*, **3**, 2865 (2011).

3 有機薄膜太陽電池

馬場　暁[*1]，新保一成[*2]，加藤景三[*3]，金子双男[*4]

はじめに

　プラズモンを用いて入射光エネルギーを増大させた太陽電池への応用は，近年大きな注目を浴びてきており，欧米を始め応用へ向けた重点的な研究を始めている所もある。これは，プラズモン電場により太陽光のエネルギーを増大することで高効率化に寄与できるとともに，これまでに比べて薄い太陽光吸収層を用いることができるために低コスト化の観点からも重要であるためである。特に，電極界面を最適化して光制御を行うことが高効率化の一つのキーポイントとして，電極表面で励起される表面プラズモン共鳴効果による電場増強を利用した太陽電池の応用が注目されている[1]。これらは，主に金属微粒子の局在プラズモンを光電変換に利用した例や[1~6]，表面にドット形状を作製した局在表面プラズモン共鳴を利用した例などが挙げられる。

　金属格子を用いたグレーティングカップリング表面プラズモン共鳴法では，金属で覆われたグレーティング基板上に入射した光の波数にグレーティングベクトルが足し合わさることによりプラズモンの波数と一致して表面プラズモンを共鳴励起する方法であり[7]，プリズムを必要としないことなどから実用的なデバイスへの応用が検討されてきている[8,9]。最近，著者らは金属格子上での表面プラズモン共鳴励起を利用した有機太陽電池への応用や[10,11]，異常透過を利用したセンサー応用への検討も行ってきている[12~14]。

　本稿では，主に金属格子上のグレーティングカップリング表面プラズモン共鳴法を有機太陽電池に導入し，高効率化を狙った例を中心に紹介する。

3.1　グレーティングカップリング表面プラズモン共鳴法

　図1(a) に示すように，誘電率 ε_m の金属のグレーティング表面へ，波長 λ の光が角度 θ で入射されると，入射光の波数ベクトルの水平成分 k_{px} は，

$$k_{px} = \frac{2\pi}{\lambda}\sqrt{\varepsilon_m}\sin\theta \tag{1}$$

で与えられる。この入射光ベクトルだけでは表面プラズモンの共鳴励起条件を満たすことができないが，これにグレーティングベクトル G が足し合わされることで表面プラズモン共鳴励起条件を満たすことができる。G は，グレーティング周期を Λ とし，回折次数を m とすると，

$$G = \frac{2\pi}{\Lambda}m \tag{2}$$

---

* 1　Akira Baba　新潟大学　研究推進機構超域学術院　准教授
* 2　Kazunari Shinbo　新潟大学　工学部　電気電子工学科　教授
* 3　Keizo Kato　新潟大学　自然科学研究科　電気情報工学専攻　教授
* 4　Futao Kaneko　新潟大学　工学部　電気電子工学科　教授

第13章　有機系太陽電池への応用

で表される。よって，表面プラズモンの波数ベクトル k_{sp} は k_{px} と G の和となり，金属格子を用いたグレーティングカップリング表面プラズモン共鳴法における表面プラズモンの分散関係は次式で与えられる。

$$k_{sp} = k_{px} + G = \frac{2\pi}{\lambda}\sqrt{\varepsilon_m(\omega)}\sin\theta + \frac{2\pi}{\Lambda}m \tag{3}$$

ここで，$\varepsilon_m(\omega)$ はドルーデの自由電子モデルにより与えられる金属薄膜の誘電分散である。上式より，グレーティング格子間隔 Λ の大きさにより，入射波長範囲内での表面プラズモン共鳴数が異なることがわかる。また，格子間隔 Λ が大きい場合は，隣り合う回折次数の間のプラズモンの励起条件が密になることがわかる。

図1(b)に，(3)式より得られたグレーティングカップリング表面プラズモン共鳴の分散特性を示す。グレーティングカップリング表面プラズモン共鳴法ではマイナス方向にも対称に分散特性を示し，グレーティングベクトル分の間隔を空けた点からいくつも発生する。入射光の波数がこの励起条件と一致すれば，表面プラズモンが励起される。すなわち図中の赤の破線で表される入射光の分散特性と，曲線で表される表面プラズモン分散特性の交点で表面プラズモンが励起される。図のように，ある入射光の入射角や角周波数が固定された場合もいくつもの点で表面プラズモンを励起させることができる。さらに，回折周期に小さなグレーティングを使用し，グレーティングベクトルの値を小さくすれば，さらに多くの表面プラズモンの発生が期待される。

このように，金属格子上の表面プラズモン共鳴は格子間隔に大きく依存し，上手く電極構造設計を行なえば，広範囲の波長領域に渡って入射光の電場を大きくすることが可能であり，太陽電池の高効率化に最適な構造を得ることも可能となる。

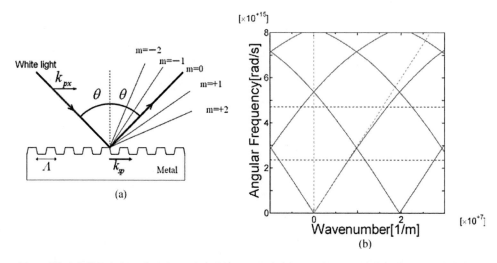

図1　(a) 金属格子上表面プラズモン共鳴励起，および (b) 金属格子上での表面プラズモン分散特性

3.2 金属格子上有機太陽電池の表面プラズモン共鳴特性

グレーティング基板にはCD-R（格子間隔1.6μm）およびBD-R（格子間隔320 nm）を用いた。硝酸により表面の色素を除去した後，洗浄を行いポリカーボネート基板上にクロム／銀薄膜を真空蒸着法により約150 nm堆積した。その上にp形のポリ-3-ヘキシルチオフェン（P3HT）とn形のフェニルC61酪酸メチルエステル（PCBM）のブレンド膜（比率1：1）をスピンコート法により堆積した。さらにその上に，正孔輸送層として低導電率のPEDOT：PSSとPDADMACを交吸着法[15,16]により10 bilayers堆積した後，電極層として高導電率のPEDOT：PSSをスピンコート法により堆積を行った。図2（a）に表面プラズモン増強有機薄膜太陽電池の構造［BD-Rグレーティング/Ag/P3HT：PCBM/PEDOT：PSS-PDADMAC/PEDOT：PSS］を示す。CD-R，BD-Rを用いて作製した有機太陽電池での表面プラズモン共鳴特性を調べるために，白色光の入射角度を固定し，入射光波長の変化による反射率特性を測定を行った。白色光照射表面プラズモン共鳴特性は，ハロゲンランプからの光をp偏光の平行光にした後，θ-2θゴニオメー

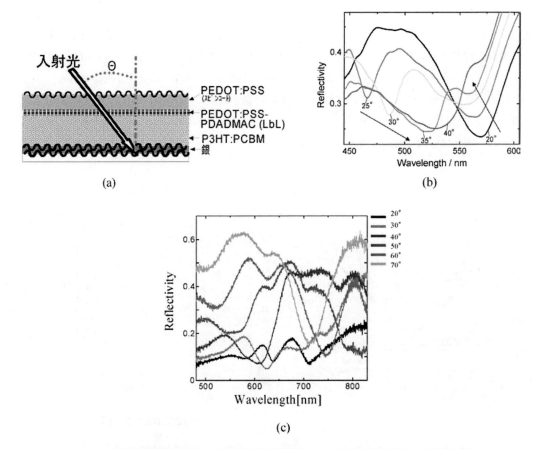

図2 (a) 金属格子構造を導入した有機薄膜太陽電池，および固定入射角度での表面プラズモン共鳴励起反射率の波長依存特性 (b) 格子間隔320 nm，(c) 格子間隔1.6μm

第13章　有機系太陽電池への応用

タ上に固定された試料に照射して測定した。なお，反射光は，スペクトロメーターで分光して測定した。測定結果を図2(b)，(c)にそれぞれ示す。それぞれの層の膜厚は，入射光波長の変化の測定とは別に同一試料に対して633 nmのレーザ光を照射して角度依存反射率特性の測定を行い，理論フィッティングを行うことにより得た。図に示すように，格子間隔320 nmのBD-Rを用いた時は各角度において測定波長領域で1つ，または2つの表面プラズモンの共鳴励起による反射率の減衰が観測された。入射角度が大きくなるにつれて，短波長側のディップは長波長側へ，長波長側のディップは短波長側へシフトすることがわかった。さらに，これらのディップは，P3HT：PCBM層の膜厚が厚くなるにつれて長波長側にシフトすることも他の実験から観測されていることから，この表面プラズモン共鳴は，Ag/P3HT：PCBM界面において共鳴励起されているといえる。すなわち，光吸収層であるP3HT：PCBM層の電場を増強することが可能であることが示唆された。一方，格子間隔1.6μmのCD-Rを用いた時は，小さなディップが多く観測されており，BD-Rに比べ一定角度でのプラズモン励起波長領域が多くなることが分かる。これは，式(3)で表わされる表面プラズモンの分散特性に一致している。

3.3　金属格子上に作製した有機薄膜太陽電池の短絡光電流特性

次に，表面プラズモン共鳴の光電変化に寄与する効果を調べるために，同一セルにおいて表面プラズモンが共鳴している場合（p偏光照射時）としていない場合（s偏光照射時）の短絡光電流の測定を行った。光電流特性は，作製した試料にITO電極側から波長470～740 nmの光（ONELIGHT：東京インスツルメンツ）を照射し測定した。図3に，p偏光およびs偏光をそれぞれ照射した場合について，白色光を30秒間隔でon, offを繰り返した時の短絡光電流特性を示す。図に示すように，表面プラズモンが共鳴励起したp偏光照射時は，表面プラズモンが励起しないs偏光照射時に比べて2倍以上の短絡光電流の増大が観測された。この結果は，表面プラズモン共鳴励起により短絡光電流を増大させることが可能であることを示している。

表面プラズモン励起がある場合とない場合について，短絡光電流増大度p/sを入射角度0～50°

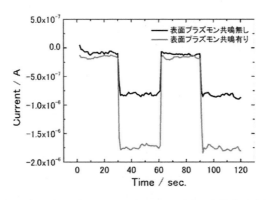

図3　表面プラズモン励起がある場合とない場合の短絡光電流特性
　　　（P3HT：PCBM層 40 nm），格子間隔 320 nm，入射角度 45°

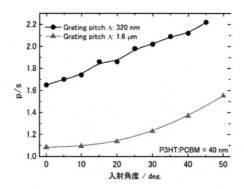

図4 格子間隔320 nmと1.6μmの場合における，表面プラズモン励起がある場合（p偏光照射時）とない場合（s偏光照射時）の短絡光電流値の比（短絡光電流増大度P/S）の入射光角度依存特性

で，P3HT：PCBM層が40 nm場合について，格子間隔が320 nmと1.6μmの場合についてそれぞれ比較を行った。図のように，すべての場合において表面プラズモン共鳴励起がある場合において短絡光電流の増大が観測された。またすべての角度において，格子間隔320 nmの場合に1.6μmの格子を用いた場合よりも電流増大度が大きいことが分かった。これは，図2で示されたように，格子間隔が1.6μmの場合の表面プラズモン共鳴は複数の波長で励起はしているが励起が弱いのに対して，格子間隔が320 nmの場合は2波長で強く励起しているために電場増強が強くなったためであると考えられる。また，入射角度が大きくなると増大率が大きくなっているが，両方の場合において入射角度が大きい方がプラズモンの励起波長と光吸収層の吸収波長が近づいているためと考えられ，表面プラズモンの励起が光電変換特性に大きな影響を及ぼしているのが分かる。

次に，より増強が大きかった格子間隔320 nmの場合において，光吸収層の膜厚の変化による表面プラズモン励起光電変換増強の関係を調べた。P3HT：PCBM層が40，55，100 nmに対して測定したときの結果を図5に示す。図のように，すべての場合において表面プラズモン共鳴励起がある場合において短絡光電流の増大が観測された。また，P3HT：PCBM層の膜厚が薄くなるにつれて増大率が大きくなることがわかった。これは，表面プラズモン電場はAg薄膜表面から膜厚方向に指数関数的に減少するために，膜厚が薄くなるにつれて表面プラズモン電場が大きい範囲内に光吸収層であるP3HT：PCBM層が存在できるためであると考えられる。

このセル内における表面プラズモン電場について検討を行うために，実験で用いたセル構造についてFDTD電場解析シミュレーションを行った。図6にP3HT：PCBM層が40 nmの場合において，p偏光で入射した場合（表面プラズモン励起あり，(a)），s偏光で入射した場合（表面プラズモン励起なし，(b)），グレーティングがなくフラットな銀表面にp偏光(c)，s偏光(d)それおぞれで入射した場合のFDTD電場解析シミュレーションの結果を示す。表面プラズモン励起がある場合もない場合も，フラットな銀表面に比べてPEDOT：PSS層において電場が大き

第13章 有機系太陽電池への応用

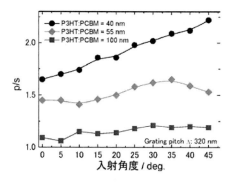

図5 光吸収層を変化させた場合の，表面プラズモン励起がある場合（p偏光照射時）とない場合（s偏光照射時）における短絡光電流値の比（短絡光電流増大度P/S）の入射光角度依存特性

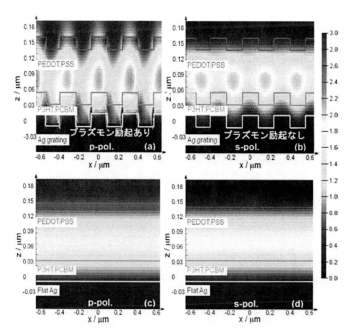

図6 銀格子上，またはフラットな銀表面の有機薄膜太陽電池に光を入射した場合の電場解析シミュレーション
(a) p偏光で入射した場合（表面プラズモン励起あり），(b) s偏光で入射した場合（表面プラズモン励起なし），グレーティングがなくフラットな銀表面への (c) p偏光入射，(d) s偏光入射

くなることが分かった。さらに，p偏光入射の場合は格子上に表面プラズモン励起による強い電場が観測されており，P3HT：PCBM層内の広範囲で2倍以上の電場の増大が得られた。短絡光電流増大度p/sがFDTD電場解析シミュレーションの結果と一致しており，電場の増大が短絡

237

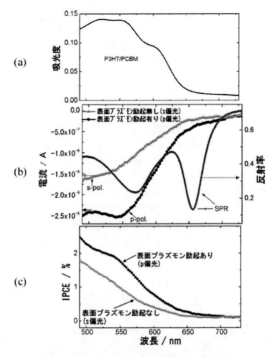

図7 (a) P3HT：PCBM 薄膜の光吸収特性，(b) 入射角度20°で光を入射した場合の短絡光電流特性と表面プラズモン共鳴反射率特性，および (c) 表面プラズモン励起がある場合とない場合の外部量子効率 (IPCE) 特性

光電流特性に大きく寄与していることがわかった。

図7(a) に P3HT：PCBM の光吸収特性，図7(b) に表面プラズモンの共鳴励起の有無による短絡光電流と表面プラズモン共鳴励起の波長依存特性を示す。図から，測定波長領域では，表面プラズモンが約540 nm と 660 nm に励起していることがわかる。短絡光電流特性は，この場合も表面プラズモンが共鳴励起している場合において増大が観測された。特に，P3HT：PCBM 層の光吸収と表面プラズモン共鳴励起波長領域が重なる場合において，短絡光電流の大きな増大が観測されている。さらに，得られた外部量子効率 IPCE を図7(c) に示す。PEDOT：PSS 電極を用いている一般的なセルと異なるために効率は低いが，表面プラズモン励起により外部量子効率が高くなっていることが確認された。

まとめ

ここでは，金属格子上に励起する表面プラズモンについて述べ，金属格子構造を導入した有機太陽電池を実際に作製した例について紹介し，表面プラズモン励起により増強された電場が実際に光電変換特性の向上に寄与することを述べた。今後，金属格子構造を最適化することで大きく効率が改善される可能性があると考える。

第13章　有機系太陽電池への応用

文　　　献

1) S. S. Kim, S. I. Na, J. Jo, D. Y. Kim, Y. C. Nah: *Appl. Phys. Lett.*, **93**, 073307 (2008).

2) A. J. Morfa, K. L. Rowlen, T. H. Reilly, M. J. Romero, J. Van de Lagemaat, *Appl. Phys. Lett.*, **92**, 013504 (2008).

3) F. C. Chen, J. L. Wu, C. L. Lee, Y. Hong, C. H. Kuo, M. H. Huang, *Appl. Phys. Lett.*, **95**, 013305 (2009).

4) S. D. Standridge, G. C. Schatz, J. T. Hupp: *J. Am. Chem. Soc.*, **131**, 8407 (2009).

5) C. Hagglund, M. Zach, B. Kasemo: *Appl. Phys. Lett.*, **92**, 013223 (2008).

6) C. Wen, K. Ishikawa, M. Kishima, K. Yamada: *Solar Energy Mater. Solar Cells*, **61**, 339 (2000).

7) W. L. Barnes1, A. Dereux, T. W. Ebbesen: *Nature.*, **424**, 824 (2003).

8) J. Homola: *Chem. Rev.*, **108**, 462 (2008).

9) F.-C. Chien, C.-Y. Lin, J.-N. Yih, K.-L. Lee, C.-W. Change, P.-K. Wei, C.-C. Suna, S.-J. Chen: *Biosens. Bioelectron.*, **22**, 2737 (2007).

10) A. Baba, N. Aoki, K. Shinbo, K. Kato, F. Kaneko, *ACS Appl. Mater. Interfaces*, **3**, 2080 (2011).

11) A. Baba, K. Wakatsuki, K. Shinbo, K. Kato, F. Kaneko, *J. Mater. Chem.*, **21**, 16436 (2011).

12) A. Baba, K. Tada, R. Janmanee, S. Sriwichai, K. Shinbo, K. Kato, F. Kaneko, S. Phanichphant, Adv. Funct. Mater., DOI: 10.1002/adfm. 201200373 (2012).

13) R. Janmanee, A. Baba, S. Phanichphant, S. Sriwichai, K. Shinbo, K. Kato, F. Kaneko, *ACS Appl. Mater. Interfaces*, **4**, 4270 (2012).

14) C. Lertvachirapaiboon, C. Supunyabut, A. Baba, S. Ekgasit, C. Thammacharoen, K. Shinbo, K. Kato, F. Kaneko, Plasmonics, DOI 10.1007/s11468-012-9400-2 (2012)

15) A. Baba, J. Locklin, R. S, Xu, R. Advincula: *J. Phys. Chem. B*, **110**, 42 (2006).

16) A. Baba, T. Matsuzawa, S. Sriwichai, Y. Ohdaira, K. Shinbo, K. Kato, S. Phanichphant, F. Kaneko, *J. Phys. Chem. C*, **114**, 14716 (2010).

4 プラズモン誘起電荷分離による光電変換とその応用

立間 徹[*]

はじめに

局在表面プラズモン共鳴を示す金, 銀, 銅などの貴金属ナノ粒子を, 酸化チタンや酸化亜鉛などの半導体と接触させると, プラズモン共鳴に伴う電荷分離が可能である[1,2]。このプラズモン誘起電荷分離は光電変換に応用できるほか, 光触媒反応やフォトクロミズム, 光アクチュエータなど, さまざまな光電気化学的応用が可能である。ここでは, プラズモン誘起電荷分離現象とそのさまざまな応用について述べる。

4.1 プラズモン誘起電荷分離

本章他節で述べられているのは主に, プラズモン共鳴によって既存の太陽電池(色素増感太陽電池や有機薄膜太陽電池)の光吸収を増強し, 光電流を増強するというものである。一方本節で述べるプラズモン誘起電荷分離では, 光を吸収するのは金属ナノ粒子のみであり, これが半導体と接している場合に, 入射光と共鳴している金属ナノ粒子から半導体へと電子が移動することで電荷分離が起こっていると考えられる。重要なのは下記のポイントである。

(1) 電荷分離のトリガーとなっているのはプラズモン共鳴である。実際に, 金[2~5], 銀[3,6,7], 銅[8]の光電流や光電位変化のアクションスペクトルは, 用いたナノ粒子のプラズモン共鳴吸収のスペクトルと概ね一致する。

(2) 共鳴している金属ナノ粒子から半導体(酸化チタン)へ電子が流れ込んでいると考えられる。透明電極を酸化チタンで被覆し, その上に金属ナノ粒子を析出させた場合は光酸化電流や負の光電位シフトが得られる(図1A)[2,3,5,6,8]。一方で, 透明電極上に金属ナノ粒子を析出させ, これを酸化チタンで被覆した場合は, 光還元電流や正の光電位シフトが得られる(図1B)[4,5,7]。これらの実験結果は, 上記の電子移動を支持する。電子移動は, 外部光電効果や熱電子注入などによるものと推測される(図2)。

(3) 銀ナノ粒子を用いた場合, それらの粒子を保護しなければ, 共鳴光の照射下で徐々に溶解する。電荷分離により電子が移動し, 粒子自体の電位が正にシフトすることで, 酸化が起こるものと考えられる。銀ナノ粒子は銀(I)イオンに酸化されることが, XPS[1], ICP-MS[6], ポリアクリル酸ゲルの収縮[9]などから示唆されている。銅ナノ粒子の場合には, 保護がなければ, 光を照射しなくても溶解が起こる[10]。これに対し, 金ナノ粒子の場合には, 光照射下でも溶解が起こらない。これらの違いが起こる主な理由は, 金の酸化還元電位が最も正であり(+1.52V vs. NHE), 次いで銀(+0.80V vs. NHE), 銅(+0.34V vs. NHE)の順に負側になり, 酸化されやすくなるためだと考えられる。

(4) プラズモン誘起電荷分離は, 金属ナノ粒子の周囲に局在化する振動電場(近接場光)が強

---

[*] Tetsu Tatsuma 東京大学 生産技術研究所 教授

第13章 有機系太陽電池への応用

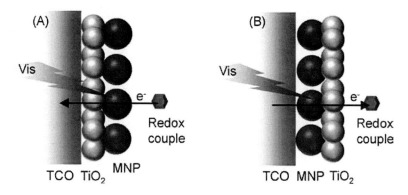

図1 金属ナノ粒子によるプラズモン誘起電荷分離
(A)透明酸化物（TCO）電極上の酸化チタンに金属ナノ粒子（MNO）を担持した光アノード，
(B)透明電極上の金属ナノ粒子を酸化チタンで被覆した光カソード

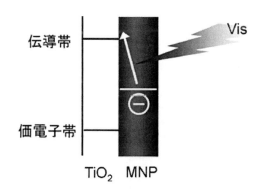

図2 プラズモン誘起電荷分離の，想定される機構

い場所で起こりやすい[11]。
(5) 高次モードプラズモン共鳴によっても電荷分離が起こる[12]。

4.2 光電変換への応用

プラズモン誘起電荷分離現象は，光電変換に応用することが可能である。上述のように，透明酸化物電極（TCO）を酸化チタン（TiO_2）で被覆し，金属ナノ粒子（MNP）を担持すれば光アノードとなる（図1A）[2,3,5,6,8]。透明電極の上に金属ナノ粒子を担持し，酸化チタンで被覆すれば光カソードとなる（図1B）[4,5,7]。これを対極（CE）と向かい合わせ，電解液に酸化還元対として鉄(II)イオンと鉄(III)イオンなどを加えれば，湿式光電変換セルとして機能する。前者はTCO/TiO_2/MNP/Fe（II/III）/CE，後者はTCO/MNP/TiO_2/Fe（II/III）/CEという構造となる。酸化還元対を含む電解液の代わりに正孔輸送ポリマー（HTM）やp型半導体などを用いれば，効率は低くなるが，セルを全固体化できる（TCO/TiO_2/MNP/HTM/CE）[13,14]。さらに，透明電

極上に金属ナノ粒子を担持し，酸化チタンで被覆した後にインジウムなどの対極を取り付けることにより，さらに単純な構造の全固体光電変換セルを作製することもできる（TCO/MNP/TiO$_2$/CE）[15]。

村越・三澤らは，金属ナノ粒子として金ナノロッドなどを用いることで，より長波長でも応答する光電変換セルを得ている[16]。銀ナノ粒子を用いればコストを下げることができるが，電解液に直接浸漬した場合には溶解が起こりやすいため[6]，光カソード（TCO/MNP/TiO$_2$）を用いるのがよい[7]。ただし，酸化チタンで被覆して焼成する際に銀ナノ粒子どうしが融合してプラズモン共鳴を示さないような大きなサイズの粒子になりやすいため，酸化アルミニウムまたは酸化チタンのナノマスクを使用して融合を防ぐのが望ましい。全固体型光電変換セルにすることで酸化溶解を防ぐこともできる。

外部量子収率が高い系でも20%程度であり，エネルギー変換効率は1%程度以下である。局在電場を高めるなどの工夫により，さらなる改善が望まれる。

4.3　光触媒への応用

筆者らは，金ナノ粒子担持酸化チタンを可視光応答型光触媒として利用でき，エタノールやメタノール，アセトアルデヒド，ホルムアルデヒド，グルコースなどを酸化し，酸素や過酸化水素を還元できることを報告した[2]。その際の光電流アクションスペクトルは，金ナノ粒子のプラズモン共鳴に基づく吸収スペクトルと概ね一致している。また，金ナノ粒子担持酸化チタンを，エネルギー貯蔵材料である酸化タングステンや酸化モリブデンと組み合わせることで，可視光照射により後者を還元でき，還元エネルギー貯蔵型光触媒として利用できることを示した[17]。

また，プラズモン誘起電荷分離に基づく光触媒反応を利用すれば，可視光による固体表面パターニングも可能である[18]。オクタンチオールまたはパーフルオロデカンチオールなどの溶液で処理すると，チオールが金ナノ粒子表面に結合して自己集合単分子層が形成され，膜表面が撥水性となる。これに強い可視光を照射すると，プラズモン誘起電荷分離によりチオール基（-SH）が酸化されて-SO$_2$基やSO$_4^{2-}$となり，疎水基が金から脱離（酸化脱離）するため，表面が親水化される。フォトマスクを通して光照射を行えば，照射領域のみが親水化され，非照射領域は撥水性のまま残るので，親水性／撥水性のパターンを得ることができる。

大谷らは，金ナノ粒子担持酸化チタン粉末を用いて，2-プロパノールのアセトンへの酸化を観測した[19]。この反応のアクションスペクトルも，プラズモン共鳴に基づく吸収スペクトルとほぼ一致した。多田らは，金ナノ粒子担持酸化チタンによるメルカプトピリジンからジピリジルジスルフィドへの酸化を見出した[20]。酸化チタンに代えて酸化ジルコニウムを用いた場合には，反応はみられなかった。小川らは，金ナノディスクとチタン酸ナノシートからなる複合体を用いることで，ベンゼンをフェノールに酸化できると報告した[21]。水の酸化または還元も可能だとする報告もあるが[22]，それらを同時に行うこと（すなわち水の光分解）についてはまだ報告がない。古南らは，金ナノ粒子を担持した酸化セリウム粉末を用いて，ギ酸，酢酸，シュウ酸を二酸化炭素

第13章 有機系太陽電池への応用

に酸化できることを明らかにした[23〜25]。ギ酸を酸化する場合の量子収率は9%以上であり（2電子反応を仮定），金と銅の合金ナノ粒子を使うことにより15%の効率が得られると報告した[25]。反応のアクションスペクトルはやはり，プラズモン共鳴に基づく吸収スペクトルとおおよそ一致する[24]。また，金ナノ粒子担持酸化チタンを用いることで，アルコールやアンモニアから水素を遊離できることを示した[26]。

4.4 その他の応用

上記の通り，銀ナノ粒子を保護せずに酸化チタンなどの半導体と組み合わせて用いた場合，プラズモン誘起電荷分離によって銀ナノ粒子が銀(I)イオンに酸化される（図3A）。この反応に伴い，雰囲気中の酸素が還元される。気相中での実験であれば，銀イオンは酸化チタン表面の吸着水中にとどまる。これに紫外光を照射すれば，酸化チタン中の電子が価電子帯から伝導帯へ励起され，この励起電子により，銀イオンが銀に還元され，銀ナノ粒子が生成する（図3B）。このとき同時に，価電子帯に生じる正孔により，吸着水が酸化される。

この酸化還元反応は，多色フォトクロミズムに応用できる[1,27]。初期状態で褐色をしている材料に単色可視光を照射すると，照射波長域での吸収が減少し，反射・散乱するようになるため，「当てた光と同様の色を呈する」ようになる。さまざまな異なる共鳴波長を持つ粒子の中から，照射光と共鳴する粒子のみが酸化されるためである[28]。紫外光の照射により初期化できるため，カラーリライタブルペーパーなどへの適用が可能である。

銀ナノロッドを用いれば，赤外フォトクロミズムや偏光フォトクロミズムも可能であり[29]，「目に見えない画像を表示する」ことができる。これも青色光の照射により初期化できる。秘密保持や偽造防止・真偽認証などへの応用が期待される。

銀ナノ粒子の反応は光アクチュエータにも応用できる[9]。酸化チタンナノ粒子を含むポリアクリル酸ゲルに銀イオンを取り込ませると，ゲルが持つカルボキシル基どうしが銀イオンを介して

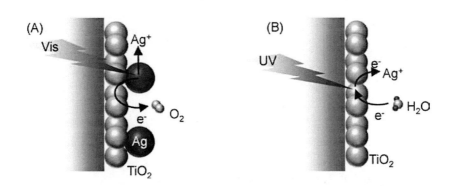

図3 銀ナノ粒子—酸化チタン系の光誘起酸化還元反応
(A)酸化チタン上に析出した銀ナノ粒子への可視光照射によるプラズモン誘起電荷分離と酸化溶解.
(B)酸化チタンへの紫外光照射による銀ナノ粒子の光触媒析出

静電的に結合するため，ゲルは水を放出しながら収縮する。これに紫外光を照射すると，光触媒反応によって銀イオンは還元され，銀ナノ粒子となって酸化チタン粒子上に析出し，カルボキシル基どうしの結合が切れるため，ゲルは水を吸収しながら膨潤する。膨潤したゲルに可視光を照射すると，プラズモン誘起電荷分離反応によって銀ナノ粒子が銀イオンに酸化されるため，再びカルボキシル基どうしの結合が形成され，ゲルは収縮する。このように，ゲルの膨潤・収縮過程を波長の異なる光，すなわち紫外光および可視光によって制御できる。

また，銀ナノ粒子のサイズ制御[30]，銀ナノロッドのアスペクト比[11,29]や配向[30,31]の制御，銀ナノプレートの配向の制御[32~34]などへも応用できる。配向制御においては，偏光選択的な反応を利用する。

おわりに

局在表面プラズモン共鳴を示す金属ナノ粒子と，酸化チタンなどの半導体を組み合わせることで，プラズモン誘起電荷分離が可能であり，光電変換をはじめ，可視光誘起光触媒，フォトクロミズム，光アクチュエータ，銀ナノ粒子のサイズ・アスペクト比・配向の制御などへ応用できる。現在もさらなる用途開発が進められている。

謝辞

本稿で紹介した研究の一部は，藤嶋昭特別栄誉教授，窪田吉信教授，大古善久博士，田陽博士，高田主岳博士，坂井伸行博士，高橋幸奈博士，松原一喜博士，于克鋒博士，数間恵弥子博士，丹羽智佐氏ほか，学生諸氏との研究による成果です。

文　　　献

1) Y. Ohko, T. Tatsuma, T. Fujii, K. Naoi, C. Niwa, Y. Kubota, and A. Fujishima: *Nature Mater.*, **2**, 29 (2003).

2) Y. Tian and T. Tatsuma: *J. Am. Chem. Soc.*, **127**, 7632 (2005).

3) Y. Tian and T. Tatsuma: *Chem. Commun.*, **2004**, 1810.

4) N. Sakai, Y. Fujiwara, Y. Takahashi, and T. Tatsuma: *ChemPhysChem*, **10**, 766 (2009).

5) N. Sakai, T. Sasaki, K. Matsubaraa, and T. Tatsuma: *J. Mater. Chem.*, **20**, 4371 (2010).

6) K. Kawahara, K. Suzuki, Y. Ohko, and T. Tatsuma: *Phys. Chem. Chem. Phys.*, **7**, 3851 (2005).

7) Y. Takahashi and T. Tatsuma: *Nanoscale*, **2**, 1494 (2010).

8) T. Yamaguchi, E. Kazuma, N. Sakai, and T. Tatsuma: *Chem. Lett.*, **41**, 1340 (2012).

9) T. Tatsuma, K. Takada, and T. Miyazaki: *Adv. Mater.*, **19**, 1249 (2007).

第13章 有機系太陽電池への応用

10) K. Takada, T. Miyazaki, N. Tanaka, and T. Tatsuma: *Chem. Commun.*, **2006**, 2024.

11) E. Kazuma, N. Sakai, and T. Tatsuma: *Chem. Commun.*, **47**, 5777 (2011).

12) E. Kazuma and T. Tatsuma: *J. Phys. Chem. C*, in press (DOI: 10.1021/jp300175y).

13) K. Yu, N. Sakai, and T. Tatsuma: *Electrochemistry*, **76**, 161 (2008).

14) P. Reineck, G. P. Lee, D. Brick, M. Karg, P. Mulvaney, and U. Bach: *Adv. Mater.*, **24**, 4750 (2012).

15) Y. Takahashi and T. Tatsuma: *Appl. Phys. Lett.*, **99**, 182110 (2011).

16) Y. Nishijima, K. Ueno, Y. Yokota, K. Murakoshi, and H. Misawa: *J. Phys. Chem. Lett.*, **1**, 2031 (2010).

17) Y. Takahashi and T. Tatsuma: *Electrochem. Commun.*, **10**, 1404 (2008).

18) Y. Tian, H. Notsu, and T. Tatsuma: *Photochem. Photobiol. Sci.*, **4**, 598 (2005).

19) E. Kowalska, R. Abe, and B. Ohtani: *Chem. Commun.*, **2009**, 241 (2009).

20) S. Naya, M. Teranishi, T. Isobe, and H. Tada: *Chem. Commun.*, **46**, 815 (2010).

21) Y. Ide, M. Matsuoka, and M. Ogawa: *J. Am. Chem. Soc.*, **132**, 16762 (2010).

22) C. G. Silva, R. Juarez, T. Marino, R. Molinari, and H. García: *J. Am. Chem. Soc.*, **133**, 595 (2011).

23) H. Kominami, A. Tanaka, and K. Hashimoto: *Chem. Commun.*, **46**, 1287 (2010).

24) H. Kominami, A. Tanaka, and K. Hashimoto: *Appl. Catal. A*, **397**, 121 (2011).

25) A. Tanaka, K. Hashimoto, and H. Kominami: *ChemCatChem*, **3**, 1619 (2011).

26) A. Tanaka, S. Sakaguchi, K. Hashimoto, and H. Kominami: *Cat. Sci. Techinol.*, **2**, 907 (2012).

27) K. Naoi, Y. Ohko, and T. Tatsuma: *J. Am. Chem. Soc.*, **126**, 3664 (2004).

28) K. Matsubara and T. Tatsuma: *Adv. Mater.*, **19**, 2802 (2007).

29) E. Kazuma and T. Tatsuma: *Chem. Commun.*, **48**, 1733 (2012).

30) K. Matsubara, K. L. Kelly, N. Sakai, and T. Tatsuma: *J. Mater. Chem.*, **19**, 5526 (2009).

31) X. Wu and T. Tatsuma: *Electrochemistry*, **79**, 773 (2011).

32) I. Tanabe, K. Matsubara, S. D. Standridge, E. Kazuma, K. L. Kelly, N. Sakai, and T. Tatsuma: *Chem. Commun.*, **2009**, 3621.

33) I. Tanabe, K. Matsubara, N. Sakai, and T. Tatsuma: *J. Phys. Chem. C*, **115**, 1695 (2011).

34) Y. Sakai, I. Tanabe, and T. Tatsuma: *Nanoscale*, **3**, 4101 (2011).

【第Ⅳ編　デバイス応用技術】

第14章　表面プラズモンアンテナを利用した
フォトダイオードの高感度化

藤方潤一[*]

はじめに

ユビキタス情報社会を実現するため，ネットワークと情報処理技術の融合が進展してきている。情報システムを支える基本となる超大規模集積回路（VLSI）においては，Si を主体とした CMOS 技術の著しい発展が行われてきており，スケーリング則に基づく素子や配線の微細化により，高集積および高機能化，高速化が行われてきている。一方，光を用いた超高速伝送は，電気配線における回路遅延や伝送ロス，クロストークなどの問題を回避出来，波長多重化による大容量化が可能なことから，世界のどこからでも瞬時に情報交換することを可能とする技術へと成長してきている。これら進展が目覚しい LSI 技術と超高速光伝送技術を融合させることを目的として，CMOS 技術と整合の取れる低コストな光配線技術である Si フォトニクスが，将来の LSI 技術の限界を打破し，新しい機能性を生み出す技術として注目を集めてきている[1~3]。

Si フォトニクスを構成するキーコンポーネントとしては，光導波路，発光素子，光変調素子，受光素子などが挙げられる。今回報告する受光素子（フォトダイオード）に関しては，従来の光通信において化合物半導体を用いたものが一般的である[4]。10 Gbit/s 程度の伝送速度の光通信には，InGaAs を吸収層とするアバランシェフォトダイオード（Avalanche Photo Diode：APD）や GaAs を用いた pin 型フォトダイオード（pin-PD）などが用いられるが，Si フォトニクスが目指している CMOS 技術との整合性および低コスト化などの点で問題がある。一方，Si は間接遷移型の半導体であり，化合物半導体と比較して光吸収効率が一桁程度低いことが効率を高める上で問題となる。

さらに，フォトダイオードの応答速度を律速する因子としては，光吸収により生成されたフォトキャリア（電子─正孔対）の移動時間と光吸収層（空乏層）の電気容量が挙げられる[5]。すなわち，キャリアの移動時間を短くするためには，光吸収層を薄くする必要があるが，これによる電気容量の増大を軽減するため接合面積の低減が行われるのが一般的である。従って，高速性を実現するためには光吸収層を小さくする必要があり，高速性と感度特性はトレードオフの関係にある。

表面プラズモンは，金属表面の自由電子による電荷振動と電磁波が結合したポラリトンモー

---

[*]　Junichi Fujikata　日本電気㈱　グリーンプラットフォーム研究所　主任研究員

第14章　表面プラズモンアンテナを利用したフォトダイオードの高感度化

ドであり，波数の少なくとも1成分が虚数であるという特徴から，光の回折限界以下の領域に光エネルギーを閉じ込めることが可能な特長がある。すなわち，光デバイスを CMOS 回路と同等なサイズに小型化することを可能とする要素技術の一つとして考えることが可能である。

本稿では，この量子効率と高速性の両立が極めて困難とされる Si を吸収層に用いたフォトダイオードにおいて，表面プラズモンによる近接場増強効果を利用して，電極と半導体との界面に光を閉じ込め，さらに波長以下の領域に集光することを実現し，高感度化と高速化の新しい概念であるナノフォトダイオードの可能性を検討した結果について報告する。さらに，LSI 上への光配線の適用例として，Si ナノフォトダイオードを用いたオンチップ光クロック配信実証に関しても報告する。

1　表面プラズモンアンテナに関して

1.1　一次元金属スリットアレイ構造による表面プラズモン共鳴効果

まず，フォトダイオードに適用されている，表面プラズモンによるアンテナの効果について紹介する。図1に一次元金属スリットアレイ構造に対して，垂直な電場成分（すなわち平行な磁場成分）を持つ TM（transverse magnetic）波を入射した時の表面プラズモン共鳴モードに関する模式図を示す。金属アレイの周期が表面プラズモンの分散関係に対して波数保存則を満たす時，horizontal surface plasmon mode（HSP モード）と呼ばれる表面プラズモン共鳴が金属アレイ上に発生する[6]。HSP モードは，光の進行方向に波数を持たない，すなわち入射光に対して垂直方向に電場と磁場成分をもつモードであり，光は HSP モードに変換された後，透過せずに反射光として放射される。

一方，金属スリットアレイにおいては，金属ギャップにおいて，表面プラズモンによる電荷の共振が発生し，光の進行方向すなわち金属の膜厚方向に表面プラズモン・ポラリトンの伝搬モードが発生する。このような表面プラズモンの伝搬モードは，膜厚と共に周期的に共鳴し，半波長の周期で強くなる。この膜厚方向への共鳴モードのことを vertical cavity mode と呼ぶ。vertical cavity mode は，金属アレイ周期によらず，金属ギャップ単体でも発生する表面プラズモン共鳴

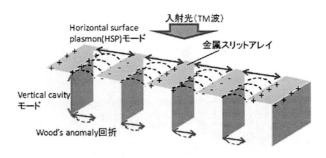

図1　金属スリットアレイに TM 波を入射した時の表面プラズモンモード

モードである．2.2節では，上記のHSPモードとvertical cavity modeを組み合わせることによる，Siフォトダイオードの小型化に関して紹介する．

また，金属スリットアレイのようなグレーティング構造においては，回折波の回折角が90度に近づくと，反射光が非常に小さくなる現象が観測されている．このような現象は，Wood's anomaly（Woodの異常回折）と呼ばれ，TE偏光を入射した場合にも観測される[7]．

1.2 表面プラズモンアンテナによる金属微小開口からの異常透過現象

表面プラズモンによる光透過率増大効果は，1998年にT. W. Ebbesenらにより初めて報告された[8]．従来，光学の分野では，表面プラズモン共鳴による光吸収やこれに伴う近接場増強などが報告されているが[9]，波長以下の微小開口を透過するエバネッセント波の強度が表面プラズモンにより増大することは，1944年に報告されたBetheによるaperture theoryで予測される理論値を大きく打破する現象であり，画期的な発見であると紹介された[10]．図2は，表面プラズモン共鳴により光透過率増大効果が現れるとして報告されている典型的な構造を示したものである．図中（a）は微小開口をアレイ状に配列したhole-arrayと呼んでいる構造であり，（b）は微小開口の周囲にプラズモン共鳴を生じさせるグレーティング構造を形成した構造で，弓矢の的と似ていることからbull's eye構造と呼んでいる構造である．hole array構造については，既に数多くの理論解析および実験結果が報告されているため詳細は割愛するが，表裏のプラズモン共鳴モードが微小開口におけるエバネッセント波を介して結合している点が重要である．従って，高い光透過率を得るためには，表裏のプラズモン共鳴モードが同じ周波数および位相で生じること，すなわち表裏が対称な構造をしていることが理想である．

一方，bull's eye構造に関しては，表裏のグレーティングの機能という観点でプラズモン共鳴による光透過率増大効果を捉えることが可能である．図3は有限差分時間領域法（Finite Difference Time Domain method：FDTD法）を用いて，bull's eye形状における共鳴状態を計算した例である．図中（a）はアンテナ表面の電界強度分布，（b）は断面の電界強度分布を示したものである[11]．同心円状のグレーティング形状は，入射光を表面プラズモンポラリトンとしてグレーティングに結合させる機能とこれを中心部に集光するレンズ機能を有する．また，微小開口

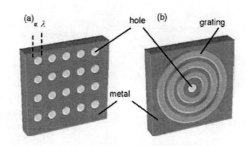

図2　表面プラズモンエンハンス構造 (a) hole array構造 (b) bull's eye構造．

第14章　表面プラズモンアンテナを利用したフォトダイオードの高感度化

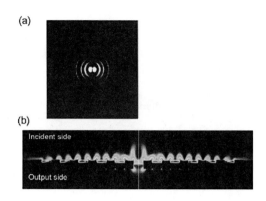

図3　bull's eye構造における（a）アンテナ表面の電界強度分布（b）断面の電界強度分布。

部に集光された表面プラズモンポラリトンは，微小開口部のエバネッセント波を介して，裏側に伝わり，さらに裏側のグレーティングによりBragg反射されて伝播モードにつながることになる。この時，裏側のグレーティング構造は，伝播光の指向性に寄与し，プラズモン共鳴モードの位相を制御することにより，beamingと呼ばれる指向性のある透過光を生じさせる機能がある。これはグレーティングに垂直入射された光が表面プラズモンポラリトンに変換されるプロセスと同じメカニズムで，逆のプロセスが裏側で生じているものと捉えることが可能である。

2　フォトダイオードの高感度化

2.1　面入射型フォトダイオード

図4にナノフォトダイオードの概念模式図を示す[12]。Siナノフォトダイオードは基本的に三つの部分からなる：(1) 中心部に形成されたショットキー接合電極としての機能と，入射光を表面プラズモンポラリトンに変換して集光するプラズモンアンテナとしての機能を兼ね備えた表面金属電極，(2) 光を吸収してフォトキャリアを生成するSiメサ構造，(3) オーミックコンタクト電極。表面プラズモンアンテナは，波長以下のサイズの微小開口と周囲に同心円状のグレーティング構造を有する。Siメサは表面プラズモンアンテナの下にショットキー接合を介して配置されている。また，ショットキー接合の面積は，表面プラズモンアンテナの微小開口部とほぼ同じ大きさである。

ナノフォトダイオードに入射した光は，まず同心円状に配置された金属グレーティングにより表面プラズモンに変換され，中心部に集光される。集光された表面プラズモンは，微小開口部においてエバネッセント波を介して出射端において散乱され，強い近接場光を発生することとなる。表面プラズモンには，本質的に電子―フォノン散乱に起因する抵抗損失（オーミック損失）が存在することが知られており，電場強度が$1/e$になるまでの時間が伝播寿命として定義される。従って，ナノフォトダイオードを高効率化するためには，プラズモンの寿命以下の時間内に，

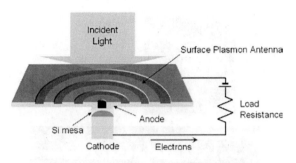

図4 ナノフォトダイオードの断面模式図[12]。

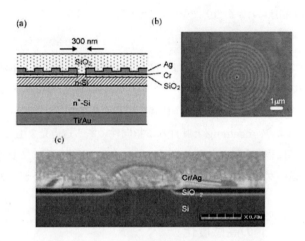

図5 (a) 作製したナノフォトダイオードの概念図，(b) プラズモンアンテナの SEM 写真，(c) プラズモンアンテナ形成前の Si メサ構造断面の SEM 写真[12]。

半導体内に染み出した電場成分がフォトキャリアを生成する必要があり，今回検討した 850 nm の波長においては表面プラズモンによるオーミック損失に比較して，Si 半導体における吸収係数が一桁以上大きいことを計算により確認している。

図5は作製したナノフォトダイオードの概念図と作製したプラズモンアンテナの走査型電子顕微鏡（SEM）写真，およびプラズモンアンテナ形成前の Si メサ構造の断面の SEM 写真である[12〜13]。実験に用いた構造においては，表面プラズモンアンテナは Si 基板上に厚さ 200 nm の Ag 膜が積層され，さらに周期 560 nm，深さ 50 nm の同心円状グレーティングが形成されている。また，保護膜として SiO_2 膜が積層されている。中心部の微小開口径は 300 nm であり，この下に Si メサとショットキー接合を形成するために 10 nm の Cr 膜が配置されている。

表面プラズモンポラリトンの分散関係は以下の式で表され，SiO_2/Ag 界面における表面プラズモンポラリトンの実効屈折率は約 1.50 と見積もられる[9]。

$$n_{eff} = (\varepsilon_m \cdot \varepsilon_d / \varepsilon_m + \varepsilon_d)^{1/2} \tag{1}$$

第14章　表面プラズモンアンテナを利用したフォトダイオードの高感度化

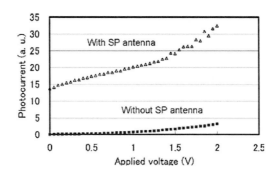

図6　プラズモンアンテナがある場合とない場合のフォトカレントの逆バイアス電圧依存。

（ここで，n_{eff}：実効屈折率，ε_m：金属の誘電率，ε_d：金属に隣接する誘電体の誘電率）

従って，560 nm の周期のグレーティングを用いた場合，表面プラズモンの共鳴波長は約 840 nm である。

次に，上記構造のナノフォトダイオードの光応答特性を紹介する。I-V 特性から見積もられるショットキー障壁高さは 0.57 eV と見積られた。また，-2 V 印加時の暗電流値も約 10^{-9} A であり，実用上問題ないレベルであった。図6は波長 840 nm，強度 1 mW の光を 2～3 μm に絞って照射した時のフォトカレントの逆バイアス電圧依存を表面プラズモンアンテナがある場合とない場合について比較したものである。プラズモンアンテナを利用することによって，出力電流が数十倍にまで増強されていることが分かる。これは表面プラズモンによって増強された近接場光が，Si 中で生成されるフォトキャリアを大幅に増加させていることを示している。また，低バイアスな電圧においても大きなフォトカレントが得られており，電極近傍の局所領域に閉じ込められた近接場光を利用することで，低電圧での動作が可能な高感度なナノフォトダイオードが得られることが確認された。

上記に示した素子に関しては，光吸収領域の直径は 300 nm で，空乏層の厚さは 200 nm 程度である。従って，ショットキー接合容量は 0.1 fF 以下であると見積られる。一方，フォトキャリアのドリフト速度を 10^7 cm/s と考えると，空乏層を走行するのに必要な時間は数 ps となり，周波数応答として 80 GHz 程度が予測される。

2.2　導波路結合型フォトダイオード[14]

LSI 上での光配線を実現するためには，光導波路と高効率に光結合する導波路結合タイプのフォトダイオードを開発する必要がある。また，高集積化のためには，小型でありかつ低消費電力である必要がある。

LSI 上での光配線として低損失な SiON 光導波路を開発し，これと高効率に光結合する Si ナノフォトダイオードについて検討した。導波路結合型 Si ナノフォトダイオードの断面図を図7(a)に示す。Ag からなるナノスケールの MSM（metal-semiconductor-metal）電極構造に関して，

プラズモンナノ材料開発の最前線と応用

FDTD 法による電磁界シミュレーションおよび実験により検討した。240 nm 厚の Si 吸収層表面に幅 90 nm，厚み 30 nm の Ag 電極からなる周期構造を埋め込んで形成し，これを SiON 導波路と Si 光吸収層との界面に配置した。850 nm 波長の TM 波を SiON 導波路に入力した時の光パワー分布および電場分布を光導波方向の断面図として示す（図 7 (b)，(c)）。SiON 導波路コアと Si 吸収層界面に挿入した周期的な Ag-MSM 電極により，SiON 導波路中を伝播する光が効率的に回折され，表面プラズモンの共鳴モードである vertical mode および horizontal mode が励起されている。これにより約 85％の光パワーが 240 nm と非常に薄い Si 光吸収層中に光結合される計算結果を得ている。

図 8 は導波路結合型 Si ナノフォトダイオードの光結合効率の入射光波長依存性である。Si ナノフォトダイオードは比較的広い波長範囲において受信感度を有しており，これは Si 光吸収層に埋め込んで形成された Ag ナノ電極による表面プラズモン共鳴ピークが Si による光吸収によ

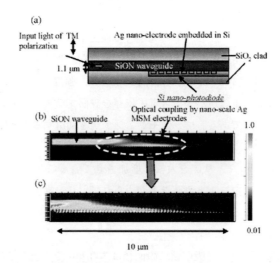

図 7 (a) 導波路結合 Si ナノフォトダイオード断面図，(b)，(c) 850 nm 波長の TM 波を SiON 導波路に入力した時の光パワー分布および電場分布[14]。

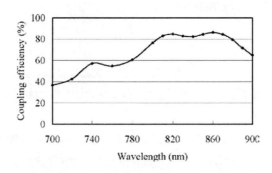

図 8 導波路結合型 Si ナノフォトダイオードの光結合効率の入射光波長依存性[14]。

第14章 表面プラズモンアンテナを利用したフォトダイオードの高感度化

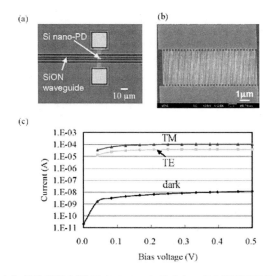

図9 (a) 導波路結合型 Si ナノフォトダイオードの光学顕微鏡写真，
(b) Ag-MSM 電極の SEM 写真，(c) 光応答特性[14]。

り広がっているためであると考えられる。780-900 nm の比較的広い波長範囲において，60％以上の光結合効率が得られている。

実際に作製した導波路結合型 Si ナノフォトダイオードの光学顕微鏡写真および Ag-MSM 電極の SEM 写真を図9(a) および (b) に示す。Si ナノフォトダイオードは n-type の SOI (silicon-on-insulator) 基板上に形成され，光結合長が 10μm 程度となるように LOCOS (local oxidation of silicon) プロセスにより Si メサ構造が形成されている。さらに，EB (electron beam) リソグラフィによるレジストマスクを利用して AgMSM 電極を形成した。さらに，この上に低温プロセスにより SiON コアおよび SiO_2 からなる上クラッド層を形成した。

図9(c)は作製した Si ナノフォトダイオードの光応答特性である。850 nm 波長，1.6 mW のレーザ光を SiON 導波路端面から入射することにより，約10％の量子効率が得られ，TE 波に比較して2-3倍のフォトカレントが得られている。すなわち，表面プラズモン共鳴により SiON 導波路と Si 光吸収層との間の近接場光結合がエンハンスされていると考えられる。また，10μm の光結合長はデバイスの電気容量として 4fF に相当し，従来のフォトダイオードに比較して1桁程度小さい値となっている。これにより，光源パワーの大幅な削減も可能であると考えられる。

2.3 オンチップ光配線への応用[14]

次に Si ナノフォトダイオードのオンチップ光配線への適用例を紹介する。図10 (a) に光クロック配信用に作製した光チップの写真を示す。入力光パワーは，1x2MMI (multi-mode interference) の2段カスケードにより，4つの出力ポートに分配され，末端に配置された4つの Si ナノフォトダイオードに光結合されている。図10 (b) および (c) に Si ナノフォトダイ

プラズモンナノ材料開発の最前線と応用

オードに1Vのdcバイアスを印加した時の過渡応答出力波形と出力半値幅のdcバイアス電圧依存性を示す．この実験において，780 nm波長のチタンサファイヤレーザにより，半値幅2 ps以下の光クロック信号を入射して，65 GHzバンド幅のサンプリングオシロスコープにより，Siナノフォトダイオードからの出力波形をモニターした．出力半値幅は1Vバイアスの時17 psであり，dcバイアスの上昇により検出器の限界である15 ps程度に飽和した．すなわち，Siナノ

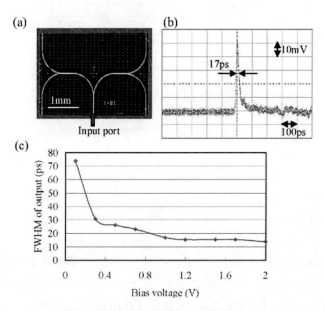

図10 (a) 光クロック配信用に作製した光チップの写真，(b) 1Vのdcバイアスを印加した時の過渡応答出力波形，(c) 出力半値幅のdcバイアス電圧依存性[14]。

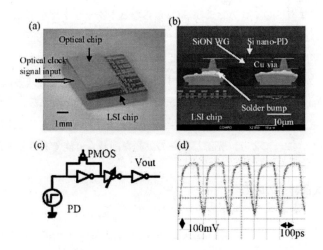

図11 (a) LSI上光クロック実証チップの写真，(b) 接続構造の断面SEM写真，(c) トランスインピーダンスアンプの回路図，(d) 5GHzの光信号導入した時のLSIからの出力波形[14]。

254

第14章　表面プラズモンアンテナを利用したフォトダイオードの高感度化

フォトダイオードは，CMOS 回路と整合可能な比較的低いバイアス電圧の場合でも高速に動作することが分かる。

最後にオンチップ光クロック配信の実証実験に関して紹介する。図 11 (a) および (b) に作製した LSI 上光クロック実証チップの写真と接続構造の断面 SEM 写真を示す。光チップは LSI と電気的に接続されており，光チップに形成された Cu ビアおよび半田バンプを介して LSI とチップ積層されている。図 11 (c) はオンチップクロック配信用のトランスインピーダンスアンプの回路図である。Si ナノフォトダイオードからのフォトカレントは，この TIA 回路により電圧信号に変換されて出力されることになる。図 11 (d) は 5 GHz の光信号を上記光クロック実証チップに導入した時の LSI からの出力波形である。光信号は 850 nm 波長，4 mW 出力の CW 光源からの光をニオブ酸リチウムからなる外部光変調器により変調した。5 GHz の出力信号は，4 分岐構造を有する LSI オンチップ光クロック構造において得られており，将来のオンチップ光インターコネクトに非常に期待される結果であると考えられる。

図 12 は，NEC より提案された光クロック用電子回路と 20 GHz クロックパルス信号に対する出力応答波形の計算結果である[15]。従来，光受信回路において，TIA (trans-impedance) 回路とフォトダイオードを接続することにより，電流信号を電圧信号に変換して，LSI 回路と接続することが一般的である。これに対し，表面プラズモンを利用したフォトダイオードによる超低電気容量化により，TIA 回路を介さず直接 CMOS 回路と接続することの可能性を検証したものであり，将来のフォトニクスとエレクトロニクスの融合に向け[16]，表面プラズモンを利用したナノフォトダイオードが有望であると考えられる。

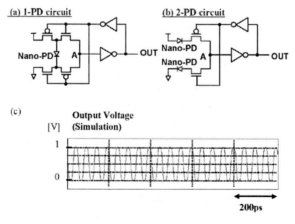

図 12　(a), (b) 2 種類の TIA レス光クロック分配回路図。
　　　 (c) 20GHz 光クロックパルス応答出力計算結果[15]。

まとめ

VLSIにおいて基本となるSi-CMOS技術と融合したSiフォトニクスの概念をさらに発展させた，新しいコンセプトからなるSiナノフォトダイオードに関して紹介した。表面プラズモンアンテナを利用して波長以下のサイズに光エネルギーを閉じ込め，これを近接場光としてSi中に導入することにより，従来困難とされたSiフォトダイオードの高速化および高効率化の両立が実現可能なことを示した。さらに，増強された近接場光のSi中への浸入長は極めて小さく，非常に低いバイアス電圧により高速に光電変換が可能となることが明らかとなった。また，LSI上の光配線と集積化可能な導波路結合型Siナノフォトダイオードを開発し，その小型・高速動作を実証すると共に，TIA回路を内蔵したLSIとチップ接続することにより，光クロック配信への応用を実証した。本デバイスが，近接場光を利用したナノフォトニクスが将来LSIに新しい機能性をもたらす先駆けとなることを期待すると共に，更なる高性能化とエレクトロニクスとの融合について検討していく予定である。

謝辞

本研究遂行にあたり，ナノフォトダイオードに関しては，NEC 大橋啓之，石勉，岡本大典，牧田紀久夫，馬場寿夫，野瀬浩一，西研一，牛田淳，NTT 土澤泰，渡辺俊文，山田浩治，板橋聖一の各氏にお世話になった。また，研究の機会を与えていただき，多大なご支援を頂いた最上徹，田原修一，中村隆宏，渡辺久恒，廣瀬全孝の各氏に深く感謝致します。

本研究の一部はNEDO（新エネルギー・産業技術総合開発機構）の次世代半導体材料・プロセス基盤（MIRAI）プロジェクトの委託研究として行われた。

文　　献

1) 和田一実，ライオネルキマリング，応用物理，**68**，1034 (1999).

2) H. Wada, H.-C. Luan, D. R. C. Lim and L. C. Kimerling, *Proceedings of SPIE*, **4870**, 437 (2002)

3) G. T. Reed and A. P. Knights, Si Photonics, John Wiley & Sons (2004).

4) 吉國裕三，応用物理，**74**, 766 (2005).

5) S. Donati, Photodtectors, Prentice Hall PTR, New Jersey (2000).

6) D. Crouse, Numerical modeling and electromagnetic resonant modes in complex grating structures and optoelectronic device applications, *IEEE trans. Electron Devices*, **52**, 2365 (2005).

7) R. W. Wood, *Phys. Rev.*, **48**, 928 (1935).

8) T. W. Ebbesen, H. J. Lezec, H. F. Ghaemi, T. Thio, and P. A. Wolf, *Nature,* **391**, 667 (1998).

第14章 表面プラズモンアンテナを利用したフォトダイオードの高感度化

9) H. Rather, Surface Plasmons on Smooth and Rough Surfaces and on Gratings (Springer-Verlag, Berlin, 1988).

10) R. Sambles, *Nature*, **391**, 641 (1998).

11) J. Fujikata, T. Ishi, H. Yokota, K. Kato, M. Yanagisawa, M. Nakada, K. Ishihara, K. Ohashi, T. Thio and R. A. Linke, *Trans. Magn. Soc. Jpn.*, **3**, 255 (2004).

12) T. Ishi, J. Fujikata and K. Ohashi, *Jpn. J. Appl. Phys.*, **44**, L364 (2005).

13) J. Fujikata, T. Ishi, K. Makita, T. Baba, and K. Ohashi, *Proc. Int. Conf. Solid State Devices and Materials, Kobe, 2005*, E-3-3.

14) J. Fujikata, K. Nose, J. Ushida, K. Nishi, M. Kinoshita, T. Shimizu, T. Ueno, D. Okamoto, A. Gomyo, M. Mizuno, T. Tsuchizawa, T. Watanabe, K. Yamada, S. Itabashi, K. Ohashi, Waveguide-Integrated Si Nano-Photodiode with Surface-Plasmon Antenna and its Application to On-Chip Optical Clock Distribution, *Appl. Phys. Exp.*, **1**, 022001 (2008).

15) K. Ohashi, J. Fujikata, M. Nakada, T. Ishi, K. Nishi, H. Yamada, M. Fukaishi, M. Mizuno, K. Nose, I. Ogura, Y. Urino, and T. Baba, *ISSCC Dig. Tech. Papers*, 426 (2006).

16) 荒川泰彦, フォトニクス・LSI融合システム基盤技術開発の展開〜最先端研究開発プロジェクトの発足〜, 第13回シリコン・フォトニクス研究会 (2010).

第15章　プラズモニクスの発光素子への応用

岡本晃一*

はじめに

　金属界面に発生する表面プラズモン（SP）は，金属表面近傍の光吸収・発光・散乱等の光学特性を著しく変化させることから，表面プラズモン共鳴（SPR）や表面増強ラマン分光（SERS）など，光センシング技術として化学・生物の分野で広く用いられてきた。さらに近年のナノテクノロジーの急速な発展により，ナノ構造によってSPのモードを自由に変調できるようになり，波長限界を超える光ナノテクノロジーを拓く鍵になると期待されている。1998年にEbbessenらは，金属薄膜のナノ微小開口アレイ構造による異常透過光を発見し，2010年のノーベル賞有力候補者（トムソン・ロイター引用栄誉賞）に選ばれるまでになった[1]。2001年にカリフォルニア工科大学（Caltech）のAtwaterらは，SPの新規光応用に「プラズモニクス」という言葉を初めて公式に用い，ナノ光回路や光コンピューティングへの応用可能性を提案した[2]。同じ頃Caltechに所属し，プラズモニクス研究チームに加わった筆者は，2004年にプラズモニクスによる発光の高効率化に初めて成功し，高効率LEDという新たな応用分野を拓いた[3]。その後多くのグループによって様々な発光材料の高効率化に利用され，その報告件数は年々飛躍的に増加してきているが，残念ながら未だ実用化には至っていない。本章では，プラズモニクスを用いた高効率発光素子の研究動向と，早期実現に向けての現状の問題と展望について述べる。

1　プラズモニクスによる赤外発光の高効率化

　固体発光素子は，低消費電力・小型軽量・長寿命といった点から次世代光源として注目されている。特に1993年にInGaN/GaN系青色発光ダイオード（LED）とそれに蛍光体を組み合わせた白色LEDが開発されてからは[4]，従来の白熱球や蛍光灯をすべて固体発光素子に置き換える「照明革命」への期待が高まっている。しかし発光効率やコストの面で多くの問題が残されており，今のところまだ実現のめどは立っていない。このような中で，プラズモニクスを用いた発光増強は，固体発光デバイスが抱える現状の問題をすべて打開し，照明革命を実現させる可能性を秘めた非常に有望な方法である。

　プラズモニクスを利用したLEDの高効率化の試みは，1990年代から始まっている[5,6]。これまで報告されてきた試料構造を図1にまとめた。固体発光素子の発光層で放出された光が材料表面

　＊　Koichi Okamoto　九州大学　先導物質化学研究所　准教授

第15章 プラズモニクスの発光素子への応用

に到達した時に，通常は図1(a)に示したように全反射角を超える角度の光は，外部に取り出すことができない。ここで図1(b)に示した金属ナノ回折格子構造があれば，発光層から放出された光波がナノ回折格子でSPが励起され，さらにまた回折格子によって光波として表面から放出される。このように一旦SPを経て光放出されることにより，これまで全反射により外部に放出されなかった光をも外部に取り出すことが可能になり，光取り出し効率が向上する。この方法を利用したGaAs系LEDの高効率化がいくつか報告されている[5~7]。

金属／誘電体界面の面内方向に伝搬するSPの分散曲線を図2(a)に示した。SPの分散はよく

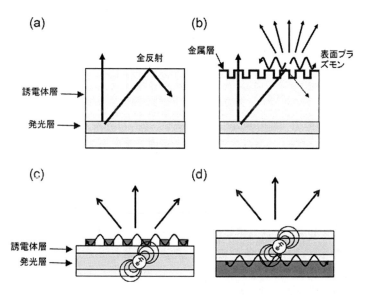

図1 プラズモニクスによる高効率発光の試料図。(a) もとの試料構造。(b) 表面に金属グレーティング。(c) 発光層近傍に金属グレーティング。(d) 発光層近傍に金属薄膜。

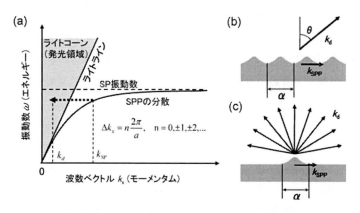

図2 (a) ゾーンフォールディングによるSPPと光波の結合。
(b) ナノ周期構造と (c) 単構造によるSPPからの光放出。

知られるようにライトラインの外側の非発光領域にあるため，このままでは光と相互作用できない。そこで図2(b)の回折格子構造を用いれば，SPの波数を変調し，ライトラインの内側に移動させることによって，角度θの方向に光波として取り出すことが可能になる。したがって，光とSPの相互作用を利用するプラズモニックLEDにおいては，ナノ回折格子のようなナノ構造が必要不可欠である。

2　プラズモニクスによる可視発光の高効率化

　図1(b)はプラズモニクスによって光取り出し効率が改善されるだけであるが，発光素子中に発生する電子・正孔対（励起子）の輻射再結合過程を促進させることによって，非輻射再結合による損失を防ぎ，発光の内部量子効率を改善する試みも報告されている。2000年にVuckovicらは，InGaAs/GaAs/AlGaAs系量子井戸（QW）の膜膜構造をAg層で挟み，さらに電子線微細加工によって上部のAg層にナノ回折格子構造を作製することにより，図1(c)のようなサンドイッチ構造を作製した。それにより，波長～1000nmの近赤外光において46倍もの発光増強が得られた[8]。SPは自由電子の振動と光の電場の共振現象であるので，ナノ共振器の役割を果たす。よってQWをナノ共振器に置いた時と同様に，Purcell効果[9]によって自然放出速度が増加し，内部量子効率が改善されたのだと考えられる。

　ここまで紹介したのはすべてGaAs系の赤外発光LEDについてであるが，LEDの照明利用を考える上では，可視光発光の高効率化が必要不可欠である。1999年にGontijoらは，InGaN/GaN系QWの青色発光LEDに厚さ8nmのAg薄膜を蒸着し，プラズモニクスによる発光増強を試みた[10]。図1(c)のような金属ナノ回折格子を可視光領域において作製するには，更に高精度な微細加工構造を要するため，平坦なAg膜が用いられたところ，発光は著しく減少してしまった。これは，SPが作る局在電場と励起子が共鳴することによってPurcell効果は達成されたが，ナノ回折格子が無いために光として放出されず，すべてSPとして伝搬・緩和してしまったためと考えられる[11]。

　2004年に筆者らによって，プラズモニクスによる可視領域の発光の高効率化の成功例が初めて報告された[3]。その際に，ナノ回折格子構造を作製しなくても，図1(d)に示したようにInGaN/GaN系QW構造の背面に金属層を蒸着するだけで，著しい発光増強が得られた。図3は様々な発光波長を持つInGaN/GaN系QWについて得られた発光増強スペクトルである[12]。図3のインセットに示したように試料表面にAg層50nmを成膜し，半導体レーザー（波長：406 nm）を用いて試料の裏側から励起・検出を行った。もとの発光のピーク強度を1に規格化することにより，点線で示したAg/GaN界面のSP振動数に近い青色領域では，20倍以上の発光増強が達成されていることがわかった。もとの発光の内部量子効率が～5％であることから，プラズモニクスによって100％に近い内部量子効率が達成されていることになる。

　なぜナノ回折格子が無い状況でSPから発光を取り出すことができたのか，その理由は金属の

第15章 プラズモニクスの発光素子への応用

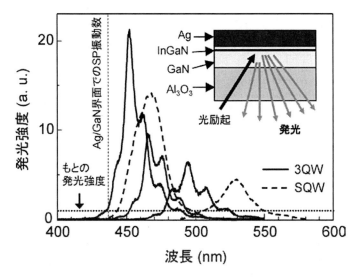

図3 様々な発光波長をもつInGaN/GaNの単量子井戸（SQW）および3層量子井戸（3QW）にAg薄膜を蒸着したときのPLスペクトル。もとのPLスペクトルのピーク強度を1に規格化している。インセットは試料構造。

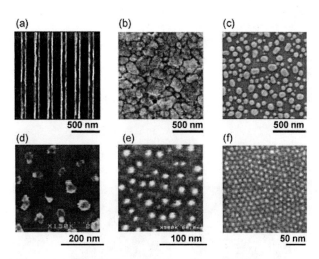

図4 Agの各種ナノ構造の走査型電子顕微鏡（SEM）像。(a) 電子線描画によるナノグレーティング構造。(b) 蒸着条件制御によるランダムナノグレイン構造。(c) 窒素雰囲気下熱処理によるナノ微粒子アレイ構造。(d) ポーラスアルミナマスクによるナノ微粒子アレイ構造。(e) ブロックコポリマーによるナノ微粒子アレイ構造。(f) 気液界面に展開し，基板上に細密充填させた2次元微粒子シート構造。

ナノグレイン構造にある。図4(a)は電子線描画とエッチングによってトップダウン的に作製したナノ回折格子構造のSEM像である。これに対し図4(b)は，図3で用いた試料の金属表面のSEM像であり，ナノスケールのAgグレイン構造がある。これがランダムなナノ回折格子として働くために，SPからの光取り出しが可能になったと考えている。

図2(c) はそれを説明する図である。図2(b) のようなナノ周期構造があればSPから特定の角度において光が放出される。これに対し図2(c) のような単独のナノ構造であっても，それは様々な周期の回折格子の重ね合わせであると考えることができるので，放射角は広がってしまうが，SPから光放出を得ることは可能である。図5は単独のナノ構造によって，界面を伝搬するSPが光放出されることを3次元時間領域差分（3D-FDTD）法による計算で再現したものである[13]。単独のナノ構造でもSPからの光取り出しが可能なら，ランダムなナノ構造でも可能であると考えられる。ここで重要なのは，ナノ構造によって変調されたSPの波数が，図2(a) に示したライトラインの内側に入ることである。その条件を計算したのが図5(b) であり，ナノ構造

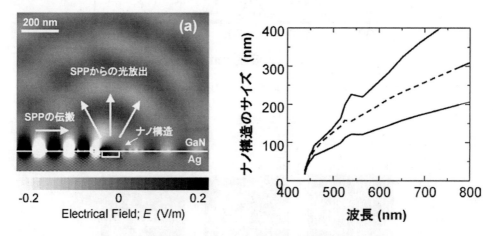

図5　(a) 単ナノ構造によるSPPからの光放出の，3次元時間領域差分（3D-FDTD）法によるシミュレーション。(b) Ag/GaN界面からSPPを光として取り出すために必要なナノ構造のサイズ。

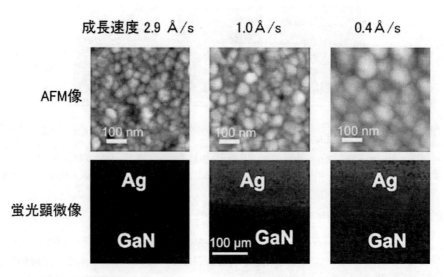

図6　各成長速度によって成膜したAgグレイン構造のAFM像と蛍光顕微像

第 15 章　プラズモニクスの発光素子への応用

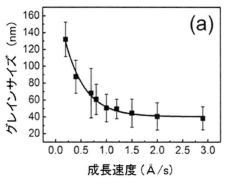
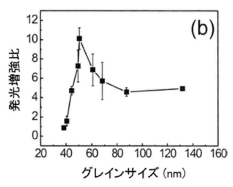

図7　(a) スパッタによるAgの成長速度とグレンサイズの関係。
　　(b) InGaN/GaN系QWの発光増強比のAgグレインサイズ依存性。

がこのサイズ内である場合には，SPからの光放出が可能になる。

　SPからの光放出機構を実証するために，Ag表面の金属ナノグレインサイズを変化させて観測を行った[14]。スパッターによってAgの成長速度を変化させて作製したAg薄膜50nmの表面の（原子間力顕微鏡）AFM像と蛍光像を図6に示す。図7(a)はスパッターによるAg薄膜の成長速度とグレインサイズの関係で，成長速度によってナノグレインのサイズを制御できていることがわかる。図7(b)はそれぞれの成長速度で成膜したAg薄膜の発光増強効果のグレインサイズ依存性である。最も強い増強比を示すグレインサイズ（50nm）は，図5(b)で予想した値とほぼ一致している。

　このことから，光とSPの共鳴には，周期の揃ったナノ回折格子やプリズム全反射は必ずしも必要ではなく，金属表面のランダムな構造でも十分であることがわかる。

3　さらなる波長域，材料系への応用

　プラズモニクスによる高効率化は，発光の内部量子効率の改善に寄与するので，もともと内部量子効率が乏しい系に用いるほど効果的である。例えばInGaN/GaN系LEDにおいては，青色領域ではすでに80％以上[15]の内部量子効率が達成されているが，In組成を増やして緑色発光させると発光効率が数％にまで激減する。またLEDにはグリーンギャップと呼ばれる効率の谷間があり，人間の視覚感度が最も高く重要な緑色領域において，高効率発光が得られていない。

　そこでAgナノ構造を最適化し，緑色領域で高効率化が得られるように，SP共鳴条件の制御を試みた[16]。例えば図4(c)は金属薄膜を蒸着後，窒素雰囲気下の熱処理により作製した金属ナノアイランド構造である。図4(d)は電気化学的手法によって作成した陽極酸化ポーラスアルミナをマスクに用いた金属蒸着によって作成した微粒子アレイ構造，図4(e)はブリックコポリマーに保持させた金属微粒子を基板上に展開することによって得られた微粒子アレイ構造，図4(f)は粒子径（5nm）のそろったAg微粒子を気液界面に展開し，基板上に細密充填させたAg

ナノ微粒子シート構造である[17]。これらボトムアップ手法により，ある程度規則的なナノ微粒子の周期配列が達成でき，作製条件によってサイズと周期の両方を独立して制御することができる。

光の波長よりも小さい金属ナノ微粒子に光を照射すれば，金属ナノ微粒子の閉じた表面に束縛された非伝搬モードである局在表面プラズモン（LSP）が生じる。LSPが作る増強電場は，微粒子の半径程度で波長には依存しない。よってLSPは，金属微粒子のサイズを小さくすることによって，波長よりも遥かに小さいナノ領域にまで微小化できる。LSPは近接場光を通じて光と直接結合できるが，その条件はナノ微粒子のサイズ・形・配列等によって変化する。例えば粒子径20〜200nmのAg微粒子を用いれば，LSPの共鳴条件を可視光全域で制御できる[17]。

例えば緑色領域と共鳴させるには，直径100〜150nmのAg微粒子が適していることが3D-FDTD計算からわかってる。そこでInGaN/GaN QWの上にAg薄膜を20nm蒸着後，窒素雰囲気化において200℃で20分熱処理することにより，図8(a)に示した所望のサイズのAgナノ微粒子アレイを作製できた。この試料の発光スペクトルを測定し，もとの金属層のない試料の発光スペクトルで割った増強比の波長依存性を図8(b)に示した。比較のためにAg薄膜（50nm）を蒸着した試料の発光増強比についても示した。Ag薄膜の場合はどの波長においても一様に5倍程度の増強比であるのに対し，Agナノ微粒子アレイでは，特に波長500-520nmの狭い領域において，著しい発光増強比が得られている[17,18]。

さらに最近筆者らは，真空紫外領域での応用も進めている。図9(a)はAlGaN/AlN系QW構造にAlを蒸着したときの発光スペクトルであり，波長〜255nmの深紫外域の発光において〜7倍の増強が得られており，〜3倍の内部量子効率の高効率化が達成されている[19]。深紫外光は，殺菌やリソグラフィー等に有用であり，短寿命・高価・有害であるHgランプやArFエキシマレーザに代わる新しい深紫外光源としての応用が今後期待される。

またこの方法の最も重要な利点の一つは，無機・有機を問わずあらゆる発光材料に応用できることである。例えば新しい発光材料として，シリコン系のナノ構造材料にも応用可能であり，

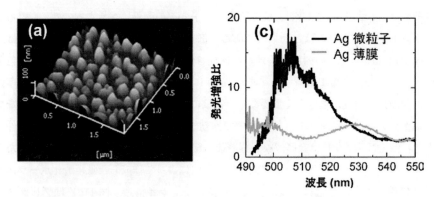

図8 (a) InGaN/GaN系QW上に作成したAgナノ微粒子構造の走査型プローブ顕微鏡（SPM））。
(b) Ag微粒子アレイとAg薄膜を用いた場合の，InGaN/GaN系QWの発光増強比の波長依存性。

第15章　プラズモニクスの発光素子への応用

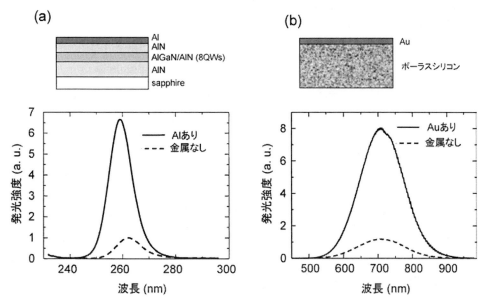

図9　(a) AlGaN/AlN 量子井戸に Al を用いたときと、(b) ポーラスシリコンに Au を用いたときのフォトルミネセンス（PL）スペクトル。

SiO_2 中に分散させたシリコン微粒子に Au 薄膜を蒸着し，直接半導体並みの 36％の内部量子効率が達成できている[20]。同様の材料を用いた発光増強が Biteen らによっても報告されているが[21]，直接遷移半導体のナノ秒程度の発光速度と比べると，シリコン微粒子の発光速度は SP と結合した後でもまだミリ秒程度あり，実際に発光素子として応用するには，発光速度の高速化，電流注入構造の作成，励起密度の向上など，解決すべき問題が多く残されている。またごく最近，電気化学的手法で作成したポーラスシリコンを用いることにより，図9(b) に示した著しい発光増強が得られ，内部量子効率で約 80％，外部量子効率で 20〜30％という驚くべき高効率が達成できた[19]。これらは近い将来に高効率シリコン LED に応用できる可能性を秘めている。

4　デバイス応用の現状と将来展望

プラズモニクスによる発光の高効率化は，非常に簡単・安価な方法であるにもかかわらず，現時点では LED へのデバイス化はまだ達成されていない。InGaN/GaN 系 QW を用いたプラズモニック LED の可能なデバイス構造を図10 に挙げた[12,13,16]。効果的な励起子-SP 結合を得るためには，LED 構造において発光層と金属界面の距離を数十 nm 程度に近接させる必要があり，図10(a) に示したような p-GaN 層（あるいは n-GaN 層）を超薄膜にしたデバイス構造が必要である[12,13,16]。しかし，このような超薄膜 GaN に，-p, -n ドーピングを施して pn 接合を作製することは困難であり，また良好なオーミックコンタクトを得ることも困難である。例えば Yeh ら

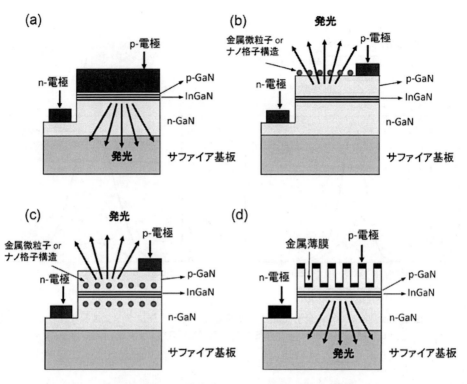

図10　考えうるプラズモニックLEDのデバイス構造

は，InGaN/GaN系LEDにおいて，10nmのp型AlGaNと60nmのp型GaNの上に金属構造を作製したが，発光層と金属界面の距離が合計70nmになってしまったため，SPの効果はかなり弱まり，結果として〜1.5倍の増強しか得られなかった[22,23]。図10(b)のように，単にLEDの表面に金属微粒子を置くだけでもある程度の効果はある。例えばSungらは，LEDの表面にAgナノ微粒子を分散させることにより，QWから200nm離れていても，電流注入で1.26倍の増強が得られることを報告した[24]。これはSPによる散乱増強効果によって光取り出し効率が改善されただけで，内部量子効率は変わらないために劇的な増強は得られない。

金属微粒子か格子構造のような金属ナノ構造を，InGaN発光層の近傍に埋め込んだ図10(c)の構造も有効である。この場合，プラズモン発生のために埋め込んだ金属とは別にp-電極があり，pn接合やオーミックコンタクトを得ることは可能になる。しかし，量子井戸の近傍にいかにして金属ナノ構造を埋め込むかが問題である。GaNの結晶成長温度はAuやAgの融点よりも遙かに高いため，金属ナノ構造の上からGaNを再成長するとほどんどの金属が融解してしまう。現にKwonらは，図6(b)と同様のLED構造を作製したが，Ag微粒子アレイの上にp型GaNを成長する際に，Ag微粒子が最初の3%しか残らなかったため，〜1.3倍の高効率化しか得られなかった[25]。この程度の効果では実用にはほど遠く，またそれがプラズモニクスの効果によるものかどうかも明確ではない。

第15章　プラズモニクスの発光素子への応用

図10（d）に示したように，量子井戸間際までエッチングし，その後に金属蒸着を行うという方法も考えられる。しかし nm 精度でエッチング深さを調節することは難しく，またエッチングによって InGaN 発光層がダメージを受けてしまう恐れもある。ごく最近に Lu らは，電子線リソグラフィと ICP-RIE によるドライエッチングにより，直径〜200nm のホールアレイ構造をもつ InGaN/GaN-LED の作製に成功した[26]。QW 層の〜40nm 上までエッチングで掘り進めることに成功し，その上から Ag を蒸着することにより，520nm の緑色発光において光励起で 2.8 倍の発光増強を得た[26]。しかし残念ながらこの構造を用いた電流励起の測定結果はまだ報告されていない。

このように，プラズモニクスによる著しい発光増強は，電流注入においてはまだ達成されていないのが現状である。しかし主な問題は技術的な困難によるものであるので，近い将来には乗り越えることができると期待してる。

おわりに

プラズモニクスを用いた高効率 LED は，2004 年に光励起による最初の報告がなされて以来，数多くの研究が報告されており，光励起においてはあらゆる材料において著しい高効率化が達成できている。しかし電流注入においては，2 倍以上の明らかな高効率化は残念ながらまだ得られていない。しかし励起子と SP の結合を有効に利用することができれば，最適条件下においては発光の内部量子効率，光取り出し効率ともに 100% 近い高効率化が達成できることは，光励起によってすでに実証されており，原理的には電流注入においても同様の高効率化が達成できるはずである。よって近い未来に，発光効率が 100% に近い超高効率プラズモニック LED が開発される可能性は十分あると期待できる。金属の種類や合金，また金属ナノ構造の最適化によって，SP の状態密度を制御できれば，あらゆる波長において 100% 近い効率が達成でき，LED のグリーンギャップ問題を解決し，フルカラー発光素子や，エネルギー損失が少ない蛍光体フリーの白色光源としての応用が期待される。またシリコン系材料や，その他各種酸化物など，資源が豊富で安価で扱いやすい材料を用いて高効率プラズモニック LED が作製できれば，材料費低減・製造工程の簡略化による大幅なコストダウンが期待できる。この超高効率化と低コスト化の両方が達成できて初めて，すべての照明光源が LED に取って代わる照明革命を現実させることができる。現在の所，その鍵を握っているのはプラズモニック LED であることは間違いない。

謝辞
本研究の遂行にあたり，玉田薫教授（九州大学），川上養一教授（京都大学），アクセル・シェーラー教授（カリフォルニア工科大学）のご協力に感謝の意を表します。本研究の一部は，科学技術振興機構 戦略的創造研究推進事業 さきがけ「物質と光作用」領域（2006.10〜2010.3）および「太陽光と光電変換機能」領域（2009.10〜2013.3）の援助により遂行されました。

267

プラズモンナノ材料開発の最前線と応用

文　　献

1) T. W. Ebbessen, H. J. Lezec, H. F. Ghaemi, T. Thio, and P. A. Wolff, *Nature*, **391**, 667 (1998).

2) S. A. Maier, M.L. Brongersma, P. G. Kik, S. Meltzer, A. A. G. Requicha, B. E. Koel, H.A. Atwater, *Adv. Mate.* **13**, 1501 (2001).

3) K. Okamoto, I. Niki, A. Shvartser, Y. Narukawa, T. Mukai, A. Scherer, *Nature Mater.*, **3**, 601 (2004).

4) S. Nakamura and G. Fasol, *The blue laser diode : GaN based light emitting diode and lasers*, Springer, Berlin (1997).

5) A. Köck, W. Beinstingl, K. Berthoid, and E. Gornik, *Appl. Phys. Lett.* **52**, 1164 (1988).

6) A. Köck, E. Gornik, M. Hauser, and M. Beinstingl, *Appl. Phys. Lett.* **57**, 2327 (1990).

7) N. E. Hecker, R. A. Hopfel, N. Sawaki, T. Maier, and G. Strasser, *Appl. Phys. Lett.* **75**, 1577 (1999).

8) J. Vuckovic, M. Loncar, and A. Scherer, IEEE J. *Qunt. Elec.* **36**, 1131 (2000).

9) E. M. Purcell, *Phys. Rev.* **69**, 681 (1946).

10) I. Gontijo, M. Borodisky, E. Yablonvitch, S. Keller, U. K. Mishra, and S. P. DenBaars, *Phys. Rev. B*, **60**, 11564 (1999).

11) A. Neogi, C.-W. Lee, H. O. Everitt, T. Kuroda, A. Tackeuchi, and E. Yablonvitch, *Phys. Rev. B*, **66**, 153305 (2002).

12) K. Okamoto, and Y. Kawakami, *Phys. Stat. Sol. C*, **7**, 2582 (2010).

13) K. Okamoto, Y. Kawakami, IEEE Journal of Selected Topics in *Quantum Electronics,* **15**, 1190 (2009).

14) X.-Y. Xu, M. Funato, Y. Kawakami, K. Okamoto, and K. Tamada, *submitted for publication.*

15) Y. Narukawa, J. Narita, T. Sakamoto, K. Deguchi, T. Yamada, and T. Mukai, Jpn. *J. Appl. Phys.*, **46**, L963 (2007).

16) K. Okamoto, *Advanced Photonic Sciences*, Chapter 8, Plasmonics for Green Technologies : Toward High-Efficiency LEDs and Solar Cells, InTech (2012).

17) M. Toma, K. Toma, K. Michioka, Y. Ikezoe, R. Tero, K. Okamoto, K. Tamada, *Phys. Chem.*, **13**, 7459 (2011).

18) R. Bardoux, K. Okamoto, and Y. Kawakami, *to be published.*

19) プラズモニクス　〜光・電子デバイス開発最前線〜（第4章総説　プラズモニック光源の研究開発動向）エヌティーエス出版 (2011).

20) K. Okamoto, A. Scherer, and Y. Kawakami, *Phys. Stat. Sol. C,* **5**, 2822 (2008).

21) J. S. Biteen, D. Pacifici, N. S. Lewis, and H. A. Atwater, *Nano Lett.*, **5**, 1768 (2005).

22) D.-M. Yeh, C.-F. Huang, C.-Y. Chen, Y.-C. Lu, and C. C. Yang : *Appl. Phys. Lett.*, **91**, 171103 (2007).

23) D.-M. Yeh, C.-F. Huang, C.-Y. Chen, Y.-C. Lu, and C. C. Yang, *Nanotechnology*, **19**, 345201 (2008).

24) J.-H. Sung, J. S. Yang, B.-S. Kim, C.-H. Choi, M.-W. Lee, S.-G. Lee, S.-G. Park, E.-H. Lee,

第15章　プラズモニクスの発光素子への応用

and B.-H. O, *Appl. Phys. Lett.*, **96**, 261105 (2010).

25) M.-K. Kwon, J.-Y. Kim, B.-H. Kim, I.-K. Park, C.-Y. Cho, C. C. Byeon, and S.-J. Park：*Adv. Mate.*, **20**, 1253 (2008).

26) C.-H. Lu , C.-C. Lan , Y.-L. Lai , Y.-L. Li , and C.-P. Liu, *Adv. Funct. Mater.* **21**, 4719 (2011).

第16章　プラズモニック導波路

高原淳一[*]

はじめに

　プラズモニック導波路（Plasmonic Waveguide：PWG）は金属を用いた光導波路，すなわち金属光導波路である。PWG は光ファイバーなどの誘電体光導波路とは特性が大きく異なっている。例えば，PWG を用いると光ビーム径を回折限界以下のナノメートルオーダーに絞って伝送することが可能となるので，これをナノ光導波路として応用できる[1~3]。プラズモニクスはフォトニクスとエレクトロニクスをナノ領域で融合するナノ光集積回路のための基盤技術と考えられている[4]。その中でも PWG はナノ光集積回路のキーコンポーネントとして世界中で多くの研究がおこなわれている[5~7]。

　PWG には非常に多くの種類が提案されているが，本稿では光集積回路への応用に適したスラブ型プラズモニック導波路について，我々の研究を中心に紹介する。ここでは紹介しきれないが，PWG の原理や最近のレビューは文献3，5を，また各導波路の理論的な詳細は文献6，7をあわせて参照されたい。

1　金属薄膜導波路

　PWG は負誘電体（Negative Dielectric：ND）である金属と誘電体の誘電体・負誘電体（D/ND）界面に表面プラズモンポラリトン（Surface Plasmon Polariton：SPP）の状態で光を閉じ込めて伝搬させる負誘電体光導波路（Negative Dielectric Optical Waveguide）である。多くの種類の D/ND 界面形状が提案されているが，ここでは図1(a) に示す厚さ h，幅 w のスラブ型プラズモニック導波路（以下金属スラブ導波路）について詳しく紹介する。

　金属スラブ導波路は，図1(b) に示す金属薄膜導波路（Insulator-Metal-Insulator：IMI ともよばれる）の幅を有限にしたものであり，これは平面型 PWG の中で最も基本的な構造の一つといえる。そこではじめに金属薄膜導波路を例にとり，PWG における典型的なモード特性を紹介する。金属薄膜導波路は2つの D/ND 界面が平行に近接した構造となっており，D/ND 界面間の距離が波長より十分小さい場合，各界面を伝搬する SPP が結合して結合モードが形成される。このとき結合モードは，以下に述べる波数の発散をともなう特徴的なモード特性を示す。

---

　[*]　Junichi Takahara　大阪大学　フォトニクス先端融合研究センター，大学院工学研究科
　　　教授

第16章　プラズモニック導波路

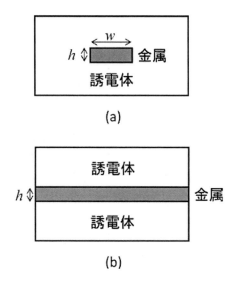

図1　平面型プラズモニック導波路
(a) 金属スラブ導波路，(b) 金属薄膜導波路

　図2は真空波長 λ_0=633 nm における無損失の銀薄膜の膜厚 h に対する等価屈折率 β/k_0（SPPの導波路の進行方向の波数 β を真空波数 k_0 で規格化したもの）である[2,6,7]。金属薄膜導波路の伝搬モードは TM (Transverse Magnetic field) モードのみである。h を小さくすると，対称 (symmetric) モード（偶モード）と反対称 (anti-symmetric) モード（奇モード）という新たな2つの伝搬モードが形成される。この2つのモードはどちらもカットオフが存在せず，$h \to 0$ においても存在し，正反対の性質を示す。一つは $h \to 0$ において等価屈折率が発散するモード（上側の分岐）であり，もう一つは等価屈折率が1に漸近するモード（下側の分岐）である。モードの磁場分布をみると，それぞれが対称と反対称の場合に対応している（図2参照）。

　等価屈折率が1に漸近するモードは，h を小さくすると電磁場の拡がり（厚さ）は発散し，大部分のエネルギーは誘電体クラッドに拡がった状態となる。このモードの閉じ込めは弱く，ナノ光導波路には応用できないが，PWG としては損失が非常に小さく，可視域では数mm，近赤外域では数cm もの伝搬長をもつ。このため長距離伝搬表面プラズモン (Long-Range Surface Plasmon : LRSP) とよばれている[8,9]。

　一方，等価屈折率が発散するモードは，h を小さくすると進行方向の波数 (β) をいくらでも大きくできる。全波数は保存されるから，このとき導波路と垂直方法の波数（導波路では虚数である）の絶対値も同時に大きくなる。これは電磁場の拡がり（厚さ）をいくらでも小さくできることを意味している。このモードは h の縮小によって電磁場の拡がりも同程度に縮小され，電磁場をナノ空間に閉じ込めることができる。このモードは閉じ込めが強いが，金属のオーム損失の影響で伝送損失が大きい。このため，LRSP に対応させて短距離伝搬表面プラズモン (Short-Range Surface Plasmon : SRSP) とよばれている。

SRSPは場の閉じ込め効果が強いために，ナノ光導波路への応用にとって重要なモードである。例えば，図3に示すようにPWGをゆるやかなテーパー構造にして先鋭化すると，先端部にむかうにつれてSRSPのビーム径がいくらでも小さくなるためパワー密度が増大し，著しい電場増強がおきる。この現象は回折限界を超える領域への集束という意味で超集束 (superfocusing) とよばれている。特にテーパー角度 (2α) が小さい場合，すなわち λ_0 に比べてゆるやか (断熱的) に導波路が小さくなる場合は，入射した光エネルギーが反射されることなく全て先端部に集束し，高い電場密度を実現できる。これを断熱的超集束 (adiabatic superfocusing) とよぶ[10]。超集束を用いるとナノ空間に光を効率的に導入できるため，ナノ光デバイスとマクロ系とのインターフェースとしてナノ光カップラー (結合器) への応用が提案されている[11,12]。

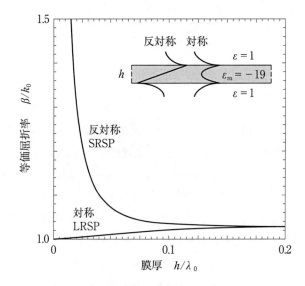

図2　銀薄膜導波路の伝搬モード　挿入図
対称モードと反対称モード

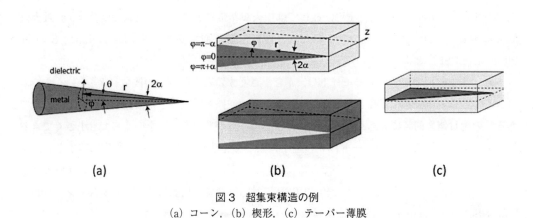

図3　超集束構造の例
(a) コーン，(b) 楔形，(c) テーパー薄膜

第 16 章 プラズモニック導波路

ただ注意すべきことは，超集束はどんな構造の PWG でもおきるわけではなく，上に述べた構造を小さくすると波数が発散するような SRSP 的なモード特性（これを以下では超集束モードとよぶ）を持つ構造に限られる。図 3(a)，(b) に示す PWG はいずれも超集束モードをもつことが知られている。次節に述べるように，図 3(c) のような横方向の幅が狭くなるテーパー型スラブ導波路でも超集束モードは存在する。

2 金属スラブ導波路

スラブ導波路の伝搬モードは Berini により理論的に詳しく調べられている[13~15]。スラブ導波路は D/ND 界面が上下左右の 4 つあるので，（金属薄膜導波路の）上下界面の対称性に加えて，左右界面の対称性による合計 4 通りの組み合わせがある。ここでは Berini の分類方法に従って導波路断面内での電場分布が対称 (symmetric : s) か反対称 (anti-symmetric : a) かによって伝搬モードを［上下界面の対称性］［左右界面の対称性］$^{（横モードの次数）}$のように表記している。例えば，横方向が対称 0 次で，縦方向が対称の場合は ss^0 となり，横方向が対称 0 次で，縦方向が反対称の場合は sa^0 となる。

図 4 に有限要素法により求めたスラブ導波路（$h=30$ nm，$\lambda_0=635$ nm に固定）のモード解析の結果を示す[16,17]。ここでは，銀のスラブ導波路が SiO_2 中に埋め込まれた形となっている。実線と破線はスラブ導波路，一点鎖線は金属薄膜（$w=\infty$）である。スラブ導波路（$h<w$ とする）には横方向の閉じ込めにともなう高次モードが多数存在するが，ここでは主要なものについて等価屈折率の実部と虚部の導波路幅依存性を示す。スラブ導波路のモードは導波路幅が λ_0 より十分大きい場合は金属薄膜導波路のモードとほとんど違いがないが，特に導波路幅が λ_0 以下の領域に入ると両側のエッジの影響が大きくなるので薄膜の場合とは大きくモード特性が異なる。

スラブ導波路のモードには金属薄膜の LRSP（$s^{w=\infty}$）と SRSP（$a^{w=\infty}$）に由来するモードがある

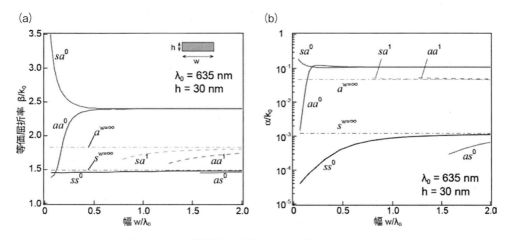

図 4 銀スラブ導波路の伝搬モード。膜厚 30 nm の場合

プラズモンナノ材料開発の最前線と応用

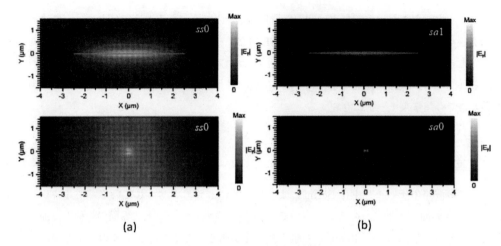

図5 銀スラブ導波路の電場分布
(a) ss^0, (b) sa^1 と sa^0 膜厚 20 nm の場合

が，そのうち伝搬に主に寄与するのが最も低損失の ss^0 である。このモードは図4(b)からLRSPより損失が小さいことがわかっており，w を小さくするほど損失を小さくできる。我々はこのモードをSuper LRSPと呼んでいる[16]。また，SRSPでは sa^0 と aa^0 の2つのモードが主なモードである。このうち sa^0 は幅を小さくすると波数が発散する特性をもつ超集束モードである[16]。

図5に各モードの電場分布（この例では $h=20$ nm であるが本質は変わらない）を示す[17]。図5(a)，(b)に示す分布は金属薄膜のLRSPと良く似たクラッド部に大きく拡がった電場分布をとっている。図5(b)の sa^1 は $w>\lambda_0$ において縦方向の閉じ込めが強くSRSPとよく似ているが，$w<\lambda_0$ ではエッジでの局在の影響が大きくなり等価屈折率が減少しはじめる（図4(a)も参照）。$w\ll\lambda_0$ の領域になると sa^1 はカットオフとなり，超集束モードである sa^0 が主要な伝搬モードとなる。

3　金属スラブ導波路における選択的励起

テーパー型金属スラブ導波路を実際に作製し，金属スラブ導波路を伝搬するSPPの超集束を実験的に試みた。図6に示すように膜厚30 nm の銀を石英ガラス上に製膜した SiO_2 膜とそれと同じ屈折率を持つポリマー（$n=1.46$）に挟み込む形で電子ビーム蒸着し，テーパー型スラブ導波路構造（最大線幅 5 μm）を作製した。

一般にSPPは非放射モードであり外部光と直接結合しないので，自由空間からPWGに光を入力したり，取り出したりするためにはカップラーが必要となる[3,7]。この実験ではカップラーは設けず，レーザー集光スポットをエッジにあてることにより，SPPのエッジ励起を行ってい

第 16 章　プラズモニック導波路

る。この方法はエッジの持つ高い空間周波数を利用した方法であり，効率は低いものの，SPPの励起が可能である。さらに今回はスラブ導波路の上下両側から入射光に位相差をつけて照射することによってLRSPのSRSPを選択的に励起することを行った[18]。測定は光学顕微鏡下でガウスビームを対物レンズ（50倍，NA＝0.55）によりビーム径 8μm に集光して照射し，SPP伝搬にともなうテーパーエッジからの散乱光を同じ対物レンズによって観測した。図7に測定系を示す。ビームスプリッター（BS）によって2つに分岐した波長 635 nm のレーザー光の間に位相差を与えて，試料の上下から照射している。モードの対称性を反映して位相差0のときは対称モードであるLRSP，位相差πのときは反対称モードであるSRSPの励起が位相により選択的に可能となると考えられる。

図8に位相差を0とπで変えた時の観測結果を示す[18]。LRSPが励起される位相差0の場合

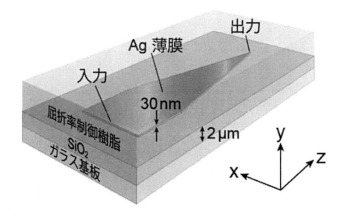

図6　テーパー型銀スラブ導波路の構造

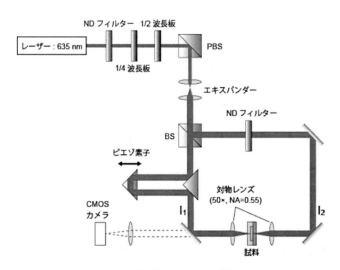

図7　選択的励起のための光学測定系

プラズモンナノ材料開発の最前線と応用

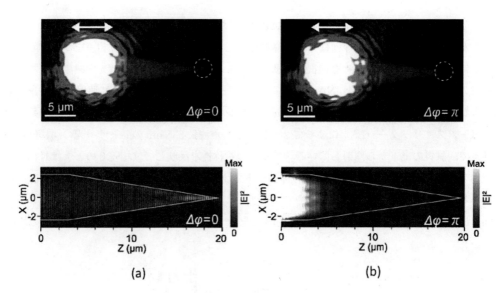

図8 テーパー型銀スラブ導波路の伝送実験（上）とシミュレーション（下）
(a) 位相差 0，(b) 位相差 π の場合　矢印は励起光の偏光方向

のみにテーパー先端部からの散乱光が観測された．位相差 π の場合には散乱光は観測されなかった．図8には FDTD（Finite Difference Time Domain）シミュレーションの結果を同時に示している．

図8(a) の実験とシミュレーションの比較から，テーパー先端部からの散乱光は LRSP が 10 μm 以上にわたり伝搬し，テーパー先端部に到達していることがわかる．しかし，図8(a) のシミュレーションから，テーパー先端部において SPP は有限幅のビームとなって外部に放射されており，先端部での超集束はおきていない．テーパー先端部の導波路幅は波長以下の領域に入っており，金属薄膜の導波モードをもとにした単純な議論はできない．図4に示したモード解析の結果をふまえると，図8(a) の実験ではまず金属薄膜の LRSP が励起され，導波路の先端領域ではそれがカットオフのない ss^0 モードへ断熱的に変換され伝搬していると考えられる．図8(b) の場合は金属薄膜の SRSP が励起されるので伝搬距離が短く，先端まで到達できない．

図5(a) に示すように，ss^0 モードの電場分布はクラッドへの拡がりが大きく LRSP 的であり，ナノ光導波路への応用には適していない．もし，ナノ光導波路として空間閉じ込めをさらに高めて 10 nm-100 nm オーダーのビーム径を得ようとすれば，超集束モードである sa^0 モード（図5(b)）を利用することが必要となる．

まとめと展望

金属スラブ導波路を中心に PWG について述べた．超集束やナノ光導波路は誘電体光導波路にはない PWG のユニークな特徴であるが，これを利用するためには SRSP を選択的に励起するこ

276

第16章　プラズモニック導波路

とが不可欠であるといえる。一方，LRSP は PWG としては伝送距離が長いので，ナノ光導波路への光導入の前段階に応用できるほか，クラッドでの場の拡がりを生かしたセンサー応用なども期待されている。

　PWG 研究の今後の方向性として以下の 3 つが考えられる。

1) 弱い閉じ込め，10 µm～10mm オーダーの長距離伝送
2) 強い閉じ込め，100 nm～10 µm オーダーの短距離伝送
3) 強い閉じ込め，かつ長距離伝送

　1 については LRSP や（ここでは紹介できなかったが）チャネルプラズモンなどの低損失なモードを用いた機能素子が多数実現され，着実な進展をみせている[5]。ただし，これらの機能素子は誘電体光導波路でも実現できるものが多く，閉じ込め性能を犠牲にすることはナノ光導波路という PWG の最も大きな特徴を失うことでもある。この方向の応用では PWG を用いる理由を明確にすることが不可欠といえる。2 は我々が提案してきたものであり，発展はゆっくりとしているものの着実に実験レベルが向上している。PWG でなければできない領域といえ，分子素子などへの展開が期待できる。3 は原理的に難しいと考えられてきたが，PWG の閉じ込め性能と損失の間にあるトレードオフをさけるため，ロッドを分割して近接させることにより強い閉じ込めを維持したまま伝搬距離を大きく改善する提案も行われている[19]。理想としては 3 の方向の研究が進展することが望ましい。

　最近では誘電体部分に能動媒質を用いてナノレーザーや変調素子へ応用するアクティブ・プラズモニクス（active plasmonics）の分野が大きく発展をはじめている[7,20]。このような流れの中で今後の PWG 研究は，LRSP の研究で具体的なアクティブデバイスの実績を着実に積み重ねながら，SRSP への挑戦を通じてナノ光集積回路の実現を目指すことが進むべき方向であるように思われる。

文　　　献

1) J. Takahara, S. Yamagishi, H. Taki, A. Morimoto and T. Kobayashi, *Opt. Lett.*, **22**, 475 (1997).
2) J. Takahara and T. Kobayash, *Optics & Photonics News*, **15**, 54 (2004).
3) 高原淳一，応用物理，**80** (9), 772 (2011).
4) M. L. Brongersma and V.M. Shalaev, *Science*, **328**, 440 (2010).
5) D. K. Gramotnev and S.I. Bozhevolnyi, *Nature Photonics*, **4**, 83 (2010).
6) J. Takahara, Ed. S.I. Bozhevolnyi, Plasmonic Nanoguides and Circuits Ch.2, Pan Stanford Publishing (2009).
7) 梶川浩太郎，岡本隆之，高原淳一，岡本晃一，アクティブプラズモニクス，コロナ社 (2013).

8) M. Fukui, V. So and R. Normandin, *Phys. Status Solod.*, **B91**, K61 (1979).

9) 岡本隆之, 梶川浩太郎, プラズモニクス～基礎と応用, 講談社 (2010).

10) M. Stockman, *Phys. Rev. Lett.*, **93**, 137404 (2004).

11) 高原淳一, レーザー研究, **36**, 117 (2008).

12) J. Takahara and F. Kusunoki, *IEICE Trans. Electron.*, **E90-C**, 1, 87 (2007).

13) P. Berini, *Opt. Lett.*, **24**, 15, 1011 (1999).

14) P. Berini, *Opt. Express,* **7**, 10, 329 (2000).

15) P. Berini, *Phys. Rev.*, **B61**, 15, 10484 (2000)

16) 高原淳一, 宮田将司, 第73回応用物理学会学術講演講演会予稿集, 14a-F4 (2012).

17) 高原淳一, 宮田将司, 表面科学, **33** (4), 209 (2012).

18) M. Miyata and J. Takahara, *Opt. Express*, **20**, 8, 9493 (2012).

19) S. Kawata, A. Ono and P. Verma, *Nature Photonics*, **2**, 438 (2008).

20) P. Berini and I.De Leon, *Nature Photonics*, **6**, 16 (2012).

プラズモンナノ材料開発の最前線と応用《普及版》(B1301)

2013 年 4 月 1 日　初　版　第 1 刷発行
2019 年 10 月 10 日　普及版　第 1 刷発行

監　修　山田　淳　　　　　　　　　　　　Printed in Japan
発行者　辻　賢司
発行所　株式会社シーエムシー出版
　　　　東京都千代田区神田錦町 1-17-1
　　　　電話 03(3293)7066
　　　　大阪市中央区内平野町 1-3-12
　　　　電話 06(4794)8234
　　　　https://www.cmcbooks.co.jp/

〔印刷　あさひ高速印刷株式会社〕　　　　© S. Yamada, 2019

落丁・乱丁本はお取替えいたします。

本書の内容の一部あるいは全部を無断で複写(コピー)することは，法律
で認められた場合を除き，著作権および出版社の権利の侵害になります。

ISBN 978-4-7813-1384-9 C3058 ¥6700E